Boullard de la Varenne

enseigne de vaisseau

(Brest — 1879)

BIBLIOTHÈQUE
DES MERVEILLES

PUBLIÉE SOUS LA DIRECTION

DE M. ÉDOUARD CHARTON

L'ÉCLAIRAGE ÉLECTRIQUE

22657. — PARIS, TYPOGRAPHIE A. LAHURE
Rue de Fleurus, 9

BIBLIOTHÈQUE DES MERVEILLES

L'ÉCLAIRAGE
ÉLECTRIQUE

PAR

Le comte Th. DU MONCEL

Membre de l'Institut

OUVRAGE ILLUSTRÉ
DE 70 FIGURES DESSINÉES SUR BOIS

PAR BONNAFOUX, CHAUVET ET JAHANDIER

PARIS
LIBRAIRIE HACHETTE ET Cie
79, BOULEVARD SAINT-GERMAIN, 79

1879

L'ÉCLAIRAGE

ÉLECTRIQUE

UN COUP D'ŒIL HISTORIQUE.

Le besoin de s'éclairer en l'absence de la lumière solaire s'est fait sentir chez l'homme dès les premiers âges du monde, et la production artificielle de la lumière par le feu qu'il sut découvrir est même l'un des grands caractères qui le distinguent des autres animaux. Dans l'origine, il n'eut pour s'éclairer que de simples morceaux de bois enflammés, des débris de plantes sèches, ou des branches d'arbres résineux dont il formait des torches; plus tard il put remarquer les propriétés combustibles et éclairantes de certains liquides oléagineux, et nous voyons que les Hébreux, les Égyptiens, les peuples de l'Inde et de la haute Asie, connurent dès la plus haute antiquité l'usage des lampes; mais ces lampes, même chez les Romains, étaient constituées par des mèches fumantes que ne voudraient plus employer aujourd'hui nos paysans les plus arriérés. Les chandelles de suif imaginées en Angleterre au douzième siècle, et qui ne furent introduites en France que sous Charles V, furent

considérées, dans le moyen âge, comme un grand progrès
apporté à l'éclairage, et les lanternes pour éclairer les
villes ne datent que du dix-septième siècle (1667). C'est
seulement au milieu du siècle suivant que furent inventés
les fameux *réverbères* (lanternes à réflecteur) que nous
avons encore vus dans notre jeunesse suspendus au milieu des rues des différentes villes. Aujourd'hui nous
méprisons beaucoup ces moyens d'éclairage, et pourtant,
quand Quinquet inventa en 1785 l'espèce de lampe qui
porte son nom, on trouva qu'il avait fait une magnifique
découverte[1], et je me rappelle encore l'enthousiasme
avec lequel a été accueillie l'invention de la lampe à
mouvement d'horlogerie de Carcel. Toutefois ce n'est qu'à
l'époque de la découverte des propriétés éclairantes du gaz
par Lebon, en 1801, que commença l'ère des révolutions
dans l'éclairage public ; mais, bien qu'on ait pu constater
dès l'origine les avantages immenses que présentait ce
mode d'éclairage, il fallut longtemps pour qu'on se dé-
cidât à l'adopter. C'est en Angleterre que furent faites les
premières applications de ce système à l'éclairage des
rues, et, bien que l'invention fût toute française, on ne
pensa à l'employer à Paris qu'en 1818, sous l'administration de M. de Chabrol. A cette époque, tous les producteurs d'huile à brûler furent frappés de stupeur, et ils
voyaient dans cette découverte la ruine de cette industrie ; mais, contrairement à leurs prévisions, ils recon-
nurent bientôt que la consommation de l'huile à brûler
augmentait avec le développement de l'éclairage au gaz,
et cela devait être ainsi, car l'éclairage au gaz, en habi-
tuant les populations à une lumière plus vive, devait
faire augmenter le nombre des lampes employées pour
l'éclairage privé et perfectionner à ce point de vue la

---

[1] Il paraît que c'est Argant qui fit cette invention, et que Quinquet
ne fit que la perfectionner en adaptant à la lampe le tuyau de verre
qui fait l'office de cheminée.

construction des lampes elles-mêmes qui dépensèrent, par cela même, une plus grande quantité d'huile.

Ce coup d'œil rétrospectif nous montre qu'on s'exagère à tort en ce moment les conséquences que pourrait entraîner le développement de l'éclairage électrique. Si ce mode d'éclairage arrivait à être produit dans des conditions tout à fait pratiques, il faudrait bien des années encore pour qu'il pût se généraliser, et encore il ne pourrait pas toujours être appliqué ; mais, comme on se serait habitué à cette lumière vive qui fait paraître les becs de gaz aussi sombres que le paraissaient, par rapport à eux, les réverbères, on se trouvera obligé de multiplier les becs de gaz sur les points où l'on sera forcé de les employer, et la consommation pourra peut-être même dépasser ce qu'elle est aujourd'hui.

Bien que la découverte de l'immense pouvoir lumineux d'une décharge électrique déterminée à travers deux électrodes de charbon ne soit pas nouvelle, ce n'est guère qu'en 1842 qu'on fit des expériences assez importantes pour qu'on pût pressentir la possibilité de son emploi comme moyen d'éclairage public. Les résultats obtenus par MM. Deleuil et Archereau dans leurs expériences faites, à cette époque, au quai Conti et à la place de la Concorde, avaient stupéfait tous ceux qui en furent témoins, et l'on se demandait déjà si, en opérant sur une très grande échelle, on ne pourrait pas créer des soleils artificiels capables d'éclairer chacun tout un quartier de ville. Mais à cette époque la production de l'électricité nécessaire à la création de cette lumière exigeait des frais considérables ; les moyens de la régulariser étaient très primitifs, et les personnes compétentes ne croyaient guère qu'on pût l'appliquer à l'éclairage public. Pourtant, en 1857, les machines magnéto-électriques de la compagnie l'*Alliance*, construites dans l'origine dans un tout autre but que la lumière électrique, prouvèrent bientôt, à la suite de nombreux perfectionnements qui

lui furent apportés par M. J. Van Malderen, que cette
production de lumière pouvait être effectuée dans de
bonnes conditions, et même dans des conditions telles,
que, lumière pour lumière, on pouvait l'obtenir à un prix
moins élevé que celui du gaz. On commença alors à
revenir à l'idée de son application à l'éclairage public;
mais la difficulté de la diviser et de la répartir sur plusieurs points, la surveillance qu'on était obligé d'apporter
au fonctionnement des lampes électriques, l'irrégularité
d'action de celles-ci, découragèrent encore les plus fer-
vents, et ce n'est que dans ces derniers temps, après de
nouveaux perfectionnements apportés aux machines électriques, aux charbons des lampes et aux lampes électriques elles-mêmes, après surtout les expériences si
intéressantes entreprises par la compagnie Jablochkoff
pour l'éclairage des rues et des établissements privés,
que la question est revenue à l'ordre du jour, mais cette
fois dans des conditions infiniment plus favorables et qui
font présager une solution prochaine. A en juger par
l'émoi causé sur le marché financier des compagnies
de gaz en Angleterre, comme en France et en Amérique,
on peut croire que la chose est devenue sérieuse, et
nous pourrons, probablement d'ici à peu d'années, assister à la transformation de l'éclairage public, comme
nous l'avons déjà vu en 1818. Toutefois, je dois le
répéter, je ne puis penser que l'emploi du gaz soit à
jamais supprimé, et je ne serais même pas étonné, par
les considérations émises plus haut, que la consommation en fût augmentée. N'y aurait-il que son emploi
comme moyen de chauffage et comme force motrice,
que l'on pourrait encore croire à son avenir; car, pour
l'éclairage des maisons, il est impossible d'admettre
l'emploi de machines à vapeur, et le problème ne pourrait
être résolu qu'avec des moteurs à gaz, les seuls qui
peuvent être mis instantanément en action, et qui ne nécessitent pas l'emploi de chauffeurs et de mécaniciens.

DÉFINITIONS IMPORTANTES.

Avant d'entrer dans aucuns détails sur ce qui se rapporte à la lumière électrique, il me paraît indispensable qu'on soit bien fixé sur l'interprétation que l'on doit donner à certains mots que nous aurons occasion de répéter souvent et qui, bien qu'ayant un sens parfaitement net et déterminé, ne sont pas toujours compris comme il le faudrait, ce qui cause des confusions souvent regrettables.

D'abord un *courant électrique* n'est par le fait, en lui-même, qu'un effet *dynamique* ou de mouvement, résultant de la destruction de l'équilibre électrique dans un système conducteur, et ayant pour effet de tendre à rétablir, par l'intermédiaire d'un autre conducteur, cet équilibre détruit. Conséquemment, si la cause qui a provoqué cette destruction d'équilibre n'est que momentanée, le courant ne peut être qu'éphémère; c'est alors *une décharge*. Mais, si elle persiste, le courant devient continu et peut être comparé à un ruisseau alimenté par une source ; c'est le *courant électrique* proprement dit.

Comme un courant a pour effet de rétablir l'équilibre détruit en un certain point d'un système conducteur, il en résulte naturellement que, pour se manifester, il devient nécessaire que les deux extrémités libres de ce système conducteur se trouvent réunies; dès lors le système constitue un véritable *circuit* qui se rapproche plus ou moins du cercle, mais qui est toujours constitué de la même manière, c'est-à-dire que, si le courant est dirigé dans un certain sens au point où s'est développé le dégagement électrique ou la destruction de l'équilibre électrique, il se trouvera dirigé en sens contraire dans la partie opposée du circuit.

La force qui produit la destruction de l'équilibre dont il vient d'être question est ce qu'on appelle la *force electro-motrice*. Les partisans exagérés de la théorie électro-chimique repoussent, il est vrai, cette expression parce qu'elle se rattache à la théorie de Volta qu'ils ne veulent pas admettre ; mais, quelle que soit la théorie que l'on adopte, cette expression est parfaitement convenable ; car, puisqu'un courant électrique est un phénomène de mouvement et que tout mouvement est l'effet d'une force, il est parfaitement certain que, dans tout circuit parcouru par un courant, il y a une force mise en jeu, et cette force peut, par conséquent, être appelée *force électro-motrice*.

La *tension* d'un courant que l'on confond maintenant souvent avec le *potentiel* est la propriété du fluide électrique qui donne en quelque sorte l'impulsion au mouvement électrique, et qui se traduit extérieurement par une tendance à réagir sur les objets avoisinants et à produire les effets propres à l'électricité statique. C'est la quantité d'électricité maintenue libre quand les pôles de la pile ne sont pas réunis, et qui échappe à la recomposition pendant le temps que s'effectue le dégagement électrique.

Le *potentiel* d'une source électrique[1] se rattache à la tension, mais, étant relié aux actions électriques elles-mêmes, il peut représenter la tension dans des conditions mieux déterminées et susceptibles d'être interprétées par le calcul. On peut le définir grossièrement en disant qu'il est à l'électricité ce que la *température* est à la chaleur ; c'est en quelque sorte la *qualité* de l'électri-

---

[1] M. Abria, dans un intéressant mémoire sur la *Théorie élémentaire du potentiel*, le définit de cette manière : « Appelons *potentiel* d'un corps électrisé l'indication d'une balance de torsion dans laquelle la boule mobile et la boule fixe sont deux petites sphères égales et qui étant en contact ont été mises en communication avec le corps par un fil long et fin. »

cité, et cette propriété n'a aucun rapport avec la *quantité*. La notion du potentiel d'un conducteur électrisé s'est introduite naturellement dans l'étude que l'on a dû faire des conditions d'équilibre électrique, suivant les lois découvertes par Coulomb. Pour que ces conditions d'équilibre existent, il faut que la résultante des forces attractives et répulsives exercées sur un point intérieur soit nulle ; mais il n'en résulte pas pour cela que l'action des masses électriques réparties sur la surface du conducteur le soit également, et c'est l'expression analytique qui représente cette action avec cette résultante nulle qu'on appelle le *potentiel* électrique.

L'*intensité électrique* représente la grandeur de l'effet produit par la force électro-motrice, c'est-à-dire la force du courant; elle est par conséquent toujours en rapport avec la *quantité d'électricité* qui circule dans le conducteur, et *elle doit dépendre à la fois de la valeur de la force électro-motrice et de la résistance qui est opposée par le conducteur au mouvement des fluides.* Ohm a démontré que cette valeur pouvait être exprimée par le rapport de la force électro-motrice à la résistance du conducteur, ce qui la suppose *proportionnelle à la force électro-motrice et en raison inverse de la résistance.* D'un autre côté, Joule a démontré que la chaleur développée par un courant électrique est *proportionnelle au temps, à la résistance du circuit et au carré de la quantité d'électricité qui passe à travers le circuit dans un temps donné.*

· La *résistance* d'un conducteur représente la valeur de l'obstacle opposé par ses particules matérielles à la libre transmission du fluide; c'est *l'inverse de sa conductibilité.* Cette résistance dépend, en conséquence, de la nature du conducteur et de ses dimensions. Ohm a démontré que cette résistance, pour une même nature de conducteurs, est *inversement proportionnelle à la section de ce conducteur,* c'est-à-dire à la surface de la tranche qu'on obtiendrait en le coupant perpendiculairement à sa longueur, et il a reconnu de plus qu'elle était proportionnelle *à cette longueur et en raison inverse de sa conductibilité.* Dans les conducteurs de masse indéfinie, comme la terre, cette résistance devient *indépendante de la distance où les points de communication du circuit avec cette masse sont l'un de l'autre*, et ne dépend que de sa conductibilité moyenne et de la surface des lames qui établissent la communication; elle peut être considérée comme *étant en raison inverse de la racine carrée de cette surface.*

Comme un circuit est généralement composé de plusieurs conducteurs de différente nature qui présentent, par conséquent, des résistances très diverses pour les mêmes dimensions, il devient important, pour en estimer la résistance *totale*, de les réduire toutes en fonction d'une même unité de résistance[1], et l'on désigne alors la résistance du circuit sous le nom de *résistance réduite*. Les lois qui ont été posées par Ohm ne se rapportent qu'à un circuit de résistance réduite ; toutefois on ne doit pas perdre de vue que, quelque différentes que soient les diverses parties d'un circuit, *l'intensité électrique d'un courant qui le parcourt est la même en tous ses points*, mais avec des tensions différentes dans chacune de ses parties[2].

La résistance des métaux augmente du reste avec la chaleur, et celle des liquides et des gaz diminue au contraire sous cette influence. On pourra voir dans mon *Exposé des applications de l'électricité*, tome I, p. 37 et 453, les coefficients de correction dont il faut affecter les chiffres que nous donnons dans la table ci-dessous

---

[1] Cette unité de résistance a été longtemps discutée, et encore aujourd'hui tous les électriciens ne sont pas d'accord sur celle que l'on doit adopter; cependant, en général, on emploie l'unité de l'association britannique à laquelle on a donné le nom d'Ohm. Cette unité représente environ 100 mètres de fil télégraphique de 4 millimètres de diamètre. Nous parlerons plus tard de ces unités.

[2] Voici, d'après le formulaire anglais de M. Latimer-Clark, les

pour obtenir leur véritable valeur à une température donnée.

La *conductibilité* d'un corps est la propriété qu'il peut avoir de transmettre plus ou moins facilement un courant électrique. A proprement parler, tous les corps de la nature sont conducteurs, mais à un degré très variable et dans des conditions très-différentes. Les métaux sont les plus conducteurs, les résines et autres substances telles que le caoutchouc, la gutta-percha, le verre, etc., le sont le moins. Les liquides et les gaz le sont également, mais sous certaines conditions.

La conductibilité des corps peut être considérée à plusieurs points de vue. Quand elle permet à l'électricité de pénétrer le corps dans toute sa masse sans réaction ultérieure et de s'y propager à la manière de la chaleur, elle prend le nom de *conductibilité propre;* c'est celle des métaux. Quand au contraire elle ne se produit que par l'effet de décompositions et recompositions chimiques successives, comme cela a lieu avec les liquides, elle prend le nom de

valeurs des résistances des métaux les plus communément employés, pour 1 mètre de longueur et 1 millimètre de diamètre :

	Résistances en ohms.	Pouvoir conducteur
Argent recuit.	0,01937	. . . .
Argent étiré.	0,02103	 100,00
Cuivre recuit.	0,02057	
Cuivre étiré	0,02104	 99,55
Or recuit.	0,02650	. . . .
Or étiré.	0,02697	 77,96
Aluminium recuit.	0,05751	
Zinc comprimé	0,07244	 29,02
Platine recuit..	0,11660	
Fer —	0,12510	 16,81
Nickel — . . . . ·. .	0,16040	13,11
Étain comprimé.	0,17010	 12,56
Plomb —	0,25270	 8,52
Antimoine comprimé.	0,45710	 4,62
Bismuth —	1,68900	 1,24
Mercure liquide.	1,27000	
Alliage de platine et d'argent.	0,51400	
Argent allemand..	0,26950	
Alliage d'argent et d'or.	0,15990	

conductibilité électrolytique. Enfin, quand pour se produire elle exige une action préventive de condensation, comme cela a lieu dans les corps mauvais conducteurs dits isolants, elle prend le nom de *conductibilité électrotonique.* C'est cette conductibilité qui produit les effets d'induction électrostatique dans les câbles sous-marins.

La plupart des corps non métalliques, tels que les minéraux, les bois, le corps humain, les tissus, etc., ne sont conducteurs que par la conductibilité électrolytique, et leur résistance dépend en conséquence de leur plus ou moins grand pouvoir hygrométrique. Cependant la plupart des minérais métalliques réunissent à ce genre de conductibilité une conductibilité propre très marquée. (Voir mes *Recherches sur la conductibilité des corps médiocrement conducteurs.*)

Enfin, pour terminer avec ces définitions, nous dirons qu'on entend par le mot *électrodes* des lames métalliques qu'on plonge dans un milieu peu conducteur, afin de l'électriser assez profondément et sur une assez grande surface pour qu'il acquière une certaine conductibilité ; les lames zinc et cuivre d'une pile en constituent les électrodes, et les crayons de charbon d'une lampe électrique sont également les électrodes de l'arc lumineux qu'ils provoquent.

Les électrodes peuvent du reste être employées, nonseulement pour communiquer l'électrisation à un milieu mauvais conducteur, mais aussi pour en recueillir la polarité quand celui-ci, par une circonstance quelconque, se trouve électrisé. Dans tous les cas, il résulte de ce système de communication électrique une réaction particulière à laquelle on a donné le nom de *polarisation* et qui, s'effectuant en sens contraire de l'action électrique déterminée, est une cause de désordre dans l'action des courants. Cette réaction assez simple avec les liquides est très complexe chez les minéraux et donne lieu à des effets très particuliers et très-curieux que j'ai longuement étudiés [1], mais qui, n'ayant rien à faire avec l'éclairage électrique, devront être passés sous silence.

Le plus souvent les effets de polarisation résultent des effets électrolytiques, c'est-à-dire de dépôts effectués chimiquement sur les électrodes et qui, réagissant à leur tour sur le milieu électrisé, tendent à créer une réaction électrique en sens inverse de celle du courant; mais quelquefois aussi ils proviennent d'une polarité électro-statique qui est communiquée à ce milieu, et c'est une polarisation de ce genre qui se produit souvent dans l'arc voltaïque.

Nous devons aussi donner quelques explications sur le mot *condensation* que nous aurons occasion plus d'une fois d'appliquer. On désigne ainsi l'accumulation de charge que l'on obtient par la réaction qu'exerce par influence une charge électrique sur un conducteur de large sur-face, isolé de celui qui est électrisé et qui permet, en retenant par attraction les charges contraires opposées l'une à l'autre, de les accumuler en quantité d'autant plus grande que la surface condensante est plus étendue. Dans ces conditions, il se produit à travers l'isolant un faible écoulement de la charge par voie de conductibilité électrotonique, et comme alors les lames condensantes constituent de véritables électrodes, la résistance du corps *isolant* ou *diélectrique* interposé entre les deux lames ou *armures est inversement proportionnelle à la sur-face de ces lames*, ou, ce qui revient au même, *à la lon-gueur du câble*, si l'on considère l'effet sur un câble sous-marin ou souterrain immergé.

[1] Voir mes *Recherches sur la conductibilité électrique des corps médiocrement conducteurs.*

CE QUE C'EST QUE LA LUMIÈRE ÉLECTRIQUE.

Une lumière artificielle est généralement le résultat d'une combustion, et nous ne nous figurons guère un effet lumineux sans l'intervention d'un corps combustible. Pourtant, la lumière électrique n'est pas dans ce cas, car elle peut se manifester dans le vide, dans l'eau et dans les gaz impropres à la combustion. D'où vient cette différence ?... C'est que, dans un cas, la chaleur, qui accompagne toujours la production de la lumière, provoque, en déterminant la décomposition du corps combustible, un dégagement du gaz hydrogène qui entre dans sa composition et l'illumine en l'enflammant, tandis que, dans le second cas, l'effet lumineux n'est que le résultat d'une transformation de forces physiques. Cette transformation se manifeste quand les conditions de la propagation électrique sont telles que l'action électrique, ne pouvant se développer librement, détermine en un point du circuit une élévation brusque de tension, qui se traduit par un effet d'incandescence en ce point, et cet effet se produit sans qu'il y ait pour cela besoin d'aucune combustion. Ce phénomène est la conséquence de ce qu'il doit passer toujours, dans un même temps, une même quantité d'électricité à travers toutes les parties d'un circuit, quelle qu'en soit d'ailleurs la composition.

Pour obtenir un effet calorifique très accentué, il suffira donc que la décharge électrique passe à travers un milieu d'une insuffisante conductibilité, et ce milieu peut être constitué, soit par un bon conducteur très délié, soit par un conducteur gazeux; mais l'effet lumineux est toujours en rapport avec la facilité que ce conducteur peut avoir de s'illuminer par incandescence. Quand ce conducteur est solide, les corps qui sont infusibles et peu conducteurs, tels que le platine et surtout le charbon, peuvent être employés, pourvu qu'ils présentent une grosseur et une longueur en rapport avec l'intensité électrique qui les traverse ; nous aurons occasion plus tard d'étudier certaines lampes électriques basées sur ce principe. Quand, au contraire, ce conducteur intermédiaire est gazeux, les tiges solides ou électrodes qui lui apportent le courant doivent être telles que, tout en le rendant susceptible de conduire la décharge par l'élévation de température qu'ils lui communiquent, ils puissent entraîner au sein de ce milieu aériforme une grande quantité de particules matérielles excessivement divisées, et ce sont ces particules qui, étant chauffées au rouge blanc, lui communiquent l'éclat nécessaire pour devenir lumineux. On sait, en effet, que la flamme du gaz hydrogène, qui n'est pas lumineuse par elle-même, le devient quand on y introduit une éponge de platine, ou quand le gaz est carburé.

D'après ces considérations, il était indiqué qu'on devait employer comme excitateurs de la lumière électrique des charbons. Ces corps sont, en effet, assez bons conducteurs de l'électricité ; ils se désagrègent facilement, entrent facilement en ignition, et, pouvant brûler eux-mêmes, joignent l'effet lumineux de la combustion à l'éclat de la lumière électrique proprement dite. C'est le célèbre Humfry-Davy qui, en 1813, fit les premières expériences sur cette manière de déterminer l'arc voltaïque, et nous verrons bientôt comment cette découverte a été complétée par M. Foucault, par la substitution des charbons de cornue aux charbons de bois.

On peut encore obtenir de la lumière électrique au moyen de corps solides mauvais conducteurs, rendus incandescents, et nous aurons occasion de parler d'un système d'illumination de ce genre, imaginé par M. Jablochkoff, en mettant à contribution des lames minces de kaolin ; mais, pour obtenir ces différents résultats, il faut que l'on ait à sa disposition une source électrique qui, non seulement fournisse assez d'électricité pour déterminer des actions calorifiques énergiques, mais possède une tension assez forte pour vaincre les résistances opposées par les corps intermédiaires qui doivent développer les effets lumineux ; et encore faut-il que cette source soit appropriée aux conditions de l'expérience. Il est clair que, si l'intervalle gazeux interposé entre les conducteurs de la décharge ou du courant est considérable, il faudra que le générateur électrique ait surtout de la tension, tandis que pour produire un grand effet entre deux charbons un peu gros, séparés par une mince couche d'air, il faudra surtout de la quantité, car les effets calorifiques nécessaires pour rendre les charbons incandescents sont en rapport avec la quantité d'électricité produite par le générateur.

On peut facilement se rendre compte de ces deux effets différents des générateurs électriques, par la manière même dont ils agissent au début de l'action. Si le générateur a une très grande tension, comme cela a lieu avec les machines de Holtz et les machines d'induction, la décharge peut se produire directement entre les électrodes qui lui servent en quelque sorte d'excitateurs, et elle saute de l'une à l'autre; mais, comme la résistance énorme que présente cet intervalle gazeux diminue beaucoup l'intensité électrique, la lumière ainsi produite est très faible, et l'on ne peut la développer qu'en diminuant la résistance de ce milieu gazeux, ce que l'on peut faire en le raréfiant; la décharge s'épanouit alors dans le récipient où le vide est fait, et, si l'on augmente la quantité au moyen d'un condensateur, on peut l'obtenir avec une certaine intensité. Mais elle ne sera importante que quand la décharge entraînera avec elle ces particules matérielles chauffées au rouge blanc qui, comme nous l'avons déjà dit, constituent tout l'éclat de la lumière électrique. Si, au lieu d'employer un générateur de grande tension, on emploie un générateur électrique de quantité, comme la pile, et surtout comme la pile à acides, les effets sont différents : la décharge ne peut s'effectuer d'elle-même entre les électrodes en présence, fussent-elles séparées par un intervalle extrêmement petit ; il faut alors rapprocher les deux électrodes l'une de l'autre, afin de développer au point de contact l'action calorifique, et, comme le gaz qui l'entoure devient alors conducteur par l'échauffement, les électrodes peuvent être ensuite éloignées, et la décharge peut dès lors se produire à travers le milieu gazeux, mais toujours avec un faible écartement des électrodes.

Il ne faudrait pas croire qu'une source électrique soit spécialement propre à produire la lumière électrique : quelle que soit cette source, elle peut toujours être disposée pour fournir l'effet voulu : ainsi, une pile pourra donner des effets de tension, si l'on emploie un très grand nombre d'éléments bien isolés, réunis par leurs pôles de noms contraires. M. Gassiot est parvenu à avoir des étincelles avec une pile de 3000 petits éléments à eau, isolés chacun sur des pieds de verre, et M. Warren de la Rue a obtenu, avec ses piles à chlorure d'argent, des résultats encore plus importants. D'un autre côté, M. Gaston Planté, avec ses batteries de polarisation et sa machine rhéostatique, est arrivé à produire des étincelles de quatre centimètres de longueur avec des décharges voltaïques. Par un moyen inverse on peut augmenter l'intensité d'un générateur aux dépens de sa tension, en condensant ses charges, ou en disposant en quantité les éléments qui concourent à la génération électrique. Ainsi une machine d'induction pourra donner des effets de quantité, si l'on emploie pour l'hélice induite du gros fil, et si l'on accouple les différentes bobines qui sont mises en action, de manière que les courants produits, au lieu de passer d'une bobine dans l'autre, sortent simultanément de chaque bobine en particulier, pour traverser à la fois le même conducteur, en s'y superposant. On pourra même dans ce cas, comme dans le premier, varier à volonté la prépondérance de l'intensité électrique sur la tension, en groupant les éléments en *séries*, c'est-à-dire de manière à réunir en tension un nombre plus ou moins grand de groupes générateurs, dont les éléments sont réunis en quantité. Nous aurons du reste occasion de revenir plus loin sur cette question importante. J'ajouterai seulement ici que, parmi les différents générateurs, il en est qui sont plus avantageux les uns que les autres pour la lumière électrique, tant au point de vue de leur énergie d'action qu'à celui de la dépense qu'ils occasionnent, et le choix d'un bon générateur est une des questions les plus importantes qui doivent être prises en considération quand on s'occupe de lumière électrique. Ainsi, parmi les piles, ce sont les éléments de Grove ou de Bunsen qui donnent toujours les résultats les plus avantageux, et parmi les machines, ce sont les machines d'induction magnéto-électriques qui doivent être employées. Nous verrons que c'est ce dernier moyen qui résout le problème le plus économiquement, et même de la manière la plus satisfaisante, en raison de la constance des effets produits.

ARC VOLTAÏQUE.

Lorsque la lumière électrique est produite entre deux conducteurs séparés par une couche gazeuse, comme on le voit figure 1, elle prend le nom d'*arc voltaïque*, et dans ces conditions, trois éléments concourent au développement de son éclat : d'abord l'intensité du courant, en second lieu la nature des électrodes, en troisième lieu la nature du milieu à travers lequel il se développe ; et ces trois éléments influent également sur la couleur de la lumière produite : ainsi elle est bleuâtre avec le zinc, verdâtre avec l'argent, rouge avec le platine, etc., et elle est plus intense avec les métaux facilement oxydables, comme le potassium, le silicium, le magnésium, le sodium, qu'avec les métaux inoxydables, tels que l'or et

Fig. 1

le platine. L'aspect du foyer dépend, comme je l'ai indiqué dans ma notice sur l'appareil d'induction de Ruhm-

korff, de la forme des électrodes et de leur polarité.
Entre une pointe et une surface conductrice, elle a la
forme d'un cône et celle d'un globe entre deux pointes
de charbon. La longueur maxima de l'arc dépend surtout de la tension du courant et peut atteindre, avec
un fort courant, de 2 à 3 centimètres, une fois l'arc
formé. D'après M. Despretz, cette longueur croît plus vite
que le nombre des éléments qui produisent l'arc, et cet
accroissement est plus manifeste pour les petits arcs que
pour les grands. Il est par conséquent plus grand avec
les piles en tension qu'avec les piles en quantité. D'un
autre côté, l'arc voltaïque est plus développé quand le
charbon positif est en haut que quand il est en bas; et
quand les charbons sont horizontaux, les arcs sont moins
longs que quand ils sont placés verticalement, car l'air
chaud tend toujours à s'élever verticalement. En revanche,
la disposition de la pile en quantité devient alors plus
favorable que sa disposition en tension.

Avec les courants voltaïques transmis par deux électrodes de charbon, l'électrode positive a une température
beaucoup plus élevée que l'autre électrode, ce qui n'a
pas lieu quand on emploie pour produire la lumière
des courants d'induction de haute tension. Pour une
intensité électrique peu considérable et avec des charbons bien purs, le foyer lumineux est bleuâtre et rayonnant, mais, quand cette intensité est plus grande, une
véritable flamme accompagne toujours ce foyer lumineux, et elle est d'autant plus considérable que les charbons sont moins purs.

La figure 2 représente l'aspect des charbons excitateurs
de la lumière électrique lorsqu'on projette l'arc voltaïque
sur un écran. Dans ces conditions l'éclat de la flamme et
de l'arc lui-même est tellement primé par celui des
charbons qu'on les distingue à peine. Si les charbons
sont coniques, ils sont inégalement brillants; le cône
positif est rouge blanc jusqu'à une assez grande dis-

tance de la pointe, tandis que le cône négatif est à peine rougi à son extrémité; et sur chacun des charbons appa-

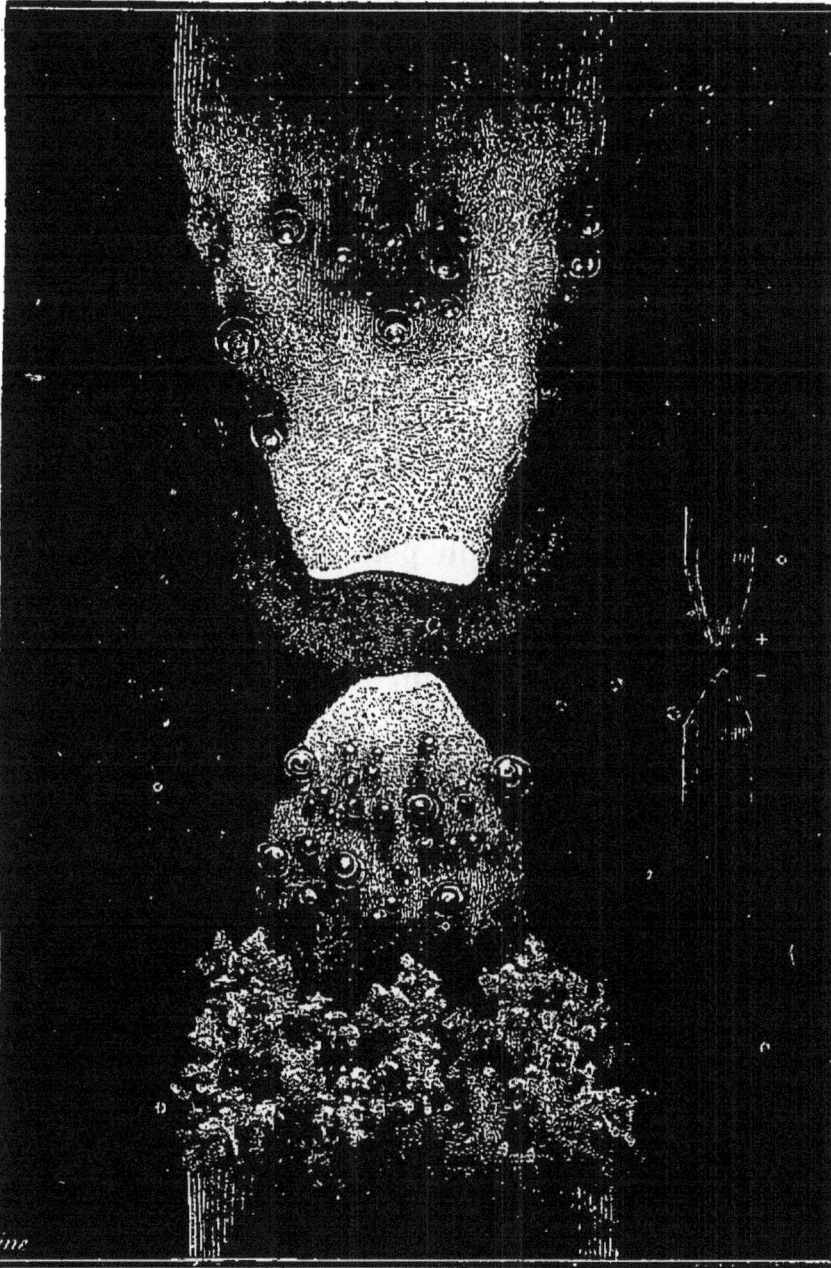

Fig. 2.

raissent çà et là des globules liquides incandescents qui se déplacent, glissent jusqu'à la pointe et s'élancent pour gagner l'autre électrode. Ces globules viennent de substances minérales, entre autres de silicates alcalins, qui se trouvent ordinairement dans les charbons de cornue et qui fondent sous l'influence de l'excessive température de l'arc voltaïque. Ils ne se produisent pas avec le charbon très pur et sont une cause de perturbation dans la fixité et la constance du point lumineux.

Quand l'arc voltaïque est produit dans l'air, les deux charbons s'usent assez promptement en brûlant, mais, en raison des conditions physiques différentes des deux électrodes et du transport des particules charbonnées par le courant, l'un des charbons, le positif, brûle beaucoup plus vite que l'autre, et cela dans le rapport de 2 à 1. Cette usure inégale entraîne plusieurs inconvénients : d'abord le déplacement du point lumineux, puis une déformation des extrémités polaires des deux électrodes, dont l'une s'appointit tandis que l'autre se creuse en forme de *cratère*, en entourant le point lumineux d'une sorte de rebord plus ou moins saillant qui agit à la façon d'un abat-jour. Les effets de polarisation déterminés sur les électrodes donnent lieu eux-mêmes à des effets assez complexes qui ont pour résultat une élévation de température et qui doivent être pris en considération. Avec des courants alternativement renversés, tels que ceux que fournissent les machines d'induction de la compagnie l'*Alliance,* ces inconvénients n'existent pas ; l'usure des charbons est égale et régulière, et leur pointe, étant toujours parfaitement formée, dégage complètement la lumière. Sous ce rapport, ce que l'on soupçonnait dans l'origine être un défaut dans les machines magnéto-électriques, défaut qu'on avait voulu corriger au moyen de commutateurs inverseurs, est au contraire un avantage, non seulement par la suppression des pertes de courant qui se manifestent à travers ces commutateurs, mais par les meilleures conditions dans lesquelles le travail produit est placé.

Ces effets, toutefois, n'ont pas été considérés en Angleterre de la même manière que par nous, et dans un rapport fait dans ce pays par une commission d'électriciens distingués, tels que MM. Tyndal, Douglas, Sabine, etc., il est dit que la concavité déterminée sur l'électrode positive peut, si l'on place convenablement le charbon négatif, fournir une lumière, qu'on a appelée *condensée,* qui augmente dans un rapport assez considérable l'intensité de la lumière émise *dans une direction donnée.* Par conséquent, suivant eux, la lumière fournie par les courants redressés est de beaucoup préférable à celle qui résulte de courants alternativement renversés. Nous donnons du reste plus loin, dans un tableau dressé par M. Douglas, la différence d'intensité des deux lumières avec ou sans redressement de courants. Pour obtenir le meilleur effet pos-

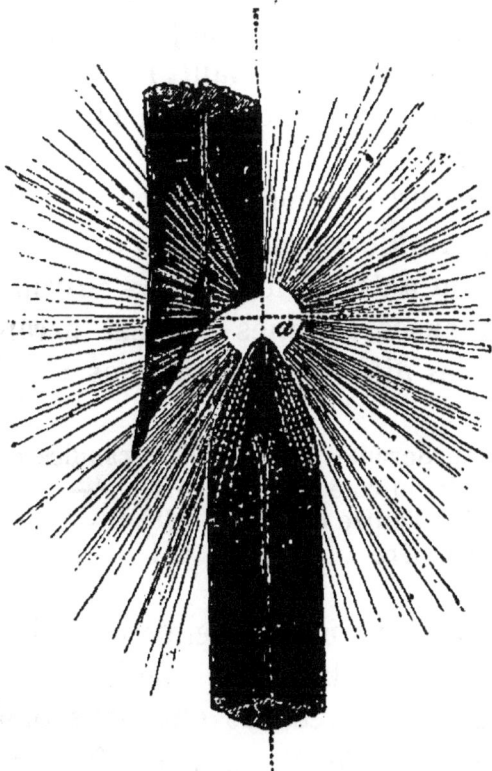

Fig. 3.

sible, il faut, suivant M. Douglas, que le charbon inférieur, qui est négatif, soit placé, comme on le voit fig. 3, de manière que son axe soit dans le prolongement du côté du charbon supérieur faisant face à la partie de l'horizon qu'on veut éclairer ; la concavité, dont le fond est la partie la plus lumineuse de l'arc, agit alors comme un réflecteur, et son éclat n'est pas voilé par les bords *du cratère du foyer lumineux.* « A cause des pertes de courant et de leur plus faible action, dit M. Douglas, les machines de l'*Alliance* et de Holmes sont loin d'équivaloir aux nouvelles machines à courants redressés, et pour l'application de la lumière électrique aux phares il vaut mieux employer ces dernières, car l'angle sous lequel la lumière électrique doit être projetée dépasse rarement 180°; et, si l'on dispose les charbons comme il a été dit plus haut, la lumière est encore augmentée dans un rapport qui est en moyenne comme 1,66 est à 1. Il faut naturellement que le charbon positif soit au haut de la lampe et le charbon négatif au-dessous. »

Dans un rapport fait par une commission américaine sur la lumière produite par différentes machines d'induction, on a donné les valeurs suivantes pour les intensités lumineuses fournies par cet arrangement des charbons dans les différentes directions :

Au devant . . . . ,	2218 candles ou	231,0	becs Carcel.
Sur un côté. . . .	578 —	60,2	—
Sur l'autre côté. .	578 —	60,2	—
Derrière	111 —	11,5	—

Ce qui donne une moyenne de 871 candles. Or la lumière produite par la même machine dans les mêmes conditions, mais avec les charbons placés dans le prolongement l'un de l'autre, n'a fourni qu'une intensité de 525 candles. « Ceci semblerait indiquer, dit le rapport en question, qu'une augmentation de près de 66 pour 100 de lumière serait due à l'arrangement des charbons; mais une étude sérieuse a montré qu'il n'en était pas ainsi et que, somme toute, il n'y avait aucun avantage à employer cette disposition quand la lumière ne devait pas être transmise dans une seule direction[1]. »

_____

[1] Dans le rapport de M. Douglas, ces différences du pouvoir éclairant étaient représentées par les chiffres suivants : (le pouvoir éclai-

La résistance de l'arc-voltaïque est assez variable, elle dépend de l'état d'ignition des charbons et, par conséquent, de leur grosseur et de leur écartement; mais on peut admettre que, dans les conditions d'une bonne lumière, elle peut atteindre environ de trois à quatre mille mètres de fil télégraphique, soit de 30 à 40 ohms; toutefois les chiffres donnés par les différents physiciens sont loin d'être concordants, car alors que MM. Preece, Schwendler et autres donnent à cet arc une résistance de 1 à 3 ohms, MM. Ayrton et Perry trouvent le chiffre invraisemblable de 255 ohms. (Voir le journal l'*Électricité* du 20 novembre 1878, p. 259.)

Un fait intéressant a été signalé par M. le Roux, c'est que, si l'arc voltaïque ne se forme pas à froid quand les charbons sont séparés par une couche d'air, quelque petite qu'elle soit, il peut se développer spontanément d'un charbon à l'autre, à travers un espace atteignant presque 5 millimètres et après que l'on a interrompu le courant pendant un temps qui peut s'élever jusqu'à $\frac{1}{25}$ de seconde environ. Ceci explique pourquoi les courants alternativement renversés de certaines machines magnéto-électriques peuvent fournir une lumière continue, quoique discontinue par le fait, car le courant dans les machines l'*Alliance* peut être interrompu de un à deux dix millièmes de seconde.

Nous avons dit que l'arc voltaïque dépendait beaucoup du milieu dans lequel il se formait. Dans le vide la longueur de l'arc peut être considérablement augmentée, et,

rant de la lumière produite par des charbons placés dans le prolongement l'un de l'autre étant 100) :

Au devant.	287	. . . . . . soit	2,87 fois plus fort.
Sur l'un des côtés. .	116	. . . . . . —	1,16 —
Sur l'autre côté. . .	116	. . . . . . —	1,16 —
Derrière.	58	. . . . . —	0,58 —

La moyenne donnerait donc en faveur de la lumière émise dans les conditions dont nous parlons un pouvoir lumineux moins élevé que celui obtenu par la Commission américaine.

bien qu'il n'y ait pas combustion, il se produit une désagrégation des particules matérielles des électrodes qui se trouvent entraînées dans les deux sens par le courant, et qui se répandent même dans toutes les parties du milieu avoisinant. Lorsqu'on produit l'arc dans différents gaz, son aspect varie peu : il y a à peine quelques changements de couleur, mais des actions chimiques secondaires peuvent se produire et modifient alors sa longueur et sa couleur. Naturellement, dans les gaz impropres à la combustion, les électrodes de charbon ne brûlent pas, quoique se désagrégeant, mais l'éclat devient moindre.

La lumière électrique a une grande analogie avec celle du soleil, mais elle renferme plus de rayons chimiques, ce qui la rend un peu dangereuse pour la vue. On a bien proposé, à diverses époques, des moyens pour éviter cet inconvénient, et entre autres l'emploi de globes fluorescents, capables d'absorber ces rayons chimiques ; mais c'était au détriment de la puissance de cette lumière que ce perfectionnement était obtenu, ce qui rendait les avantages de la lumière électrique beaucoup moins marqués.

En comparant entre elles différentes sources lumineuses, MM. Foucault et Fizeau ont trouvé que la lumière de l'arc voltaïque ordinaire est moitié moindre que celle du soleil, tandis que la lumière Drummond (oxyhydrogène) n'en est que la cent cinquantième partie. Or le soleil répand sur une surface donnée autant de clarté que 5774 bougies placées à 0^m,33 de distance de cette surface.

GÉNÉRATEURS DE LUMIÈRE ÉLECTRIQUE

Nous avons vu que les générateurs électriques qui pouvaient être employés avantageusement pour la lumière électrique étaient les piles à acides, particulièrement les piles Bunsen, et les machines d'induction électro-magnétiques. Quelles sont les meilleures dispositions de ces générateurs?... C'est ce que nous allons étudier dans ce chapitre.

GÉNÉRATEURS VOLTAÏQUES.

La pile de Bunsen découverte par M. Grove en 1839 met, comme on le sait, à contribution deux liquides, l'acide nitrique, d'une part, et l'eau acidulée avec de l'acide sulfurique d'autre part, et pour mettre ces deux liquides en contact sans se mélanger, on verse l'un des liquides dans un vase en porcelaine demi-cuite, que l'on désigne généralement sous le nom de *vase poreux*, et on le plonge dans l'autre vase qui doit être en verre ou en grès vernis. Des vases en terre ou en faïence ne valent rien, én raison des détériorations qui résultent de l'action des acides et des cristallisations de sulfate de zinc qui se forment à l'intérieur des pores de ces matières.

Généralement on versé l'acide nitrique dans le vase poreux, et l'eau acidulée au dixième de son poids dans le vase de verre ; alors l'électrode positive, celle qui

donne le pôle négatif, est fournie par une lame de zinc
amalgamé enroulée en cylindre, au dedans de laquelle
on introduit le vase poreux. L'électrode négative est
constituée par un prisme de charbon de cornue découpé
dans un de ces résidus que l'on retire des cornues des
usines à gaz après la distillation. C'est un charbon très
dur, très serré, et qui est relativement bon conducteur.

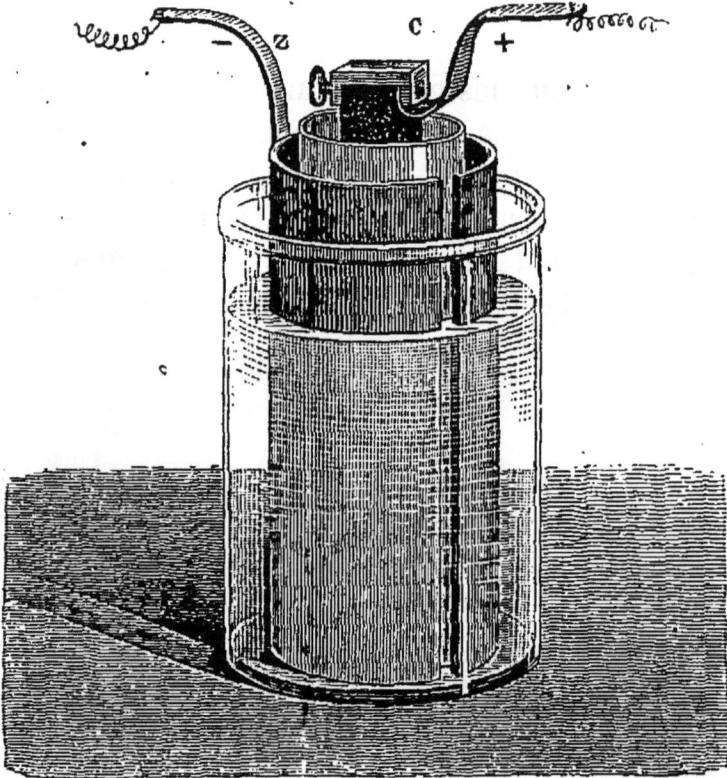

Fig. 4.

Les fils de communication sont réunis à ces électrodes
par deux pinces de laiton, l'une de grande dimension, qui
enveloppe la partie supérieure du charbon et serre le
conducteur positif contre ses parois, l'autre munie d'un
trou à vis de pression où est introduit le fil négatif, et qui
s'applique sur une lamelle de cuivre rivée au cylindre
de zinc. La disposition de cet élément est indiquée fig 4.

On peut renverser cette disposition, et l'on y gagnerait

au point de vue de la constance de la pile, car, ainsi que je l'ai démontré, les effets de la polarisation sont d'autant moindres que l'électrode négative est plus développée; mais, comme pour la lumière électrique il se produit une grande consommation de zinc, il faut que cette matière se trouve en assez grande quantité dans l'élément, et la disposition précédente est la plus favorable à ce point de vue.

On sait que dans l'élément Bunsen l'acide nitrique agit surtout comme organe dépolarisateur, c'est-à-dire comme organe susceptible d'empêcher le dépôt, sur le charbon, de l'hydrogène résultant de la décomposition de l'eau par le zinc. Quand ce dépôt se produit, il se développe, en effet, sur le charbon, une force électro-motrice par suite de la réaction de l'hydrogène sur le liquide, laquelle force, en se manifestant en sens contraire de celle déterminée par la pile, affaiblit celle-ci d'autant plus que le courant agit plus longtemps et que le circuit est moins résistant. Or l'acide azotique, étant très riche en oxygène et l'abandonnant facilement, permet à l'hydrogène dégagé dans la pile de se combiner avec cet oxygène et de l'intercepter pour ainsi dire au passage avant qu'il ait pu produire son effet nuisible. D'un autre côté cet acide, en réagissant lui-même chimiquement sur l'eau acidulée, développe une force électro-motrice qui agit dans le même sens que celle qui est produite par l'oxydation du zinc, et qui augmente encore l'énergie de la pile.

L'inconvénient de cette pile est d'être dispendieuse et de fournir des émanations malsaines et suffoquantes. L'acide nitrique, en effet, en se désoxydant, passe à l'état d'acide nitreux qui se dégage sous forme de vapeurs rutilantes brunes qui sont difficiles à supprimer.

Pour éviter l'usure trop grande du zinc et rendre l'action de la pile plus constante, on amalgame ce métal, et cette opération a surtout pour effet d'annuler les couples locaux qui sont la conséquence de l'impureté du zinc, et qui l'usent en pure perte. Pour obtenir cette amalgamation, le moyen le plus simple est d'immerger le zinc dans un liquide composé de la manière suivante :

On fait dissoudre à chaud 200 grammes de mercure dans 1000 grammes d'eau régale (acide nitrique 1, acide chlorhydrique 3). La dissolution de mercure étant terminée, on y ajoute 1000 grammes d'acide chlorhydrique.

En laissant le zinc tremper quelques secondes dans ce liquide, on le retire tout amalgamé, et, avec un litre de ce liquide, on peut amalgamer 150 zincs.

On amalgame encore les zincs en les immergeant dans un vase rempli d'eau acidulée avec de l'acide chlorhydrique, dans laquelle on a versé du mercure, et en les frottant avec un pinceau métallique qu'on trempe dans le mercure. Mais ce qu'il y a de mieux est d'employer des zincs amalgamés dans toute leur masse. M. Dronier est parvenu à établir des zincs de cette nature en unissant le mercure au zinc pendant sa fusion en vase clos.

Il y a à considérer dans une pile deux éléments importants : sa *force électro-motrice* et *sa résistance*. Nous avons défini au commencement de ce travail ce qu'il fallait entendre par ces deux expressions. Les lois des courants électriques ont été basées sur la constance de ces deux éléments, et de là le nom de *constantes voltaïques* qu'on leur a donné; mais, par le fait, il n'en est pas ainsi à cause de réactions secondaires qui se manifestent et dont les effets de polarisation sont une des principales. Néanmoins, comme les valeurs de ces constantes sont nécessaires à connaître approximativement pour toutes les applications électriques, on a dû les calculer, et j'ai indiqué, dans le tome I de mon *Exposé des applications de l'électricité*, celles qui ont été obtenues par les divers physiciens. Comme nous n'avons guère à considérer dans ce travail qu'une seule espèce de pile, nous dirons seulement que la force électro-motrice de l'élément Bunsen représente, en unités de force électro-motrice ou en *Volts*, de 1^v,888 à 1^v,964, et son rapport avec la force électro-motrice de l'élément Daniell est de 1,749 à 1,820. La résistance du même élément (moyen modèle), qui se compose de celle du liquide interposé entre les électrodes polaires, de celle du vase poreux et des dépôts gazeux déterminés par l'action électrolytique et la polarisation, varie de 50 à 150 mètres de fil télégraphique, suivant la résistance du circuit extérieur. Je dis *varie* parce que les chiffres que l'on déduit de l'expérience semblent constater cette variation; mais, comme celle-ci résulte des effets de la polarisation des électrodes et qu'elle n'affecte la résistance du couple que parce qu'on en décharge le reste du circuit, elle peut tout aussi bien se rapporter au circuit tout entier qu'à une de ses parties. Toutefois, comme on ne peut donner au circuit métallique une autre résistance que celle qu'il possède réellement, il convient d'attribuer à celle de l'élément Bunsen la valeur de 50 mètres quand le circuit est peu résistant, et celle de 100 à 150 mètres quand il est très résistant. Les valeurs que nous venons de donner ne se rapportent qu'à une pile dont les liquides sont neufs; mais elles se modifient assez rapidement à mesure que l'acide nitrique se désoxyde et que l'eau acidulée se charge de sulfate de zinc, par suite de la corrosion de ce métal. Pour la remettre en état, il suffit souvent de verser un peu d'eau dans le liquide extérieur et d'ajouter à l'acide nitrique de l'acide sulfurique concentré qui, étant très avide d'eau, déshydrate l'acide.

J'entre dans beaucoup de détails sur cette pile ainsi que sur toutes les autres dans le tome I de mon *Exposé des applications de l'électricité*, ce qui me dispense d'en parler ici davantage. Cette étude poussée à fond serait tout à fait en dehors du but que nous nous proposons dans cet ouvrage; il nous suffit de signaler la disposition de la pile précédente pour qu'on sache à quoi s'en tenir dans les applications qu'on peut en faire à l'éclairage électrique.

Pour obtenir avec une pile de Bunsen de la lumière électrique, il faut grouper ensemble un certain nombre d'éléments, et le mode de groupement de ces éléments dépend du genre de lumière que l'on veut obtenir. Si cette lumière doit être fournie par un arc voltaïque, c'est-à-dire avec un intervalle gazeux entre les électrodes de charbon, il faut grouper ces éléments *en tension* c'est-à-dire par leurs pôles contraires, un pôle positif avec un pôle négatif, comme on le voit fig. 5, et il faut au moins trente éléments ; on en emploie ordinairement soixante dans la plupart des expériences que l'on fait soit au théâtre, soit pour l'éclairage des travaux de nuit, et encore ne peut-on allumer dans ces conditions qu'une seule lampe.

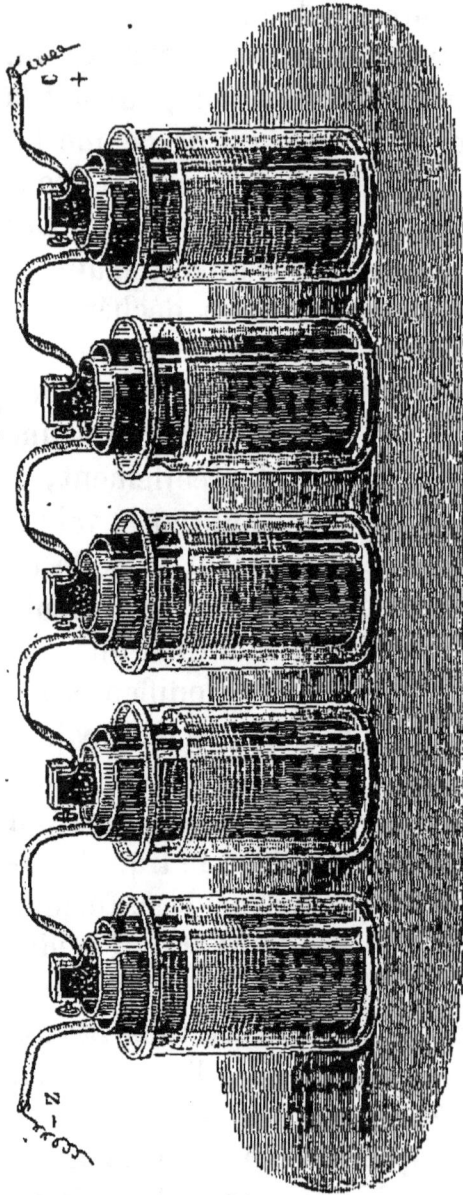

Fig. 5.

Quand on veut en allumer plusieurs, il faut une pile beaucoup plus forte et employer certaines lampes disposées en conséquence. Nous en parlerons plus tard.

Si la lumière doit être le résultat d'un effet d'incandescence, la pile gagne à être disposée en quantité, c'est-à-dire de manière que tous les éléments soient réunis par leurs pôles semblables. Alors les effets calorifiques sont augmentés aux dépens des effets de tension, et, pour l'incandescence, il n'est besoin que d'effets calorifiques.

Enfin, si, en raison de la résistance du circuit extérieur ou des conditions dans lesquelles est placée l'expérience, le courant électrique doit avoir à la fois de la tension et de la quantité, on dispose la pile *en séries*, c'est-à-dire par groupes composés chacun d'un plus ou moins grand nombre d'éléments réunis en quantité, et ces groupes sont réunis eux-mêmes en tension.

On peut donc, au moyen d'une pile composée de plusieurs éléments, obtenir les effets différents propres à des piles d'une plus ou moins grande force électro-motrice, mais il importe de toujours se rappeler qu'en réunissant plusieurs éléments en quantité, c'est-à-dire par les pôles semblables, *on n'augmente pas pour cela la force électro-motrice du générateur :* cette force électro-motrice reste toujours celle d'un simple élément, mais *on en diminue la résistance proportionnellement au nombre des éléments que l'on réunit*, ce qui revient, en définitive, à constituer un élément de surface plus grande. D'un autre côté, il faut se pénétrer que la force électro-motrice d'une simple pile *ne dépend pas de la grandeur de ses éléments, mais de la nature de la réaction physique et chimique qui y est développée et du nombre d'éléments réunis par les pôles dissemblables.* Seulement, comme en isolant ainsi l'action des éléments on augmente par le fait la résistance de la pile entière, il peut se faire, dans certaines conditions du circuit extérieur, que ce que l'on gagne de force par l'accroissement du nombre des éléments, on le perde, et même au delà, par l'accroissement de la résistance totale de la pile, et c'est pourquoi il devient nécessaire, pour fixer la disposition d'une pile, *de connaître exactement les conditions du circuit sur lequel la pile doit*

agir, conditions, qui doivent être considérées principalement au point de vue de la résistance.

Le grand principe sur lequel on doit se guider est
que la pile doit être disposée de telle manière *que sa
résistance propre soit égale à celle du circuit extérieur.* Si
l'on prend pour valeur de la résistance d'un élément de
Bunsen le chiffre de 50 mètres de fil télégraphique que
nous avons donné, et que l'on estime à 5000 ou 4000
mètres la résistance de l'arc voltaïque dans les lampes
ordinaires, on voit tout de suite qu'on a toujours avantage
à disposer en tension les éléments d'une pile appliquée à
l'éclairage électrique par l'arc voltaïque, et l'on a en
même temps avantage à prendre les éléments de grande
dimension, non pas pour donner à la pile une plus grande
force électro-motrice, mais pour que son action dure
plus longtemps et pour augmenter son pouvoir calorifique. Quand l'éclairage électrique doit être produit par
l'incandescence, la résistance du circuit devient infiniment moins grande (35 mètres environ pour la partie
incandescente, et l'on gagne, au contraire, à disposer
la pile en quantité ou en séries, suivant le nombre des
lampes qu'elle a à alimenter, et suivant l'organisation
des circuits. Il est certain que, si l'on interpose dans un
même circuit un certain nombre de lampes, la pile devra
avoir plus de tension que quand ces lampes seront interposées sur des circuits distincts ou dérivés, et l'on sera
encore fixé sur le mode de disposition qu'il faudra donner à la pile, par la résistance totale du circuit extérieur,
qui sera alors celle d'un des circuits divisée par le
nombre de lampes à allumer. On comprend, en effet,
que, dans ce cas, l'électricité fournie par la pile se distri-
bue en même temps dans tous les circuits, comme le ferait
l'eau d'un réservoir où aboutiraient plusieurs tuyaux d'écoulement, et que la résistance alors opposée à la propagation
électrique est équivalente à celle d'un conducteur unique
d'une section, autant de fois plus grande qu'il y a de

circuits dérivés. Or, comme la résistance électrique d'un conducteur est en raison inverse de sa grosseur, on voit immédiatement pourquoi, dans ce cas, la pile doit être disposée de manière à avoir sa résistance très diminuée.

Il n'est pas nécessaire que les divers éléments qui composent une pile soient réunis directement les uns aux autres, ils peuvent être séparés par des conducteurs plus ou moins longs; une portion de la pile peut être, par exemple, à un bout du circuit, l'autre portion au bout opposé, et suivant que les deux conducteurs du circuit réuniront ces deux portions, par leurs pôles dissemblables ou par leurs pôles semblables, on aura une pile qui sera disposée en tension, ou. en surface double. Seulement, dans le dernier cas, il arrivera que tous les fils de jonction entre les deux conducteurs transmettront le courant exactement avec la même intensité, quels que soient les points du parcours où cette réunion est effectuée, et cela se comprend aisément, si l'on considère que les fils de jonction des deux parties de la pile constituent alors des électrodes chargées au même potentiel sur toute leur étendue, et que les pôles de la pile se trouvent alors transportés aux deux points où se trouvent fixés les fils qui doivent fournir le travail.

Si l'on connaît la résistance du circuit extérieur et celle d'un élément de la pile, on peut déterminer immédiatement et sans tâtonnement la disposition la plus convenable à donner aux différents éléments d'une pile que l'on a à sa disposition, au moyen des deux lois suivantes que j'ai longuement discutées dans mon *Exposé des applications de l'électricité* (tome I, p. 145).

1° Le nombre d'éléments de chaque groupe que l'on doit disposer en quantité est donné par le nombre entier le plus rapproché du chiffre représentant la racine carrée du produit du nombre total des éléments de la pile, par la résistance d'un seul élément de cette pile, divisée par la résistance du circuit extérieur.

2º Le nombre des groupes qu'il faut réunir en tension est donné par le nombre entier le plus voisin du chiffre représentant la racine carrée du produit du nombre total des éléments de la pile, par la résistance du circuit extérieur, divisée par la résistance d'un seul élément de la pile.

Une seule de ces déterminations suffit d'ailleurs, car, si on sait combien d'éléments doivent être réunis en quantité dans chaque groupe, le nombre total des éléments divisé par celui de chaque groupe donnera le nombre des groupes qui doivent être réunis en tension.

Pour connaître la valeur de la résistance du circuit extérieur, on emploie un appareil connu sous le nom de *Rhéostat* et une sorte de balance électrique qui peut être un *galvanomètre* différentiel ou un pont de *Wheatstone*. Ces appareils, et la manière de s'en servir, étant indiqués dans tous les traités de physique, et particulièrement dans notre *Exposé des applications de l'électricité*, nous ne nous en occuperons pas davantage ; nous dirons seulement que, pour obtenir la résistance totale des dérivations d'un circuit, on a la relation suivante :

$$\frac{1}{T} = \frac{1}{d} + \frac{1}{d'} + \frac{1}{d''} + \frac{1}{d'''}, \text{ etc.,}$$

dans laquelle T représente la résistance totale, d, d' d'' d''', etc., les résistances des différentes dérivations, et dont on peut tirer la valeur de T, connaissant celles de d, d', etc., ou bien la valeur de l'une quelconque des dérivations, d, d', etc., connaissant T.

J'aurais voulu, dans un ouvrage comme celui que je publie aujourd'hui, éviter de parler de ces différents calculs, mais, comme ils sont indispensables quand on veut bien connaître la question, et qu'ils sont d'ailleurs très simples, j'ai pensé que je devais tout au moins les indiquer. Du reste, il est un principe général que l'on retrouve dans presque tous les effets électriques susceptibles de maximum, et que l'on doit avoir toujours présent à la pensée. C'est que pour être dans les meilleures conditions il faut disposer les générateurs électriques de manière que *leur résistance intérieure soit égale à celle du circuit extérieur;* et, si le circuit se compose de deux parties, l'une servant simplement à la transmission électrique, l'autre à la production d'un travail calorifique ou électro-magnétique, il faut que *la résistance du circuit inactif, y compris celle de la pile, soit égale à la résistance de l'organe électro-magnétique,* ou à celle du conducteur, développant l'effet calorifique.

Unités électriques. — Pour obtenir les valeurs de la force électro-motrice et de la résistance d'une pile, aussi bien que celles des autres éléments qui sont en jeu dans un circuit électrique, il a fallu créer des unités de mesure électrique, et, bien que les savants ne soient pas encore d'accord sur les unités qui doivent être adoptées, on tend cependant à prendre les unités rationnelles déterminées, après de longs travaux, par l'Association britannique. Ces unités ont reçu différents noms, qui rappellent les physiciens qui ont le plus contribué à l'avancement de la science électrique. Ainsi l'unité de résistance a reçu le nom d'*Ohm*, l'unité de force électro-motrice, celui de *Volt*, l'unité d'intensité de courant, celui de *Weber*, l'unité de capacité électro-statique, celui de *Farad*, et l'on a donné aux multiples et aux sous-multiples de ces unités des désignations analogues à celles de notre système métrique, mais dans des conditions différentes et appropriées aux usages les plus fréquents qu'on pouvait en faire dans les applications électriques. Ces désignations sont *mega* et *micro*, qui veulent dire un million d'unités ou un millionième d'unité. C'est ainsi qu'un million d'ohms se dira un *megohm*, et un millionième d'ohm un *microhm;* toutefois, de tous ces multiples et sous-multiples, on n'emploie généralement 'que le *megohm* et le *microfarad*.

Il s'agit maintenant de savoir ce que représentent ces unités.

L'*ohm* représente matériellement la résistance d'une colonne de mercure purifié, de 1 millimètre carré de section et de 1,^{m} 0486 de longueur à 0° centigrade. C'est environ la résistance d'un fil télégraphique en fer de 4 millimètres de diamètre et de 100 mètres de longueur.

Le *volt* représente à peu près la force électro-motrice d'un élément Daniell au sulfate de cuivre et eau légèrement acidulée. Cette force électro-motrice étant 1, le volt est représenté par 0, 9268.

Le *weber* représente le volt divisé par l'ohm.

Le *farad* représente la capacité d'un condensateur électrique placé dans des conditions telles, que la quantité d'électricité transportée par un volt à travers une résistance d'un ohm le chargerait à une tension d'un volt. Ce genre d'unité n'est guère appliqué que dans les études des câbles sous-marins. On trouvera, du reste, tous les calculs se rapportant à ces unités dans mon *Exposé des applications de l'électricité*, tome I, p. 432.

On trouve aujourd'hui des appareils mesureurs étalonnés d'après ces nouvelles unités électriques chez M. Gaiffe, constructeur à Paris, rue Saint-André des Arts, 40. Ces appareils consistent dans des jeux plus ou moins complets de bobines de résistance disposées comme des collections de poids, et dans des rhéomètres dont les graduations sont établies en ohms et en volts; de sorte qu'on peut apprécier par une simple lecture, et sans calculs, la force électro-motrice d'une pile, sa résistance et celle du circuit extérieur. Ces indications n'ont peut-être pas une très grande rigueur, mais elles sont bien suffisantes pour les applications ordinaires qu'on a à faire des courants électriques.

Mode de propagation de l'électricité. — Avant d'étudier les générateurs magnéto-électriques, qui ont résolu le problème de l'éclairage électrique, il nous a paru important de donner quelques détails sur les conditions de charge et de décharge dans un circuit, et sur le mode de propagation d'un courant.

On se demande souvent dans quelles conditions se trouvent les fils isolés d'un circuit par rapport à la pile, quand le circuit n'est pas fermé, et au premier abord on serait porté à croire qu'il suffit de mettre un conducteur en rapport avec l'un ou l'autre des pôles électriques pour déterminer un mouvement de charge; mais les choses ne se passent pas tout à fait ainsi.

Pour que les conducteurs se chargent, il faut que les charges négatives et positives puissent s'écouler dans les mêmes proportions. Ainsi un conducteur très long adapté au pôle positif d'une pile ne pourra se charger qu'à la condition que la charge négative pourra se transmettre à un conducteur de même longueur qui sera fixé au pôle négatif, ou que cette charge pourra s'écouler en terre. Alors la charge se transmet successivement jusqu'au bout du fil positif, et quand elle a atteint, à cette extrémité, la même tension que près de la pile, le courant qui était résulté de cette transmission cesse, et tout le conducteur est chargé au potentiel de la pile. Quand on met ce fil positif en rapport avec le sol, un nouveau mouvement électrique se produit à partir du bout du fil, et l'on obtient un *courant de décharge* qui, cette fois, est continu et constitue le courant proprement dit.

Il résulte de ce mode d'action que, quand un circuit est complet et qu'on le ferme près de la pile, le courant réagit d'abord à partir des deux pôles de la pile, et ne produit son effet au milieu du circuit qu'en dernier lieu; de sorte que, au premier moment, une moitié du circuit est parcourue par une charge positive, et la seconde moitié par une charge négative; mais ceci n'a lieu qu'avec un circuit complètement métallique. Quand la terre est interposée, la charge positive parcourt le fil dans toute sa longueur, car la charge négative est alors entièrement absorbée par la terre.

Pendant longtemps on a cru que la charge d'un circuit était pour ainsi dire instantanée et qu'elle n'avait pour limite de vitesse que celle de l'électricité elle-même, vitesse qu'on croyait bien voisine de celle de la lumière; mais une étude plus approfondie du mode de propagation de l'électricité montra qu'il était loin d'en être ainsi, et que, par le fait, il n'y avait pas à proprement parler de vitesse de l'électricité, mais bien un temps de fluctuations électriques pendant lequel chacun des points du circuit change sans cesse de tension électrique. Dès lors on s'est trouvé conduit à assimiler la propagation électrique à celle de la chaleur, et c'est à partir de ce moment qu'on a pu se faire une idée bien nette des effets de la transmission électrique sur nos longues lignes télégraphiques.

C'est en 1825 que cette découverte fut faite par l'illustre Ohm, qui basa sur elle cette belle théorie qui porte son nom, et que les découvertes modernes n'ont fait que justifier de plus en plus. Toutefois cette théorie ne fut pas accueillie tout d'abord par le monde savant avec la faveur que son auteur était en droit d'attendre ; elle fut même pour lui le sujet d'une persécution qui l'atteignit jusque dans sa position de professeur, et ce ne fut que dix ans plus tard, quand M. Pouillet parvint aux mêmes lois par l'expérimentation, qu'on commença à revenir sur le jugement qu'on avait porté contre Ohm et à apprécier le mérite de sa découverte. Cependant, tout en adoptant les formules de l'illustre mathématicien, les physiciens, jusqu'à l'année 1860, n'avaient pas voulu admettre l'assimilation qu'Ohm avait faite du mode de propagation de l'électricité à celui de la chaleur, et grâce à ce parti-pris de leur part ils étaient arrivés à des résultats tellement discordants sur la vitesse de propagation de l'électricité, qu'il fallait admettre, ou que les expériences faites pour mesurer cette vitesse avaient été mal conduites, ou que les idées que l'on se faisait généralement sur la propagation de l'électricité étaient fausses.

Vers l'année 1859, M. Gaugain, habile physicien, qui depuis quelque temps s'occupait de vérifier les lois d'Ohm au point de vue de la transmission à travers les corps mauvais conducteurs, rechercha les causes de ce désaccord et trouva bientôt le mot de l'énigme. Il s'assura en effet que l'électricité, loin de se propager comme la lumière avec une intensité initiale constante dans tout son parcours, devait au contraire se transmettre, ainsi qu'Ohm l'avait admis, à la manière d'une barre métallique que l'on chauffe par un bout et que l'on maintient à l'autre bout à une température constante et inférieure. Dans ce cas, la chaleur se communique de proche en proche à partir de l'extrémité chauffée de la barre, et à mesure que ce mouvement calorifique se propage vers l'autre extrémité, les parties primitivement chauffées acquièrent une quantité de chaleur de plus en plus grande, jusqu'à ce que, le mouvement calorifique étant parvenu au bout non échauffé, les différents points de cette barre perdent, d'un côté, autant de chaleur qu'ils en gagnent de l'autre. Alors seulement l'équilibre calorifique est établi, et la distribution de la chaleur sur toutes les parties de la barre reste toujours la même. C'est ce que les physiciens ont appelé l'*état calorifique permanent*. Mais avant qu'une barre métallique arrive à cet état il faut un temps plus ou moins long suivant son degré de conductibilité calorifique, et ce temps pendant lequel chacun des points du corps chauffé change sans cesse de température constitue une *période variable* qui, si l'assimilation de la propagation de la chaleur avec la propagation de l'électricité était vraie, devait exister dans les premiers moments de la propagation d'un courant. Dans cette hypothèse, en effet, un courant électrique n'est que le résultat de

l'équilibre qui tend à s'établir d'une extrémité à l'autre
du circuit entre deux états électriques différents, constitués par l'action de la pile, et représentant, par conséquent, les deux températures différentes de la barre
chauffée. Sans doute cette période variable, en raison de
la subtilité du fluide électrique, devra être excessivement courte, mais pour des circuits d'une grande longueur et pour des transmissions lentes à travers de mauvais conducteurs elle pourra être appréciable, et c'est en
effet ce que l'expérience démontra à M. Gaugain. Dès
lors il rechercha les lois de la transmission du courant
pendant cette période variable, et il constata, entre
autres lois, que le temps nécessaire pour qu'un courant
atteigne son état permanent dans un circuit, c'est-à-dire
toute l'intensité qu'il est susceptible d'acquérir, est *proportionnel au carré de la longueur de ce circuit.* Ce résultat avait été non seulement prévu par Ohm, mais encore
formulé mathématiquement par lui dans l'équation représentant les tensions des différents points d'un circuit dans
la période variable de l'intensité des courants.

GÉNÉRATEURS MAGNÉTO-ÉLECTRIQUES.

Le mode de génération de l'électricité par les actions
chimiques, et surtout par la combustion du zinc, est,
comme on le verra plus tard, extrêmement dispendieux,
et, si l'on n'avait eu que lui pour produire la lumière
électrique, on aurait bien certainement renoncé définitivement à ce mode d'éclairage; mais ce moyen n'est
pas le seul, et, grâce aux effets d'induction, on a pu
parvenir à créer des générateurs de lumière n'exigeant
que des effets de force motrice, ce qui ramenait la production de l'électricité à une combustion plus ou moins
grande de charbon, la plus simple et la plus écono-

mique des réactions chimiques. Sous ce rapport les résultats obtenus ont dépassé toutes les espérances, et l'on peut dire que, si la solution du problème dépendait uniquement de la production de l'action électrique, elle serait dès maintenant largement réalisée, car, lumière pour lumière, le prix de l'éclairage serait de cette manière infiniment plus économique; mais la question, comme on le verra, est beaucoup plus complexe, et, en attendant que nous la traitions aux différents points de vue qui doivent être pris en considération, nous allons nous occuper des générateurs basés sur les effets de l'induction.

Historique de la question. — Lorsqu'un courant voltaïque circule en spirale autour d'un noyau de fer, d'acier ou d'une substance magnétique quelconque, il l'aimante, et cette aimantation pour certains corps magnétiques doués d'une force coercitive non persistante, tels que le fer, disparaît aussitôt que le courant a cessé de circuler dans la spirale métallique qui lui a servi de conducteur. Ce phénomène, constaté pour la première fois par MM. Ampère et Arago peu de temps après la découverte par Œrsted des réac-

Fig. 6.

tions exercées par les courants sur l'aiguille aimantée, a été le point de départ de l'électro-magnétisme et de la plupart des applications mécaniques de l'électricité.

En raisonnant d'après le système des réciproques, on aurait pu déduire *à priori* de ce phénomène qu'un aimant persistant, réagissant sur un circuit fermé disposé en spirale, devait déterminer dans ce circuit un

courant électrique; mais ce ne fut que dix ans plus
tard, c'est-à-dire vers 1830, que l'illustre physicien
Anglais Faraday constata le premier ce phénomène et
en détermina les différents caractères. Il est résulté en
effet des expériences nombreuses que ce savant entre-
prit à ce sujet que, si l'on enfonce à l'intérieur d'une
bobine recouverte de fil métallique isolé un barreau
aimanté ou une autre bobine traversée par un courant,
comme on le voit fig. 6 et 7, on provoque dans la pre-

FIG. 7.

mière bobine un courant énergique qui peut actionner
un galvanomètre; mais, chose assez particulière et que la
théorie n'aurait pu faire prévoir de prime abord, ce
courant n'est qu'éphémère et disparaît aussitôt après
avoir pris naissance, pour faire place à un autre courant
également éphémère, qui se manifeste au moment même
où l'on retire l'aimant de la bobine. Ce dernier courant
est dirigé en sens inverse du premier, et, si l'on compare
la direction de ces deux courants à celle du courant
magnétique ou voltaïque qui leur a donné naissance, on
reconnaît qu'elle est précisément la même pour le second

et inversé pour le premier. De là le nom de *courant direct* donné au courant qui se manifeste secondairement, et le nom de *courant inverse* donné au courant qui se manifeste primitivement. Ainsi, par le fait seul qu'on approche ou qu'on éloigne un aimant persistant d'un circuit disposé en spirale, on donne naissance à deux courants contraires instantanés, qui se manifestent distinctement l'un de l'autre.

Toutefois ces courants instantanés peuvent se succéder, pour un même mouvement de l'inducteur ou de l'induit, si ce mouvement est successif, car à chaque étape de ce mouvement il se produit un courant induit différentiel, qui continue l'action du précédent, et tous ces courants, s'ajoutant les uns aux autres, peuvent fournir un courant d'une durée appréciable, qui peut être dans un sens ou dans l'autre, suivant que les mouvements se sont succédés dans le sens du rapprochement ou dans le sens de l'éloignement, mais qui est plus faible, à un moment donné, que celui résultant du mouvement total effectué d'un seul coup et avec le même chemin parcouru. Nous verrons plus tard ce qui résulte des mouvements plus ou moins prompts, par rapport à la nature des courants induits développés ; mais nous pouvons dire dès maintenant que ces mouvements plus ou moins prompts n'affectent, pour un même chemin parcouru, que la tension du courant induit.

Ces principes une fois reconnus, il ne s'agissait plus, pour obtenir une manifestation électrique continue, que de combiner mécaniquement les divers éléments producteurs de ces courants éphémères ou d'induction, de manière à les redresser et à les faire se succéder les uns aux autres sans interruption. C'est ce que firent plusieurs mécaniciens, entre autres MM. Pixii Clarke, Page, Nollet, etc., et pour cela ils n'eurent qu'à faire tourner devant les pôles d'un aimant permanent, en fer à cheval, un électro-aimant à deux branches, enroulé d'une assez

grande quantité de fil pour permettre à l'action inductrice de se développer dans toute son énergie. Avec cette
disposition, en effet, l'électro-aimant, en s'approchant
des pôles de l'aimant fixe, s'aimantait, et, en devenant
aimant, il créait dans le fil qui l'entourait un courant
inverse qui faisait place à un courant direct, aussitôt
que l'électro-aimant, en s'éloignant, se désaimantait.
Comme les extrémités du fil induit, c'est-à-dire du fil
de l'électro-aimant, étaient en rapport avec un commutateur à renversement de pôles placé sur l'axe de rotation
du système, les deux courants traversaient le circuit
toujours dans le même sens. Telles sont les machines
magnéto-électriques, dont nous représentons, fig. 8., le type
primitif, et dont la disposition a, du reste, été variée
d'une foule de manières. Ce sont elles qui ont donné
naissance aux puissantes machines qui, dans ces derniers temps, ont étonné les physiciens eux-mêmes.

En même temps que l'on construisait les machines
magnéto-électriques dont nous venons de parler, d'autres physiciens et mécaniciens en établissaient de nouveaux modèles, en mettant à contribution les effets d'induction produits par les hélices voltaïques, et qui per-
mettaient d'obtenir des courants induits sans avoir aucun
mécanisme à tourner. De pareilles hélices étant introduites à l'intérieur de la bobine destinée à fournir les
courants induits pouvaient jouer le rôle de barreaux
aimantés, puisqu'elles constituaient, ainsi que l'a démontré Ampère, des *aimants dynamiques*, et pour obtenir les
effets produits par l'approche et l'éloignement de l'hélice
inductrice (celle jouant le rôle d'aimant), il suffisait de
disposer dans le circuit un interrupteur automatique de
courant. Dès l'année 1836, M. Page, en Amérique, M. Masson, en France, et M. Callan, en Angleterre, construi-
saient, en effet, des machines de ce genre qui permirent
d'étudier d'une manière suivie les courants induits et
d'en préciser les caractères, et l'on put acquérir bientôt

la certitude que, non seulement les courants induits avaient
une grande tension, mais que, sous certaines conditions,
ils pouvaient fournir quelques effets analogues à ceux de
l'électricité statique. Ces appareils, perfectionnés par
MM. Page, Callan, Sturgeon, Gauley, Masson et Bréguet,

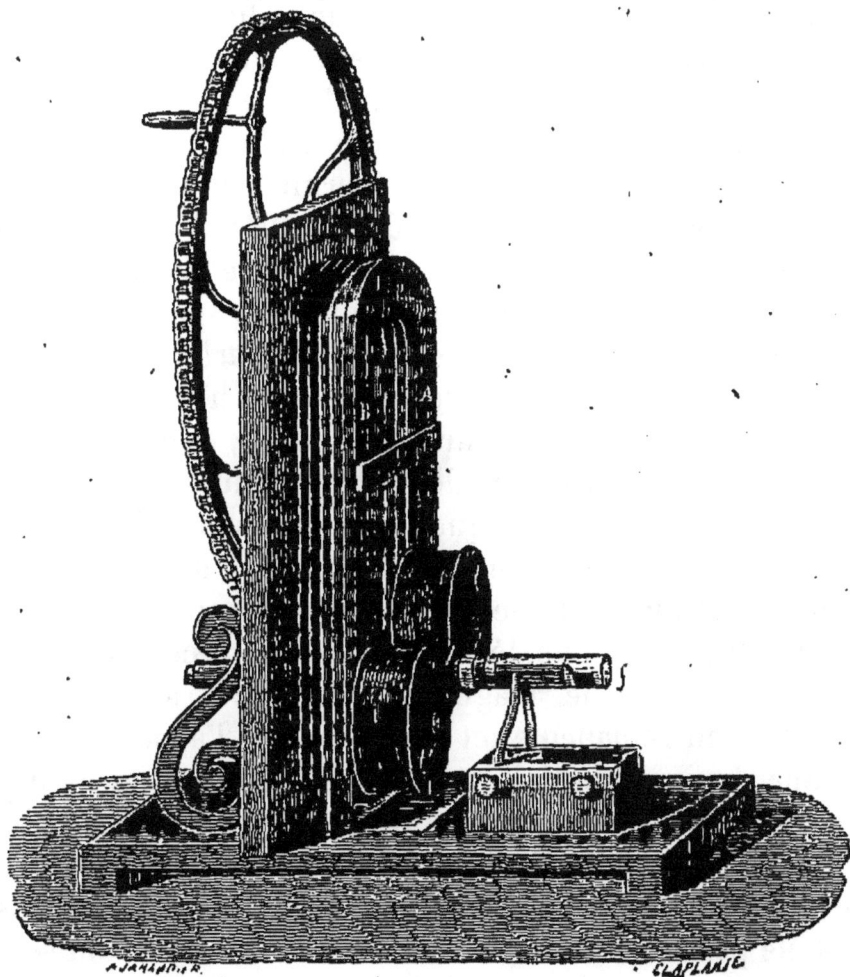

Fig. 8.

Bachhoffner, Clarke, Golding-Bird, Nesbitt, Breton,
Fizeau, Ruhmkorff, Cecchi, Hearder, Bright, Poggendorff,
Foucault, Bently, Ladd, Jean, Ritchie, Gaiffe, Apps, ne tar-
dèrent pas à devenir de puissants générateurs d'électricité
de haute tension qui purent remplacer avantageusement
les machines électriques, et ces générateurs constituent

aujourd'hui la catégorie d'appareils les plus importants et les plus curieux, par l'énergie et la diversité de leurs effets.

D'après cet aperçu rapide, on voit déjà que les machines d'induction peuvent être divisées en deux grandes catégories : 1° celles qui ont pour inducteur un circuit traversé par un courant voltaïque, et dans lesquelles l'action provocatrice peut résulter de l'action du courant lui-même, 2° celles qui ont pour inducteur un aimant permanent et qui exigent, pour fournir leur effet, un mouvement mécanique. Mais en dehors de ces deux catégories d'appareils, il en est une troisième dont les effets ont été récemment étudiés et qui, tout en appartenant à la seconde catégorie dont nous venons de parler, présentent cette différence curieuse que les appareils n'ont pas besoin d'aimants permanents pour les stimuler, et que l'inducteur, constitué par du fer doux, devient lui-même aimant, et aimant des plus énergiques sous l'influence du courant induit qui est créé. Ce qui est curieux dans ces appareils, c'est que la cause initiale est pour ainsi dire inappréciable ; c'est une légère aimantation communiquée au fer, soit par le magnétisme terrestre, soit par une aimantation rémanente, et à mesure que l'appareil fonctionne, la cause initiale et l'effet se développent de plus en plus jusqu'à une limite qui est celle de l'aimantation maximum du fer. Ces curieuses machines, imaginées presque simultanément par MM. Wheatstone et Siemens, ont été perfectionnées par MM. Wilde et Ladd, et ont servi de complément à beaucoup d'autres machines combinées dans des systèmes différents et qui ont acquis par cette adjonction une beaucoup plus grande puissance. Enfin, pour terminer avec cet historique, nous ajouterons que, dans ces derniers temps, une nouvelle catégorie de machines magnéto-électriques, fondées sur l'interversion continuelle de polarités successivement développées aux différents points d'un électro-aimant annulaire par un

aimant puissant et sur l'action de celui-ci sur le fil des
hélices induites passant devant lui, est venue étendre d'une
manière inattendue le champ des investigations sur les
machines d'induction, et c'est à cette catégorie qu'appartiennent les machines de Gramme, de Siemens, de Brush,
et de Méritens, qui ont fourni de si merveilleux résultats.

De ces différentes machines, ce sont évidemment celles
qui mettent à contribution un moteur qui sont applicables pour l'éclairage électrique, car c'est sous cette
forme que la production de l'électricité peut être obtenue
dans les conditions les plus économiques. Ce sont donc
elles dont nous devrons nous occuper exclusivement, mais
auparavant, nous croyons devoir donner quelques indications sur les lois qui régissent les courants induits et
sur les différentes causes qui concourent à leur production.

ÉTUDE DES DIFFÉRENTS MODES DE GÉNÉRATION DES COURANTS INDUITS ET DES LOIS QUI LES GOUVERNENT.

En outre des effets d'induction que nous avons exposés
précédemment, il est beaucoup d'autres causes qui peuvent
développer des courants induits. Toute action qui aura
pour effet d'affaiblir ou d'accroître l'énergie d'un aimant
agissant déjà sur une bobine d'induction pourra créer
des courants induits qui seront *directs* quand il y aura
affaiblissement, et *inverses* quand il y aura renforcement.
Ce renforcement pourra résulter de la réaction d'une
armature de fer doux sur les pôles magnétiques, et l'affaiblissement résultera de l'éloignement de cette armature.
D'un autre côté, si l'on promène le pôle d'un aimant permanent devant un noyau de fer enveloppé d'une bobine,
il se produira une double action : 1° un courant que l'on
peut appeler *électro-dynamique d'induction*, qui résultera
du passage successif des spires de l'hélice induite devant
le pôle magnétique de l'aimant inducteur, et qui se

développera d'autant plus énergiquement qu'on aura pris des précautions convenables pour éviter l'induction nuisible qui serait exercée sur les parties des spires qui sont en arrière de celles directement influencées par l'aimant; 2° un courant auquel j'ai donné le nom de courant *d'interversion polaire*, qui résulte des interversions de polarités magnétiques que subit successivement le noyau, par suite du mouvement de l'inducteur [1]. Ces deux courants, qui

[1] Pour que l'on puisse bien comprendre l'origine de ces courants qui jouent maintenant un rôle important dans les nouveaux générateurs électriques, nous allons examiner ce qui a lieu quand on approche d'un barreau de fer doux enveloppé d'une hélice magnétisante l'un des pôles d'un aimant permanent, le pôle nord, par exemple. Au moment du rapprochement, il se déterminera un premier courant qui sera un courant d'aimantation et dont le sens variera suivant que ce pôle agira à l'une ou à l'autre extrémité du barreau. Ce courant sera dû à la transformation du barreau en aimant. Si l'on éloigne l'aimant, il se produira de nouveau un courant qui sera de sens inverse au premier et qui correspondra à la désaimantation du barreau. Mais, si l'on approche le pôle de l'aimant du *milieu de ce barreau*, il n'y aura plus aucun courant de produit, parce que ce barreau lui-même constituera alors un aimant à point *conséquent*, et que l'effet d'induction produit à droite de ce point sera combattu par l'effet produit à gauche ; les mêmes effets se produiront, si l'hélice est dépourvue du noyau de fer. Or il résulte de ce principe que, si le noyau de fer entouré de son hélice est recourbé de manière à former un anneau, on ne pourra obtenir ni courants d'aimantation ni courants de désaimantation par l'effet du rapprochement ou de l'éloignement de l'aimant, quel que soit d'ailleurs le point où on le dirige, car les parties à gauche et à droite du point influencé sont alors polarisées de la même manière. Toutefois, si l'on déplace l'aimant parallèlement à l'axe du barreau, c'est-à-dire circulairement autour de l'anneau, il n'en sera plus de même, et il pourra se produire un courant qui ne serait ni d'aimantation ni de désaimantation, mais qui sous certaines conditions durera pendant toute la révolution de l'aimant dans le même sens. Ce courant peut provenir de deux actions différentes et simultanées, mais il faudra pour qu'il se manifeste que l'hélice ait une disposition particulière, car quand bien même l'induction serait produite par un seul pôle magnétique, les deux parties opposées de l'anneau influencé seraient toujours polarisées dans un sens différent et, donneraient lieu à des courants de sens contraire. L'une de ces actions est le résultat de la perturbation magnétique déterminée dans le noyau lui-même par l'interversion successive des

sont continus, se manifestent tout le temps que dure le mouvement de l'aimant, et leur sens dépend de celui de ce mouvement, mais il correspond toujours à un courant de désaimantation, c'est-à-dire à un courant de même sens que le courant magnétique du noyau. influencé [1]. Ce sont ces courants qui sont en jeu dans les machines Gramme. Les autres réactions dont il a été question en premier lieu ont donné naissance aux machines magnéto-électriques dont les types les plus connus sont ceux de MM. Dujardin, Breton, Duchenne, Wheatstone, Bréguet, Wilde, etc.; mais, comme ces machines n'ont pas fourni d'effets assez énergiques pour constituer des générateurs de lumière électrique, nous n'en parlerons pas davantage.

Il est encore d'autres sources d'induction qui ont permis de créer des machines magnéto-électriques, et de ce nombre est celle qui a donné lieu à la machine d'induction *péripolaire* de M. le Roux, mais ces sources sont encore trop faibles pour être appliquées d'une manière avantageuse.

Lois des courants induits. — Les nombreuses expériences faites sur les courants induits ont démontré :

1° Que la quantité d'électricité mise en jeu dans un circuit induit est *proportionnelle, toutes choses égales d'ailleurs, à l'intensité du courant inducteur et à la longueur du circuit induit*;

polarités, perturbation qui doit donner lieu, ainsi que je l'ai démontré, à une réaction analogue à celle que l'on observe quand à un effet de désaimantation on fait succéder un effet d'aimantation dans des conditions opposées ; et comme, dans de pareilles conditions, les courants résultants sont dirigés dans un même sens, et que par suite du mouvement de proche en proche de l'inducteur ils se succèdent sans interruption, on obtient en définitive un courant continu qui ne change de direction que quand on change le sens du mouvement du pôle inducteur. L'autre action résulte du mouvement même du système magnétique inducteur devant les spires de l'hélice induite ou, ce qui revient au même, du mouvement de ces spires devant le système inducteur. (*Voir la note* A.)

Voir, pour l'explication de ces effets, la note A à la fin du volume

2º Qu'elle est *indépendante de la durée de l'action inductrice et ne varie qu'avec la grandeur de la cause initiale de l'induction ;*

3º Que *la tension du courant induit varie, au contraire, avec la durée de l'action inductrice, et augmente avec la promptitude de la variation de la cause induisante,* ce qui conduit à établir que la tension d'un courant induit est *proportionnelle à la dérivée algébrique de la fonction du temps qui exprime la loi de succession des valeurs de l'intensité du courant induit;*

4º Que *les courants directs ont une durée plus courte que les courants inverses;*

5º Qu'il résulte de cette dernière propriété, *que les courants inverse et direct, bien que constitués par des quantités égales d'électricité, peuvent réagir différemment :* car les courants directs ayant une durée plus courte que les courants inverses ont une tension plus grande et peuvent, par conséquent, réagir sur un circuit plus résistant;

6º Que *la durée du courant direct est indépendante de la résistance du circuit induit, tandis que celle du courant inverse augmente avec cette résistance et le nombre des spires de l'hélice :* d'où il résulte que, dans les cas ordinaires, la force électro-motrice du courant direct doit être plus grande que celle du courant inverse, et que le rapport de ces forces augmente avec la longueur du fil induit.

Les courants induits, comme ceux des piles, peuvent se transformer en courants de tension, ou en courants de quantité, non seulement par le mode de liaison des bobines induites, mais encore par le degré d'isolation du fil, sa grosseur, sa longueur et la composition du noyau magnétique déterminant l'induction. Avec un fil très fin, très long et isolé avec toutes les précautions qu'on prend pour l'électricité des machines à plateau de verre, on peut arriver à obtenir des étincelles de plus d'un mètre de longueur, et avec une machine magnéto-électrique, dont le fil est de gros diamètre on peut obtenir un courant ayant assez de quantité pour fournir les effets de la pile.

Les lois des courants induits par rapport aux effets qu'ils exercent à travers le circuit extérieur sont les mêmes que celles des courants voltaïques, mais il faut admettre alors que la résistance du générateur est représentée par une quantité beaucoup plus grande que celle qu'on pourrait déduire de sa mesure directe, si l'on employait des courants voltaïques. Ainsi le travail calorifique fourni par une machine d'induction est exprimé par la formule de Joule, dans laquelle la valeur de la résistance du fil induit serait exprimée par une quantité, variable sans doute avec les machines, mais qui pourrait être six fois plus grande que sa valeur réelle, avec les machines de l'*Alliance*. Il en résulte donc, qu'en tenant compte de cet accroissement de résistance, ce travail est proportionnel au carré de la force électro-motrice développée, et à la résistance du circuit extérieur, et est inversement proportionnel au carré de la résistance totale du circuit, ce qui conduit à admettre que l'effet maximum est obtenu quand la résistance du circuit extérieur est supérieure à celle du circuit induit de la quantité dont il faut augmenter cette dernière résistance pour que la formule d'Ohm soit applicable à ces machines.

Nous ne parlerons pas des lois qui se rapportent aux courants induits des divers ordres, car nous n'aurons guère à nous occuper de ces effets dans les machines employées pour l'éclairage électrique; mais nous devrons étudier avec soin l'influence de la forme, des dimensions et de la composition des noyaux magnétisés sur le développement des courants induits, ainsi que celle qui résulte de la promptitude des alternatives d'aimantation et de désaimantation.

Si l'on considère que la force des électro-aimants est

proportionnelle aux diamètres des noyaux magnétiques et à la racine carrée de leur longueur, on pourrait croire qu'on aurait avantage à prendre les noyaux de fer des appareils d'induction les plus gros et les plus longs possible; mais, comme les alternatives d'aimantation et de désaimantation sont beaucoup plus lentes à se produire avec de gros noyaux de fer qu'avec de petits, et comme, d'un autre côté, une surface cylindrique métallique permet la formation de courants induits locaux qui se développent au préjudice des courants induits eux-mêmes, on a dû rechercher un moyen terme, et l'on a eu recours à des faisceaux magnétiques composés de fils de fer ou de lames minces de tôle juxtaposés, dont l'adhérence magnétique n'est pas assez parfaite pour équivaloir à une masse continue de ce métal. Ce moyen a donné d'excellents résultats, comme nous aurons occasion de le reconnaître plus tard.

Les expériences sur la longueur des noyaux magnétiques n'ont pas encore été assez multipliées et assez concluantes pour qu'on ait pu formuler une loi bien nette à leur égard. MM. Poggendorff, Muller et plusieurs autres physiciens ont reconnu cependant que, dans une bobine simple à noyau droit, l'action inductrice est plus forte au milieu du noyau qu'en tout autre point, et c'est pour cette raison qu'ils ont conseillé d'accumuler sur cette partie de la bobine le plus grand nombre de spires possible, ce qui conduit implicitement à donner à ces bobines la forme d'un fuseau. Cet effet se comprend, du reste, si l'on considère que le milieu d'une bobine correspond à la résultante de tous les effets dynamiques des courants particulaires du noyau magnétique. Quant aux longueurs des bobines elles-mêmes, il paraît qu'on a avantage à les faire un peu longues pour obtenir de la tension, et un peu courtes pour obtenir de la quantité; toutefois M. Siemens a imaginé une forme de bobine d'induction qui a fourni des effets excellents et qui sort complètement des formes ordinaires. Nous la représentons fig. 9. Le noyau magnétique est alors constitué

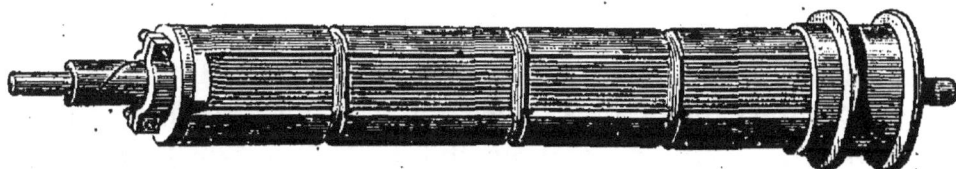

Fɪɢ. 9.

par un cylindre de fer, sur lequel est évidée longitudinalement une large rainure qui le circonscrit entièrement, et dans laquelle on enroule parallèlement à l'axe du cylindre le fil de l'hélice ; des ligatures retiennent cette hélice pour l'empêcher de céder à l'action de la

Fɪɢ. 10.

force centrifuge quand la bobine tourne, et les parties du cylindre de fer restées nues constituent les deux extrémités polaires de la bobine. Naturellement cette bobine tourne suivant l'axe du cylindre, et elle est enveloppée dans des cavités hémi-cylindriques évidées dans des semelles de fer que l'on adapte aux deux pôles de l'aimant inducteur, comme on le voit fig. 10. Enfin les deux bouts du fil de l'hélice aboutissent à un commutateur que l'on aperçoit au bout de l'axe de la bobine et sur lequel appuient deux ressorts frotteurs en rapport avec le circuit.

Quand on veut employer des noyaux cylindriques de fer, il y a avantage, au point de vue de l'induction, de les constituer avec des tubes de fer fendus longitudinalement, et d'en placer deux ou trois les uns dans les autres. Ce moyen a été mis à contribution dans les grandes machines de la compagnie l'*Alliance.*

Quant aux effets plus ou moins avantageux des alternatives plus ou moins promptes des aimantations et des désaimantations, la question est complexe, en raison de l'inertie magnétique du fer. D'après la proportionnalité de la tension des courants induits à la *dérivée* de la fonction du temps, on serait porté à croire que ces alternatives devraient être les plus rapides possible; mais la lenteur avec laquelle le fer s'aimante et se désaimante complique considérablement les effets produits, et l'on remarque qu'alors que des interruptions lentes de l'inducteur sont favorables au développement de la tension du courant induit dans les appareils de Ruhmkorff, une grande vitesse de rotation et, par conséquent, des alternatives très rapides d'aimantation et de désaimantation sont nécessaires pour faire produire aux machines magnéto-électriques leur maximum d'effet. On peut donc dire d'une manière générale qu'une succession rapide d'aimantations et de désaimantations est favorable au développement des courants induits, en raison du plus grand nombre d'actions électriques qui se produisent dans un temps donné et qui se superposent dans les circuits où se produit le travail; mais on peut ajouter qu'une succession lente de ces aimantations et désaimantations augmente la tension des courants, en permettant aux noyaux magnétiques d'acquérir leur maximum d'aimantation. On comprend, d'après cela, que le nombre d'effets inducteurs successifs qu'une machine devra fournir pour être dans les meilleures conditions dépendra de sa construction, et elle devra être animée d'une vitesse d'autant plus grande que ses organes magnétiques pourront se prêter davantage à l'aimantation et à la désaimantation.

Il est aussi certaines conditions dans la disposition relative des organes d'induction qui sont plus ou moins favorables à une grande vitesse : ainsi, dans une machine magnéto-électrique ordinaire, composée de plusieurs bobines d'induction, l'intensité moyenne de la somme de tous ces courants transmis augmente avec la vitesse de rotation de la machine, mais dans un rapport moindre que l'accroissement de vitesse de celle-ci. Cette augmentation dépend de deux circonstances, savoir : de l'intensité elle-même du courant et du nombre plus ou moins grand des bobines accouplées en tension. Plus le nombre des bobines mises en tension est considérable, moins rapidement croît leur force électro-motrice, et cette lenteur d'accroissement est d'autant plus grande que les courants ont une plus grande intensité.

« Il résulte de tout cela, dit M. le Roux, que les accroissements d'intensité coûtent de plus en plus cher quand on veut les obtenir par des accroissements de vitesse ; car, si théoriquement chaque tour ne consomme qu'une quantité de travail proportionnelle à l'effet utile qu'il produira finalement, pratiquement chaque tour entraîne la perte d'une certaine quantité de travail afférente aux travaux passifs de toutes sortes. Cependant, dans les applications calorifiques de l'électricité, il importe d'atteindre ces intensités élevées, puisque l'effet utile est proportionnel à leurs carrés dans un temps donné ; mais, dans les applications chimiques pour lesquelles l'effet est proportionnel à la première puissance de l'intensité, il y a intérêt, au point de vue de l'économie de la force motrice, à ne pas réaliser de grandes vitesses de la part de la machine. »

Si l'accroissement de vitesse dans les machines magnéto-électriques augmente l'intensité des courants induits qui en résultent, en revanche, l'accroissement de force des courants induits augmente beaucoup la résistance opposée à leur mouvement de rotation. Sans doute, les éloignements plus fréquents des pièces qui subissent l'attraction doivent fournir à l'action du moteur une somme de résistances mécaniques plus grande, mais il y a encore, dans e fait même du développement du travail électrique produit, une réaction mécanique qui est la conséquence de la transformation des forces physiques en fonction les unes des autres.

Tout le monde connaît la jolie expérience de M. Foucault, qui consiste à faire tourner un disque de cuivre entre les pôles d'un fort électro-aimant. Quand celui-ci est inactif, on peut tourner le disque avec telle vitesse qu'il peut convenir; mais, aussitôt que l'électro-aimant devient actif, le disque s'échauffe successivement, la résistance opposée à sa rotation augmente considérablement, et devient bientôt telle, qu'on ne peut plus accroître la vitesse de la machine. L'effet calorifique produit a donc nécessité une dépense de force en provoquant un accroissement de résistance, et la mesure de cette résistance mécanique additionnelle doit être l'équivalent de l'action physique qui lui a donné naissance. Or une action du même genre doit être évidemment déterminée dans les machines magnéto-électriques à rotation rapide, et surtout dans les machines dynamo-électriques.

Il était encore une question intéressante à étudier, c'était de savoir la durée des courants induits, le temps écoulé entre la fermeture ou l'ouverture du courant inducteur et l'apparition du courant d'induction qui en résulte, et comment se comporte l'intensité du courant aux différentes phases de son apparition. MM. Blaserna et Mouton ont fait à cet égard des recherches extrêmement intéressantes, dont nous allons indiquer les principaux résultats.

D'après M. Blaserna, le temps qui s'écoule entre l'action déterminant l'induction et l'apparition du courant est inférieur à un cinquante millième de seconde, et ce courant, faible à sa naissance, croit peu à peu, pour diminuer ensuite et s'éteindre dans un intervalle de temps qui varie avec l'intensité du courant induit, mais qui est en moyenne d'un deux centièmes de seconde; mais M. Mouton a montré que cette décroissance du courant induit s'effectuait à la suite d'oscillations successivement décroissantes.

DES DIFFÉRENTS GÉNÉRATEURS MAGNÉTO-ÉLECTRIQUES DE LUMIÈRE ÉLECTRIQUE.

J'ai fait dans mon *Exposé des applications de l'électricité*, tomes II et V, l'histoire à peu près complète des différents générateurs d'induction qui ont été imaginés; mais, comme aujourd'hui nous n'avons à considérer que les machines à lumière, nous ne nous occuperons que de ceux de ces générateurs qui ont fourni les plus importants résultats, et ces générateurs sont : 1° les machines de la compagnie l'*Alliance*; 2° les machines dynamo-électriques de Wilde, de Ladd, de Wallace Farmer, de Siemens, de Lontin, etc.; 3° les machines à anneaux électro-magnétiques de Gramme, de Méritens, de Brush; 4° les machines à division de courants de MM. Lontin, Gramme, etc. Nous commencerons naturellement par les machines de la compagnie l'*Alliance*, les plus anciennes de toutes.

Machines de l'*Alliance*. — Les effets relativement considérables qu'avaient fournis les machines magnéto-électriques de Pixii et de Clarke avaient fait, dès l'origine, naître l'idée de les employer comme générateurs économiques de l'électricité, et l'on pensa qu'en les construisant dans de grandes dimensions et en leur appliquant un moteur à vapeur on pourrait non seulement réduire considérablement la dépense de l'électricité, si coûteuse avec les piles, mais encore qu'on pourrait, par leur intermédiaire, obtenir des courants beaucoup plus constants et plus réguliers dans leur action. Dès l'année 1849, en effet, M. Nollet, professeur de physique à l'école militaire de Bruxelles, se proposa de construire une machine de Clarke sur une grande échelle ; et en y introduisant les perfectionnements que les progrès de la science et son expérience personnelle avaient pu lui suggérer il créa la grande machine que nous connaissons aujourd'hui sous le nom de *machine de l'Alliance*. Malheureusement, la mort vint arrêter ses travaux au moment où il allait lui être donné, non pas de voir réussir son œuvre, car le succès ne devait pas être immédiat, mais de la voir soumise à la sanction de la pratique. Des spéculateurs hardis, aidés de riches et puissants personnages, étaient arrivés, en effet, à monter une entreprise dont les machines de Nollet faisaient la base, et dont le but était d'extraire le gaz de l'eau. Cette idée était insensée, mais, précisément à cause de cela, elle trouva des adhérents, et ce fut la compagnie, alors créée, qui, sous le nom de l'*Alliance*, installa dès l'année 1855, dans des bâtiments attenant à l'Hôtel des Invalides, les premières grandes machines magnéto-électriques connues en Europe. Naturellement, les résultats obtenus furent déplorables, pour ne pas dire davantage, et en 1856 la Compagnie fut obligée de liquider.

Elle se réorganisa quelque temps après, et, ayant nommé pour son directeur M. Berlioz, elle chercha à tirer parti du matériel considérable qui avait été créé ; ce fut alors que je fus consulté, et que j'indiquai à M. Berlioz les applications qu'il pouvait en faire à la lumière électrique et à la galvanoplastie. Mais, pour y parvenir, de nombreux perfectionnements devaient être introduits dans ces machines, et tous les électriciens de l'époque apportèrent chacun leur pierre à l'édifice.

Parmi ces perfectionnements, il en est un, suggéré par M. Masson, alors professeur de physique à l'École centrale, et que j'avais amené voir ces machines, qui permit de doubler instantanément les effets obtenus. Ce fut de supprimer le commutateur jusque-là employé dans toutes ces machines. Tous ces perfectionnements, admirablement interprétés par M. Joseph Van Malderen, l'ingénieur de la compagnie, permirent, conjointement avec ceux qu'il y apporta lui-même, de faire arriver ces machines à une perfection qu'on n'aurait guère osé espérer dans l'origine, et qu'on croyait bien ne pas pouvoir être dépassée. Ce fut alors qu'on songea à en tirer parti pour l'éclairage des phares et pour l'illumination de la marche des navires. Des expériences furent alors tentées conjointement avec MM. Reynaud et Degrand, et bientôt, en 1863, les phares de la Hève purent être éclairés de cette manière.

En même temps, on faisait pour l'application à la marine des expériences qui n'eurent pas d'abord tout le succès qu'on pouvait en espérer, surtout à cause du mauvais vouloir qu'on rencontra dans la marine, mais qui devaient fournir plus tard des résultats dont on put apprécier l'importance. Ce fut la France qui précéda les autres nations dans cette double voie, comme c'est elle qui les précède encore pour l'éclairage public ; mais nous devons dire que c'est grâce à la compagnie l'*Alliance* et à la courageuse initiative de son intelligent directeur, M. Berlioz, que le monde civilisé doit ces belles applications de l'électricité.

Ce tribut d'hommages rendu à une compagnie dont la

fortune ne seconda pas les efforts, nous allons nous occuper des détails de construction de ces machines.

Le principe de la machine de l'*Alliance* se rapproche beaucoup de celui sur lequel a été établie la machine de Clarke, mais la disposition mécanique en a été combinée de telle manière qu'elle permet de multiplier les bobines d'induction et les aimants de la façon la moins encombrante possible. Les bobines sont rangées au nombre de 16 sur une roue en bronze portant des empreintes appropriées et y sont maintenues par des colliers destinés à les assujettir fortement. Cet ensemble, que nous désignerons, pour abréger, sous le nom de *disque* ou *rouleau*, tourne entre deux rangées d'aimants en fer à cheval supportés parallèlement au plan du disque par un bâti spécial qui ne présente que du bois au voisinage des aimants. Chaque rangée en compte huit présentant seize pôles régulièrement espacés. Il y a donc autant de pôles que de bobines, et, quand l'une d'elles se trouve en face d'un pôle, les quinze autres doivent se trouver dans la même position.

On peut multiplier dans une même machine le nombre des disques en les montant sur un même arbre, ainsi que le nombre des rangées d'aimants en les montant sur le même bâti ; on ne dépasse pas généralement le nombre de six disques, car les machines deviendraient trop longues, et il serait alors trop difficile de les soustraire aux effets de flexion de l'arbre et du bâti. Il ne faut pas, en effet, perdre de vue que les bobines doivent se mouvoir aussi près que possible des pôles des aimants, mais sans les toucher. Aujourd'hui presque toutes ces machines ne comportent que quatre disques.

La fig. 11 montre une vue d'ensemble d'une machine à six disques, et la fig. 12 indique la manière dont chaque bobine E se présente devant les pôles A,B ; B″,A″ ; *a,b* ; *b′a′*, etc., des différents aimants qui sont placés, d'une rangée à l'autre, de manière qu'un pôle nord soit opposé à un pôle sud, afin de polariser dans deux sens différents

Fig. 11.

le noyau magnétique de chaque bobine. Les extrémités des fils des bobines viennent se fixer à des plateaux de bois assujettis sur la roue en bronze, et là on les assemble soit en tension, soit en quantité, comme les éléments d'une pile hydro-électrique. L'un des pôles du courant total est relié à l'arbre C qui se trouve en communication avec le bâti par l'intermédiaire des coussinets ; l'autre pôle abou-

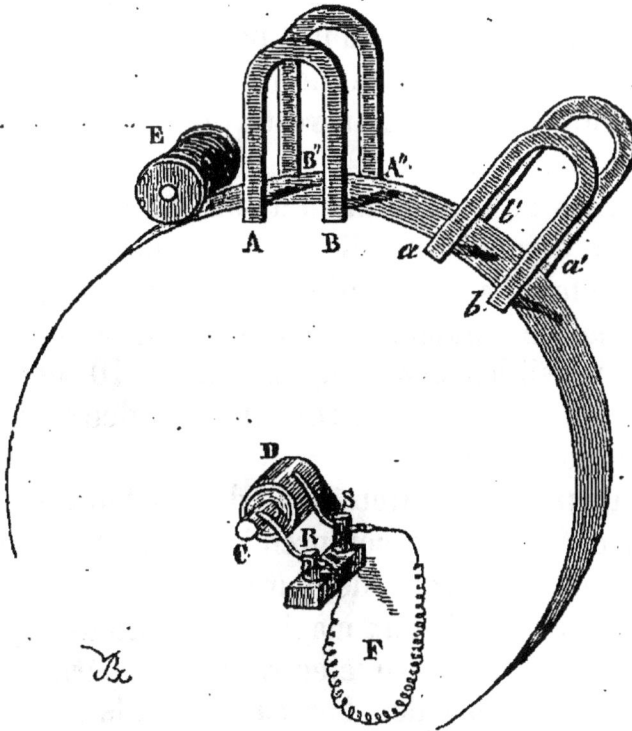

FIG. 12.

tit à un manchon métallique DC concentrique à l'arbre et isolé de lui par du bois ou du caoutchouc durci, et ces deux pôles sont reliés au circuit extérieur par le bâti de fonte de l'appareil et un ressort frotteur S qui est relié par un fil à un bouton d'attache que l'on distingue sur la fig. 11 au haut de l'appareil, au-dessous de celui qui est adapté au bâti.

Nous allons maintenant entrer dans quelques détails sur les organes eux-mêmes de ces machines.

Les aimants sont, comme nous l'avons dit, en fer à cheval, et proviennent de la fabrique d'Alvarre ; ils pèsent environ 20 kilog. chacun, et sont formés de cinq à six lames d'acier trempé, redressées à la meule et assemblées par des vis ; l'épaisseur de chaque lame est d'environ 1 centimètre. Pour arriver à une grande uniformité d'épaisseur à leurs extrémités polaires et, en même temps, pour la facilité de leur ajustement, on les garnit de semelles de fer doux. Chaque lame est aimantée par les procédés connus, et le faisceau doit porter au moins le triple de son poids. Cette aimantation ne fait du reste que se bonifier par la marche de la machine.

Les bobines de la machine ont subi beaucoup de transformations ; aujourd'hui elles sont constituées par des tubes de fer fendus longitudinalement et portant des rondelles de laiton également fendues pour amoindrir les inductions nuisibles. Leur longueur est de 10 centimètres ; leur diamètre de 4 centimètres, et il y a deux tubes renfermés l'un dans l'autre.

La longueur et la section du fil de ces bobinés doivent dépendre, comme on le comprend aisément, de la résistance du circuit extérieur, de leur nombre et du genre de travail qu'on demande aux machines. Toutefois, pour les applications à la lumière électrique, l'expérience a démontré que c'étaient des faisceaux de fils isolés ayant chacun un millimètre de diamètre, une trentaine de mètres de longueur, et réunis au nombre de huit, qui fournissaient les meilleurs résultats. Ces fils sont recouverts d'une enveloppe de coton imprégnée d'une solution de bitume de Judée dans de l'essence de thérébentine ou de la benzine. Cette espèce de vernis a l'avantage de ne pas se gercer facilement et de se sécher extrêmement vite ; de plus, il est très limpide, de sorte qu'il n'augmente pas sensiblement l'épaisseur des différentes couches de spires.

D'après les expériences de MM. Jamin et Roger, la force

électro-motrice du courant issu d'une machine de l'*Alliance* à 6 disques, dont les bobines étaient disposées en tension et dont la vitesse de rotation était de 200 tours par minute, était équivalente à 226 éléments de Bunsen, et seulement à 38, quand les bobines étaient disposées en quantité. La résistance du générateur était, dans le premier cas, équivalente à celle de 655 éléments de Bunsen, et à 18 dans le second cas. La lumière fournie pouvait être représentée à peu près par celle de 230 becs Carcel, et le prix de revient du courant produisant cette lumière serait, d'après les calculs de M. Reynaud, inspecteur des phares, 1 fr. 10 par heure. Mais depuis ces différentes expériences de notables améliorations ont été apportées à ces machines, et nous verrons plus tard les différents chiffres qui peuvent représenter leur travail et leur dépense; nous dirons seulement en ce moment, comme indication sommaire, que les machines ordinaires de l'*Alliance* à 4 disques peuvent alimenter 3 bougies électriques de Jablochkoff, en employant comme force motrice de 3 à 4 chevaux, et avec une vitesse de rotation de 400 tours par minute. Dans des conditions tout à fait exceptionnelles, ce rendement a même été très augmenté, et on a parlé d'une machine pouvant alimenter 6 bougies; mais les machines ordinaires sont loin de fournir ce résultat.

Quelque temps après l'établissement définitif des machines dont nous parlons, M. Holmes, ancien employé de la Compagnie l'*Alliance*, construisit en Angleterre des machines du même genre, mais de plus grandes dimensions, qui ne donnèrent que des résultats inférieurs à ceux dont nous venons de parler. Néanmoins, on les installa pour l'éclairage d'un des phares de la côte anglaise. On verra plus loin, par les essais faits en Angleterre même, que de toutes les machines essayées, ce sont elles qui ont fourni les moins bons résultats, et en conséquence nous n'en parlerons pas davantage.

Machines de Wilde. — Le fer doux, en raison de sa plus grande conductibilité magnétique, étant susceptible de fournir une aimantation maxima beaucoup plus considérable que l'acier trempé dont sont composés les aimants permanents, M. Wilde pensa qu'on pourrait avoir avantage à employer pour organes inducteurs des électro-aimants au lieu d'aimants, et qu'on pourrait employer pour les aimanter une petite machine magnéto-électrique complémentaire, fonctionnant sous l'influence du même mouvement que la machine d'induction proprement dite. En raisonnant ainsi, il fut conduit à la machine que nous représentons fig. 13 et qui fut le point de départ de toutes les machines désignées depuis sous le nom de machines dynamo-électriques.

Nous verrons en effet bientôt que cette petite machine magnéto-électrique complémentaire ou machine amorçante n'était pas nécessaire, pourvu qu'on fît passer à travers le fil des électro-aimants tout ou partie du courant induit. Néanmoins la machine de Wilde produisit de très bons résultats, et c'est la première machine qui put, avec des dimensions très restreintes, générer de la lumière électrique; malheureusement elle exigeait une grande vitesse de rotation.

Cette machine, comme on le voit fig. 13, se compose de deux parties dont l'une, la supérieure, est en quelque sorte la reproduction en miniature de l'autre. Celle-ci n'est qu'une machine magnéto-électrique de Siemens avec un aimant M de 16 lames, entre les pôles m, n duquel ourne la bobine d'induction de Siemens o que nous avons décrite page 53. Cette petite machine est placée au-dessus d'une tablette de fer p qui sert de culasse aux branches A, B de l'électro-aimant inducteur, lesquelles sont constituées par des lames de fer entourées de gros fil et terminées par les deux pièces polaires T, T entre lesquelles tourne la bobine d'induction.

Comme la machine tourne avec une vitesse de 1700

à 2500 tours par minute et qu'il s'y produit un grand

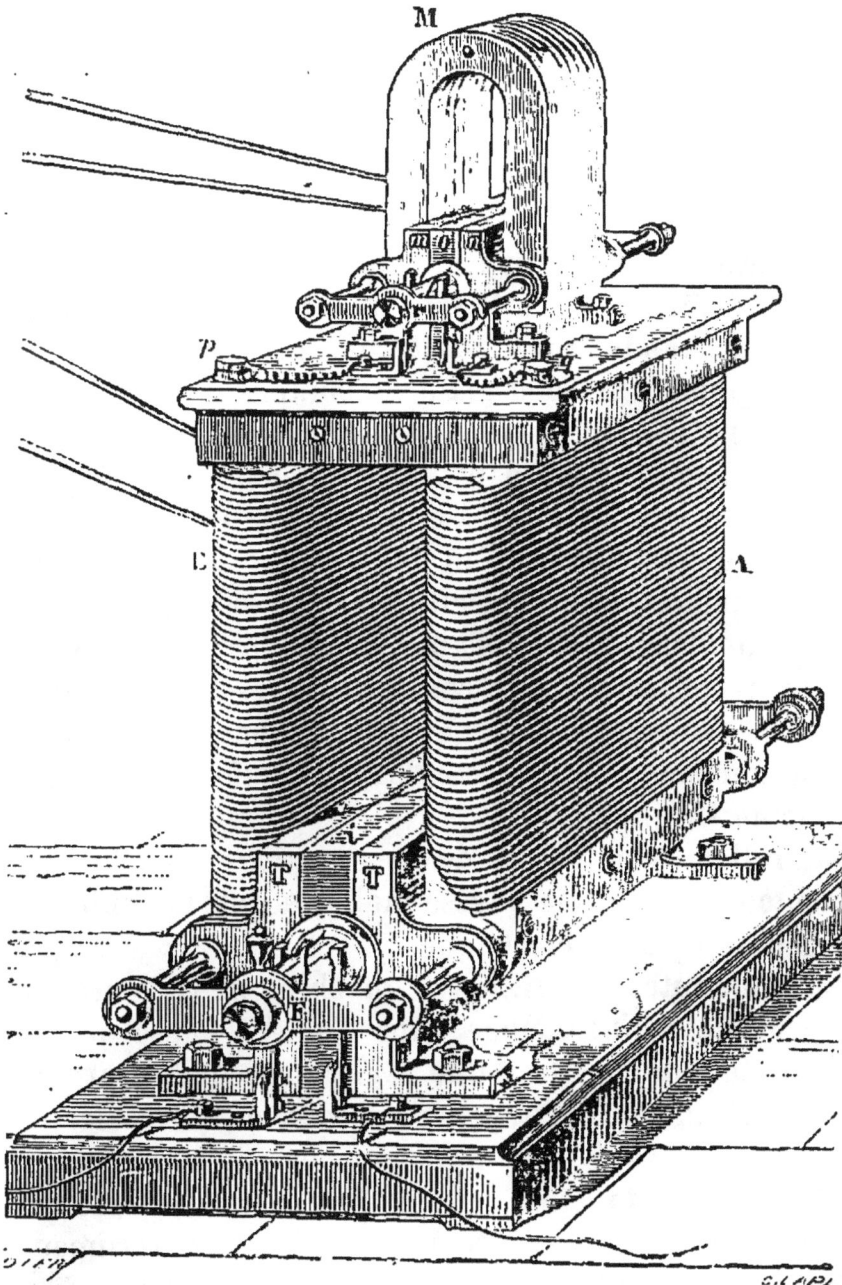

FIG. 13.

échauffement, on a dû ménager à l'intérieur des pièces
de cuivre *i* qui séparent les pièces polaires T, T, un petit

conduit à travers lequel on fait circuler un courant d'eau froide.

Le commutateur de l'appareil est placé à l'extrémité de l'axe de la bobine, et l'on recueille le courant par l'intermédiaire de deux ressorts qui appuient sur lui. La bobine pivote d'ailleurs sur des coussinets adaptés à des traverses F qui la soutiennent à ses deux extrémités, et des appareils graisseurs convenables alimentent incessamment d'huile les surfaces frottantes.

Sous l'influence du mouvement communiqué à la machine magnéto-électrique M, le courant induit provoqué dans la bobine o se rend aux deux boutons d'attache p, q, qui sont en rapport avec les deux extrémités du fil de l'électro-aimant AB, et la bobine tournant en F fournit les courants induits appelés à produire la lumière.

Bien que cette machine ait été employée à l'éclairage d'un des phares d'Écosse, elle a été surtout appliquée à la galvanoplastie, et nous ne voyons pas aujourd'hui qu'elle ait pu soutenir la concurrence avec aucune des machines nouvelles. Nous en avons donné une longue description dans notre *Exposé des applications de l'électricité*, tome II, p. 226.

Naturellement la bobine de la machine magnéto-électrique tourne avec une vitesse moindre que la bobine de la machine dynamo-électrique.

Dans une autre disposition de machine de ce genre qui s'est trouvée moins connue, sans doute à cause de son plus grand volume, M. Wilde avait disposé en couronne sur un disque de fer tournant devant de forts électro-aimants une série de noyaux magnétiques entourés de bobines d'induction, et, au lieu d'une seconde machine d'induction destinée à animer les électro-aimants inducteurs, il avait emprunté au système induit lui-même quelques-unes des bobines de ce dernier ; mais il fallait toujours deux commutateurs inverseurs pour redresser les deux courants, et ce n'est guère que par la suppression de ces commutateurs que se distinguent de cette machine celles que nous étudierons plus tard sous le nom de machines de Wallace Farmer et de Lontin. Il est curieux qu'on n'ait pas prêté dans l'origine une plus grande attention à cette machine, et que ce soit M. Ladd qui ait bénéficié, du moins comme réputation, de la nouveauté de cette combinaison. Du reste, depuis le procès intenté à ce dernier par M. Wilde, aucune machine Ladd à lumière n'a été construite, et on m'a assuré même que le modèle exposé en 1867 a été le seul qui ait été exhibé par lui.

Machine de Ladd. — Peu de temps après l'invention de la première machine de Wilde, M. Wheatstone, pensant qu'en reportant l'effet sur la cause il pouvait suffire d'une première aimantation très minime communiquée à un électro-aimant pour augmenter indéfiniment sa force, imagina de faire circuler à travers son hélice magnétisante le courant induit qui pouvait en résulter, et fut conduit à supprimer dans la machine de Wilde le système électro-magnétique, et à le remplacer par l'action *momentanée* d'une pile très faible. Cette pile, en effet, faisait naître une première aimantation dans l'électro-aimant inducteur, et, y laissant une certaine quantité de magnétisme condensé ou rémanent, fournissait la cause initiale du dégagement électrique appelé à réagir d'une manière plus énergique. Il résultait donc de ce système un accroissement successif de force de l'électro-aimant inducteur et, par suite, un renforcement du courant d'induction qui ne pouvait avoir pour limite que la saturation maxima de l'électro-aimant et la résistance mécanique opposée au mouvement du moteur. Cette idée, longuement développée par M. Wheatstone dans un mémoire lu à la Société royale de Londres, le 14 février 1867, ne tarda pas à être perfectionnée par MM. Siemens et Ladd, qui imaginèrent, le premier, de supprimer la pile d'amorcement dont M. Wheatstone se servait pour mettre

en marche son appareil, admettant que le simple magnétisme rémanent du fer ou l'action magnétique du globe
terrestre pouvait suffire pour déterminer la première
induction, le second, de séparer les effets d'induction
produits de manière à les confiner dans deux circuits
différents. En conséquence, l'induction s'effectuait à la
fois sur deux bobines différentes ; l'un des courants produits par l'une de ces bobines était utilisé à renforcer
successivement l'énergie de l'électro-aimant inducteur,
et l'autre courant fournissait le travail. Cette combinaison
n'était d'ailleurs autre que celle de M. Wilde, comme on
l'a vu. Au premier moment on crut qu'elle réalisait de
très grands avantages, surtout pour la lumière électrique,
car on pensait qu'un courant de travail aussi variable
dans son intensité devait, en passant en entier à travers
l'électro-aimant inducteur, accroître les effets des variations dans le rapport du simple au carré, puisque les
forces électro-magnétiques sont proportionnelles aux
carrés des intensités du courant ; mais les expériences
nombreuses faites depuis par MM. Gramme et Lontin démontrèrent qu'on avait infiniment plus d'avantages à faire
passer intégralement le courant induit à travers l'inducteur ; de sorte qu'aujourd'hui on en est revenu à la disposition primitive de M. Siemens, et, ce qui est le plus
curieux, c'est qu'une polémique assez vive a été engagée
à ce sujet par M. Lontin, qui croyait avoir découvert ce
mode d'action [1].

Quoi qu'il en soit, la machine de Ladd avait été considérée en 1867 comme une des merveilles de l'Exposition, et
cette admiration tenait surtout aux petites dimensions de
l'appareil. A cette époque, en effet, on était habitué aux
grandes machines de l'*Alliance* et de Holmes, et une ma-

---

[1] Il paraîtrait que M. Siemens aurait imaginé son appareil en même
temps que M. Wheatstone, et en aurait donné connaissance à la Société
royale de Londres le même jour.

chine de 70 à 80 centimètres de longueur sur 35 à 40
centimètres de largeur et de 20 à 30 d'épaisseur, capable de produire une lumière électrique relativement
intense, était bien faite pour étonner. Néanmoins la vitesse considérable de rotation qu'on était obligé de
donner à la machine et la grande chaleur qui s'y trouvait développée démontrèrent bientôt que la solution du

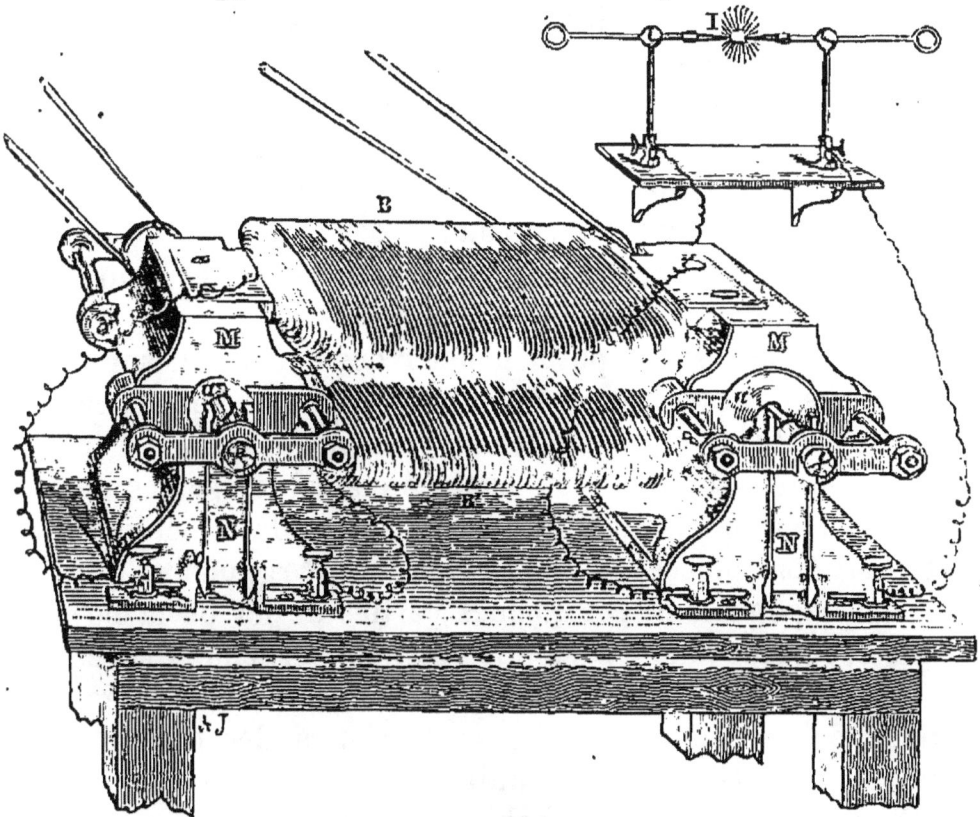

FIG. 14.

problème de la production économique de la lumière
électrique était loin d'être obtenue de cette manière.
Mais le principe du système dynamo-électrique fut considéré en lui-même comme un acheminement, et nous
verrons qu'en effet les machines de Gramme, de Lontin, de Brush, de Wallace Farmer, l'ont toutes mis à
contribution.

La machine de Ladd, que nous représentons fig. 14,

n'était en quelque sorte qu'une machine de Wilde renversée horizontalement, et dont la partie supérieure était
remplacée par un second système de bobine tournante
semblable à celui de la partie inférieure. Conséquemment, l'inducteur était représenté par les deux bobines
plates horizontales B, B', et les bobines induites étaient
disposées aux deux extrémités, en a, a', à l'intérieur de
deux bâtis en fer NM, NM, composés de deux parties formant les appendices polaires des noyaux magnétiques
B, B'. L'une de ces bobines a, plus petite que l'autre, était
destinée à animer l'électro-aimant inducteur, et l'autre
bobine a' fournissait le courant de lumière. Ces courants
étaient d'ailleurs recueillis, comme dans la machine de
Wilde, au moyen de frotteurs que l'on voit sur la figure
en avant du bâti NM, NM.

Afin que le système pût bénéficier des effets plus énergiques de l'électro-aimant quand il agit comme aimant en
fer à cheval, et, en même temps, pour ne pas diviser la
force inductrice, les deux bobines étaient disposées de
telle manière que, quand les parties de fer de la bobine a
se trouvaient placées en face des appendices polaires qui
lui correspondaient, ces mêmes parties de fer de la bobine a' se trouvaient dans une position perpendiculaire,
par conséquent dans celle où, abandonnant les appendices polaires qui avaient agi sur elles, les courants
induits directs étaient produits.

Naturellement les deux bobines étaient mises en mouvement par deux courroies commandées par le même
tambour.

Avec la machine qui figurait à l'exposition de 1867 et
dont les dimensions étaient si médiocres, le courant transmis extérieurement était équivalent à celui de 25 ou 30
éléments Bunsen. Il pouvait, comme nous l'avons dit,
alimenter d'une manière un peu discontinue, il est vrai,
un régulateur de lumière électrique de Foucault de moyen
modèle.

Machine de Gramme. —La machine Gramme, dont on a
beaucoup parlé dans ces derniers temps, et qui a fourni les
effets les plus considérables, avait été combinée dans l'origine, du moins quant à sa disposition générale, par M. Pac-
cinotti de Pise et par M. Worms de Romilly, comme l'at-
testent, d'un côté une description de cette machine publiée
par le premier dans le *Nuovo Cimento* de 1860, et d'un
autre côté un brevet pris par le second le 3 mars 1866 [1].

Ce n'est, en effet, qu'en 1870 que la machine Gramme
a été exécutée ; mais le principe des combinaisons de
courants, dans cette machine, était tout à fait différent de
celui qui a été appliqué dans les deux qui l'ont précédée,
et c'est ce qui fait que l'une a fourni des résultats inat-
tendus, alors que les deux autres sont restées dans les
conditions des machines ordinaires. Nous ne nous occuperons, en conséquence ici, que de la machine Gramme
qui est du reste aujourd'hui la plus répandue de toutes les
machines dynamo-électriques.

La machine Gramme, comme la plupart des machines
importantes, a subi depuis son origine de nombreuses
transformations, et aujourd'hui encore on en construit
de plusieurs modèles qui ont été combinés pour les
applications spéciales qu'on veut en faire ; mais, comme
nous n'avons à considérer ici que des appareils à lumière,
nous ne décrirons que le modèle le plus généralement
employé et qui est représenté fig. 15.

Cette machine est fondée sur les effets que nous avons
décrits page 47 et qui résultent des interversions successives des polarités d'un corps magnétique passant rapidement devant l'inducteur et surtout des courants induits
qui se produisent au passage des spires de l'hélice induite devant ce même inducteur. Pour obtenir ces effets
d'une manière continue, on a dû disposer les éléments

---

[1] Voir la description de cette machine dans mon *Exposé des applications de l'électricité*, t. II, p. 222.

électro-magnétiques appelés à les fournir, de façon que
l'action inductrice ne fût jamais interrompue, et l'on s'est
trouvé conduit à les disposer en cerclé. On a donc pris
un anneau de fer, et après l'avoir enroulé transversalement d'une hélice qui l'enveloppait entièrement, on l'ex-
posa à l'action d'un inducteur, d'abord magnétique, puis
ensuite électro-magnétique. On devait, d'après les effets

FIG. 15.

exposés page 49, obtenir sans commutateur des courants
continus dont le sens devait dépendre de celui du mouvement de rotation. Mais on ne tarda pas à reconnaître
que des réactions contraires se produisaient, et l'on
fut conduit à diviser l'hélice entourant l'anneau de fer
en sections différentes, afin de pouvoir les combiner
comme les éléments d'une pile, et de pouvoir faire réagir
sur l'anneau les deux pôles d'un inducteur électro-ma-

gnétique puissant. Dans ces conditions, en effet, on pouvait établir sur les fils de jonction des diverses sections de l'hélice des fils de dérivation communiquant à des lames disposées autour d'un manchon circulaire sur lequel pouvaient appuyer deux ressorts collecteurs du courant, et ces ressorts se trouvant, de cette manière, placés dans les conditions d'une dérivation établie entre deux générateurs égaux réunis par leurs pôles de même nom, devaient transmettre le courant dans le circuit sans qu'on eût à produire aucunes inversions et, par conséquent, sans commutateur. Cette idée était fort belle, et c'est même en elle que gît surtout l'invention de M. Gramme ; nous verrons plus tard qu'elle a été appliquée à presque toutes les nouvelles machines dynamo-électriques à courant continu, ce qui en prouve l'importance.

Les effets qui se produisent dans la machine de Gramme sont toutefois assez complexes et se rapportent à plusieurs causes, dont la principale, comme nous l'avons vu, est l'action produite par les pôles magnétiques sur les différentes spires des hélices induites ; mais cette action elle-même est double, car elle peut résulter du passage des hélices devant ces pôles, et d'une action analogue à un déplacement de celle-ci le long d'un anneau polarisé d'une manière différente en ses différents points. Étudions d'abord le premier effet en nous reportant à la figure 16 qui représente théoriquement l'ensemble d'une machine Gramme, et supposons pour le moment qu'il y a un anneau de bois au lieu d'un anneau de fer. Quand l'une des hélices E s'approchera du pôle S en tournant de droite à gauche, il se développera un courant qui devra, d'après la loi énoncée page 49, être *direct*. Si le mouvement, au lieu de se continuer, s'effectuait en arrière, on aurait encore, d'après la même loi, un nouveau courant qui serait *inverse* et, par conséquent, en sens contraire du premier ; mais, si le mouvement se continue dans le même sens, il

n'en sera plus ainsi, car, quand l'hélice E aura dépassé
le point S, le pôle agira sur elle par son bout opposé ;
de sorte qu'au lieu d'un courant de sens contraire il
se produira un courant de même sens qui ira en décrois-
sant jusqu'en E′ ; en ce moment l'hélice se rapprochera
du pôle N, mais celui-ci, réagissant sur le bout antérieur
de l'hélice, c'est-à-dire sur le bout qui marche en avant,
créera un courant qui, au lieu d'être du même sens que
celui produit quand l'hélice s'approchait de, S, sera de
sens inverse, puisque ce pôle est de nom contraire. Après
avoir dépassé N, l'hélice voyageuse sera influencée par le
pôle N à son bout postérieur, et un nouveau courant de

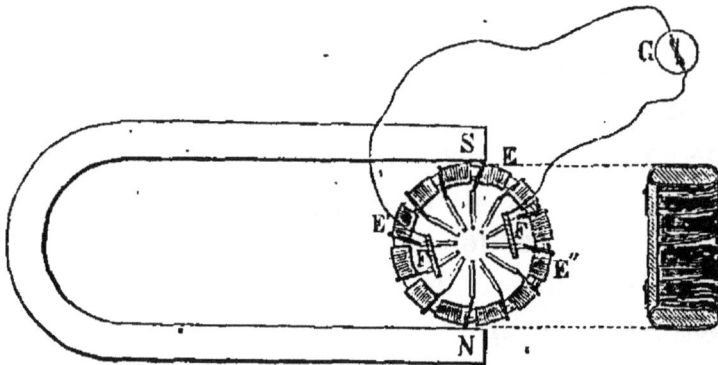

Fig. 16.

même sens que le dernier se produira jusqu'au point E″,
où des courants directs se manifesteront de nouveau.
Ces effets se reproduisant pour toutes les hélices, celles
qui occupent la partie supérieure de l'anneau se trouvent sillonnées, à un moment donné, par des courants
dans un certain sens qui varie suivant l'enroulement des
hélices et le sens du mouvement, et les hélices qui occupent la partie inférieure sont sillonnées par des courants de sens précisément inverse ; mais, comme aux
deux points où se fait la rencontre de ces deux courants
opposés le circuit présente une dérivation par les frotteurs
F et F′ réunis au circuit extérieur F G F′, ils s'écoulent à
travers cette dérivation réunis en quantité.

Examinons maintenant ce qui résulte du mouvement de ces hélices par rapport au magnétisme développé dans l'anneau, et pour fixer les idées nous devrons considérer qu'un électro-aimant annulaire tournant entre les deux pôles magnétiques N, S, d'un aimant en fer à cheval, se trouve magnétisé de telle façon, que le système semble être constitué par deux aimants hemi-circulaires réunis l'un à l'autre par leurs pôles de même nom : d'où il résulte que sur la ligne équatoriale, c'est-à-dire sur le diamètre perpendiculaire à la ligne joignant les deux pôles de l'aimant inducteur, il existe deux régions neutres, et que l'hélice magnétique est enroulée de gauche à droite pour l'un des côtés de l'anneau, et de droite à gauche pour l'autre côté. Or examinons ce qui se passe quand on fait mouvoir devant un pareil système magnétique des hélices de petite longueur, comme celles dont il a été question précédemment, et suivons comme nous l'avons déjà fait la marche de la petite hélice E, en supposant que l'anneau de fer est immobile. En partant de la ligne neutre de droite pour se diriger vers le point S, cette hélice va s'éloigner de la *résultante* de toutes les spires magnétiques de la partie droite de l'anneau qui correspond à sa ligne neutre, et il se développera en elle un courant induit qui sera *direct*, comme dans le cas où elle se serait approchée sans anneau magnétique du pôle S. Quand elle aura dépassé la partie supérieure de l'anneau, elle se rapprochera de la *résultante* des spires magnétiques de la partie gauche de cet anneau, et devrait engendrer un courant *inverse;* mais, en raison du sens différent de son enroulement, ce courant traversera le circuit dans le même sens que le premier courant produit, et ce ne sera qu'à partir de la ligne neutre de gauche que ces effets changeront. Alors l'hélice se trouvera subir les mêmes réactions que celles que nous avons précédemment étudiées. On aura donc ainsi deux courants qui se superposeront et auxquels se joindront les courants résultant des interversions des polarités; car ces polarités constantes que nous avons supposées dans l'anneau n'existent pas, puisque celui-ci tourne avec les hélices, et elles ne peuvent conserver une distribution stable dans le système magnétique que par leur interversion continuelle aux différents points de l'anneau. On observera que les courants qui en résultent doivent alors être de même sens que ceux déterminés par l'action directe des pôles magnétiques, car ils sont de même nature que ceux qui résulteraient du déplacement des pôles magnétiques eux-mêmes, et ils devraient être *directs* pour les hélices qui s'avancent vers eux et *inverses* pour les hélices qui s'en éloignent; mais, comme celles-ci se présentent à l'inducteur d'une manière inverse, l'effet définitif se produit dans le même sens.

On a prétendu que l'anneau de fer remplissait encore, dans la machine Gramme, d'autres fonctions peut-être même plus importantes que celles que nous venons d'analyser. Ainsi plusieurs physiciens admettent qu'il peut empêcher des inductions nuisibles en servant d'écran à l'action de l'inducteur sur les parties des spires des hélices mobiles qui ne lui font pas face. D'un autre côté, on croit qu'en servant d'armature aux pôles magnétiques il surexcite considérablement leur énergie et concentre l'action. Bien qu'il puisse y avoir du vrai dans ces allégations, nous ne voyons pas que les avantages de l'anneau de fer soient si importants, puisque la machine Siemens qui n'en a pas donne des effets considérables.

Comme le fer est susceptible d'une aimantation bien supérieure à celle que peut conserver l'acier trempé, et que la force des électro-aimants est d'ailleurs infiniment plus énergique que celle des aimants permanents, M. Gramme a combiné son système de bobine d'induction annulaire au système magnéto-électrique de Ladd dans lequel la bobine de Siemens se trouve alors supprimée; et pour donner plus de force à cette disposition, il a constitué le système électro-magnétique avec un double système d'électro-aimants dont les branches sont opposées l'une à l'autre par leurs pôles de même nom. Il en résulte, au milieu du système, deux pôles conséquents d'une très grande énergie, et c'est entre ces pôles, qui se trouvent prolongés et contournés circulairement de manière à l'emboîter, que se trouve adaptée la bobine annulaire, dont l'axe de rotation porte le collecteur des courants, comme on le voit fig. 15.

Dans les premières machines de Gramme, on employait deux anneaux, dont l'un était réservé, comme dans le système de Ladd, à l'aimantation du système électro-magnétique. Mais, comme nous l'avons déjà dit, on dut supprimer bientôt cet anneau, et l'on fit passer le courant induit tout entier à travers ce système, ce qui augmenta considérablement les effets. Dès lors, les machines n'eurent plus qu'un seul anneau, mais on lui donna une grande largeur, comme on le voit figure 17, et l'anneau lui-même, au lieu d'être constitué par une pièce de fer massive, fut formé par la réunion d'un grand nombre de fils de fer, comme dans les machines d'induction voltaïque.

La figure 17 qui représente une coupe de cet anneau indique la manière dont les divers tronçons de l'hélice induite sont enroulés sur lui. Les fils de jonction *a, a, a* de ces divers tronçons sont, comme on le voit dans la partie supérieure de la figure, soudés à des lames R, R, qui viennent se placer, les unes à côté des autres, autour de l'arbre moteur, et constituent une sorte de manchon sur lequel appuient les deux ressorts du collecteur, lesquels sont constitués par des espèces de pinceaux en fils métalliques, soutenus par des supports que l'on distingue à droite de l'anneau, dans la figure 15. Naturellement ces lames sont séparées par des plaques d'ébonite, pour les isoler électriquement. Dans la fig. 15, les électro-aimants inducteurs sont placés horizontalement en haut et en bas de la machine, et leurs épanouissements polaires se voient dans les parties métalliques qui enveloppent l'anneau, et qui servent en même temps de supports aux tiges des frotteurs et aux boutons d'attache des fils du circuit induit.

Les machines Gramme, du dernier modèle, n'ont guère que 65 centimètres de longueur, 41 centimètres de largeur et 50 centimètres de hauteur ; elles pèsent 175 kilog., et, pour une force de 2 chevaux et demi, avec une vitesse de rotation de 850 tours par minute, elles donnent

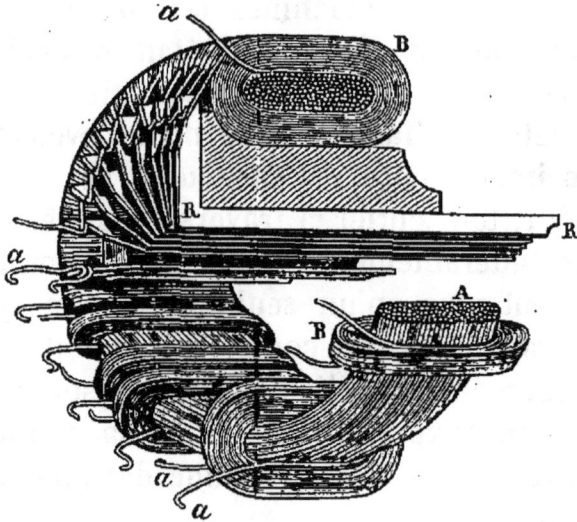

FIG. 17.

une lumière électrique équivalente à 2590 candles ou 270 Carcels.

Nous verrons plus tard que M. Gramme a combiné un autre système de machines pour fournir des courants alternativement renversés et permettre de diviser l'action de la machine, en fournissant le courant dans plusieurs circuits distincts. C'est ce dispositif qui a permis d'illuminer l'avenue de l'Opéra au moyen des bougies Jablochkoff.

Nous ne parlerons des autres modèles de la machine Gramme qu'au chapitre des applications de la lumière électrique. On pourra d'ailleurs avoir tous les détails nécessaires, à cet égard, dans l'ouvrage de M. Fontaine intitulé *l'Éclairage à l'électricité.*

Machine de Siemens. — La machine de MM. Siemens et Hafner-Alteneck, que nous représentons figure 18, et qui a fourni, dans les expériences comparatives faites en Angleterre, les meilleurs résultats, est fondée à peu près sur le même principe que celle de Gramme, bien qu'au

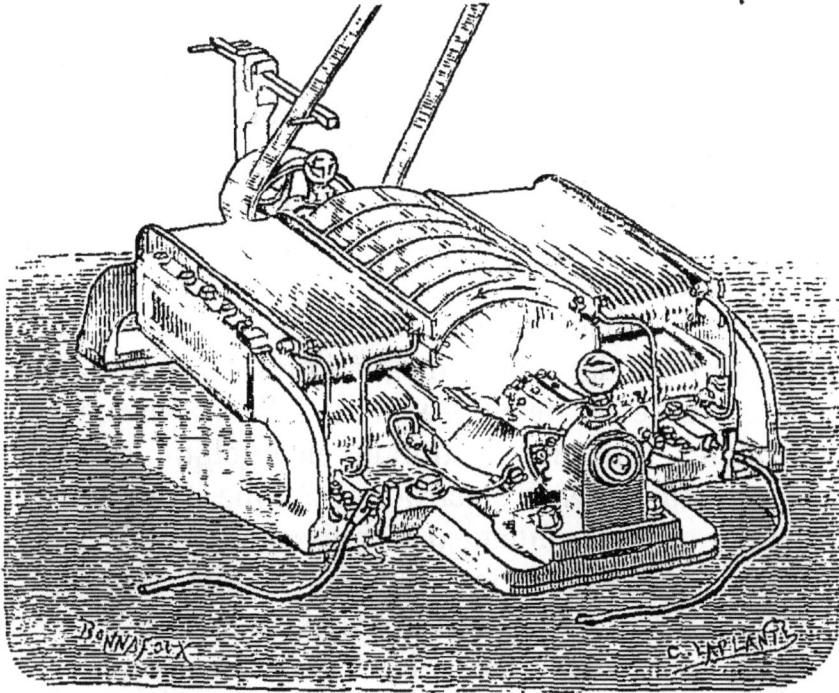

Fig. 18.

premier abord elle ne paraisse être qu'une modification du système à bobine allongée de M. Siemens, que nous avons déjà vu mettre à contribution dans les machines de Wilde et de Ladd. Dans ce nouveau système, en effet, la bobine cylindrique destinée à recevoir l'induction est de grand diamètre et se trouve essentiellement constituée par un cylindre tournant de cuivre, sur lequel sont enroulées, parallèlement à ses génératrices ou à son axe, un certain nombre d'hélices (quatre) juxtaposées et disposées comme les hélices d'un galvanomètre. Ces hélices sont réunies en tension, mais des lames métalliques réunissent leur fil de liaison à une série de plaques disposées autour d'un manchon en matière isolante, fixé sur l'axe de rotation du cylindre, et sur lesquelles appuient, comme dans la machine Gramme, deux frotteurs à fils métalliques qui transmettent les courants fournis par la machine. Ce cylindre est enveloppé par les pôles épanouis d'un système dynamo-électrique à travers lequel passe le courant induit tout entier, et ces pôles hémicirculaires sont fendus d'un certain nombre de rainures, pour faciliter les désaimantations. Les branches des électro-aimants sont d'ailleurs constituées par des lames de fer, plus larges que longues, réunies deux par deux par les pièces de fer qui servent de bâti à l'appareil et qui en forment les culasses.

Enfin, à l'intérieur du cylindre de cuivre, se trouve placée, en face des pôles magnétiques de l'inducteur, une carcasse de fer terminée par des lames arquées du même métal, qui, en constituant en quelque sorte les armatures du système électro-magnétique inducteur, en surexcitent considérablement la puissance.

Dans ces conditions, les courants induits sont dus à l'action dynamique que nous avons exposée page 75, c'est-à-dire au mouvement des hélices galvanométriques devant l'inducteur, seulement les deux pôles de l'inducteur agissent alors simultanément sur chaque hélice, et comme cette double action s'effectue sur les deux parties opposées de ces hélices dans lesquelles le courant a forcement une direction contraire par rapport à l'axe de figure, les deux effets conspirent dans le même sens. Le changement de direction des courants s'effectue, d'ailleurs, comme dans la machine Gramme, au milieu de l'espace interpolaire, et c'est là que sont appliqués les deux frotteurs du collecteur. Il est facile de comprendre que les courants d'interversion polaire n'entrent pour rien dans cette machine, et, comme je le disais, la carcasse de fer ne joue que le rôle de renforceur de l'action électro-magnétique. On pourrait donc, au besoin, s'en passer, et c'est ce qui distingue surtout ce système de celui de Gramme, puisque dans ce dernier l'anneau de fer, outre qu'il est utile à l'action inductrice effective, sert de carcasse pour le soutien des hélices.

Dans la machine dont nous parlons, les frotteurs à balai qui servent de collecteurs au courant induit sont portés par une sorte de bascule qui permet, par une simple inclinaison dans un sens ou dans l'autre, et par une permutation de fils, de fournir les courants induits dans le sens qu'on désire.

M. Siemens a encore combiné un système de machine magnéto-électrique disposé à peu près dans les mêmes conditions que la machine précédente, et qui n'en diffère qu'en ce qu'au lieu des électro-aimants inducteurs, ce sont des faisceaux de barreaux aimantés, séparés les uns des autres et réunis par de fortes culasses de fer, ayant pour largeur la longueur de la bobine induite. La machine présente en plus un commutateur à 4 frotteurs.

Machine de M. de Méritens. — A en juger par le nombre de bougies électriques que cette machine peut allumer, on pourrait croire qu'elle constitue le générateur magnéto-électrique le plus puissant pour une force motrice donnée. Elle pourrait, en effet, avec une force motrice ne dépassant pas un cheval-vapeur, maintenir allumées indéfiniment trois bougies Jablochkoff, sans exiger de la part du moteur une vitesse de plus de 700 tours par minute, et sans produire d'échauffement appréciable ; mais la lumière fournie par ces bougies ne semble pas être aussi forte que celle des bougies alimentées par les machines Gramme, et jusqu'à ce que des mesures précises soient données, on ne peut préjuger définitivement de la puissance relative de ce générateur. Cette machine est

magnéto-électrique, et fournit comme celle 'e l'*Alliance*
des courants renversés. Mais elle ne demande, pour produire le même effet, que huit aimants d'Alvarre au lieu
de quarante-huit, et seulement un quart de la force
motrice. C'est, du moins, ce que dit M. de Méritens. •

Les effets avantageux de ce genre de machine résultent
de ce qu'aux courants d'induction déterminés dans l'an-

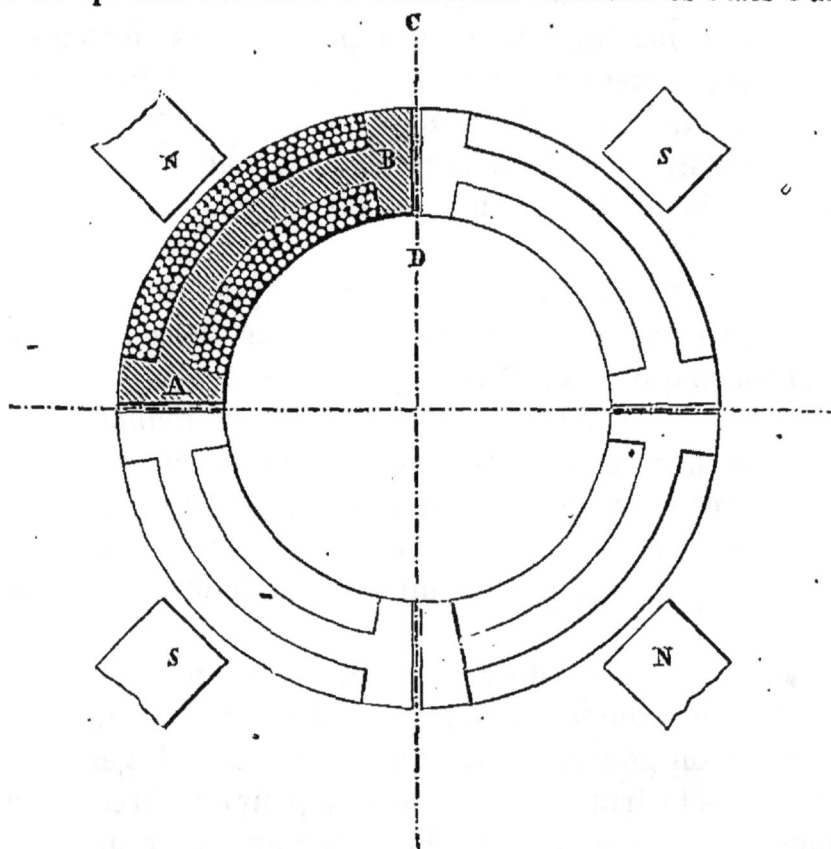

Fig. 19.

neau des machines Gramme sont ajoutés ceux qui se produisent dans les machines magnéto-électriques ordinaires.

Pour qu'on puisse la comprendre, imaginons un anneau
Gramme (fig. 19) divisé, par exemple, en quatre sections,
isolées magnétiquement l'une de l'autre, et constituant,
par conséquent, quatre électro-aimants arqués, placés
bout à bout. Imaginons que le noyau de fer de chacune
de ces sections soit terminé à ses deux extrémités par une

.pièce de fer A, B, formant comme un épanouissement de ses pôles, et supposons que toutes ces pièces, réunies par l'intermédiaire d'une pièce de cuivre CD, constituent un anneau solide autour duquel sont disposés des aimants permanents N, S, N, S avec leurs pôles alternés de l'un à l'autre. Examinons ce qui se passera quand cet anneau accomplira un mouvement de rotation sur lui-même, et voyons d'abord les effets qui résulteront, par exemple, du rapprochement du pôle épanoui B, quand, marchant de gauche à droite, il s'approchera de N. A ce moment, il se développera dans l'hélice électro-magnétique de AB un courant induit d'aimantation, comme dans une machine de Clarke. Ce courant sera instantané et de sens inverse aux courants particuliers d'Ampère de l'aimant inducteur. Il sera très énergique, en raison de la proximité de B du pôle N ; mais l'anneau, en s'avançant, va déterminer entre le pôle N et le noyau AB une série de déplacements magnétiques, qui donneront naissance à une série de courants d'interversion polaire, qui se manifesteront de B en A. Ces courants seront directs, par rapport aux courants particuliers de N, mais ils ne sont pas instantanés, et vont en croissant d'énergie de B en A. A ces courants se joindront simultanément les courants d'induction dynamique résultant du passage des spires de l'hélice devant le pôle N. Quand A abandonnera N, un courant de désaimantation se produira, égal en énergie et de même sens que le courant d'aimantation résultant du rapprochement de l'épanouissement B du pôle N. L'effet est, en effet, alors produit à une extrémité différente du noyau magnétique, et l'hélice se présente à l'action d'induction d'une manière inverse. Donc, courants induits inverses de l'inducteur, par le fait du rapprochement et de l'éloignement des appendices B et A, courants induits directs, pendant le passage de la longueur du noyau AB devant l'inducteur, courants induits directs résultant du passage des spires devant N. Toutes les causes d'induc-

tion se trouvent donc ainsi réunies dans cette combinaison.

On remarquera que l'action que nous venons d'étudier
pour une seule section de l'anneau peut s'effectuer en

FIG. 20.

même temps pour toutes les autres, et qu'il s'y ajoute
encore les courants résultant de la réaction latérale des
pôles A et B sur les pôles voisins.

Afin d'augmenter encore les effets d'induction, M. de

Méritens compose le noyau AB et les appendices A et B avec de minces lames de fer découpées à l'emporte-pièce, comme on le voit sur la figure, et juxtaposées en faisceau, au nombre de cinquante, ayant un millimètre d'épaisseur chacune. Les fils des hélices sont d'ailleurs reliés de manière que les courants induits puissent être associés en tension, en quantité ou en séries, suivant les conditions de l'application.

Nous n'avons considéré dans la figure théorique que

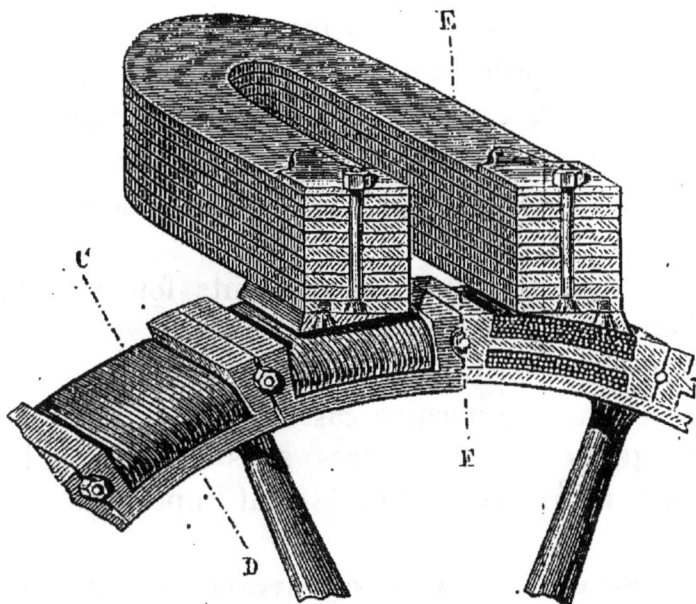

Fig. 21.

nous avons donnée que quatre sections, mais, par le fait, il y en a un plus grand nombre, et dans le modèle dont nous avons parlé il y en a seize que l'on distingue aisément fig. 20. Elles sont montées sur une roue en bronze adaptée à l'arbre du moteur.

C'est au-dessus de cette roue que se trouvent encastrés les aimants inducteurs qui sont fortement fixés sur deux carcasses en bronze où ils sont disposés horizontalement. On distingue fig. 21 la manière dont ces différents organes sont montés.

Pour peu que l'on considère le mode de disposition de l'anneau induit, on reconnaît aisément qu'il se trouve dans les meilleures conditions possibles de construction. En effet, comme chaque section est séparée, elle peut être démontée isolément, et l'on peut, par conséquent, l'enrouler de fil sans aucun embarras. Ceux qui connaissent les difficultés que présente l'enroulement de l'anneau Gramme pourront apprécier facilement cet avantage. D'un autre côté, la composition du noyau avec des lames juxtaposées, qui peuvent être découpées d'un seul coup, à l'emporte-pièce, est un énorme avantage, car ce système dispense de la précision nécessaire dans la construction de ces anneaux, toujours difficiles à maintenir parfaitement ronds. Enfin il n'y a ni commutateur ni collecteur dans la machine, et, par conséquent, aucune perte de courant.

Nous avons vu que les courants fournis par cette machine pouvaient allumer de trois à quatre bougies Jablochkoff; mais on a pu également allumer des régulateurs, et dans ce dernier cas, on a pu écarter les charbons jusqu'à cinq centimètres sans éteindre la lumière. Il est certain que ces résultats sont importants.

Machine de M. Wallace Farmer. — Cette machine, que personne ne connaissait en Europe, s'est trouvée acquérir tout à coup une certaine notoriété, à la suite du coup de bourse provoqué par la soi-disant merveilleuse découverte d'Edison, qui devait anéantir à jamais le gaz d'éclairage et ses applications. M. Edison, à cette occasion, citait à tout propos la fameuse machine génératrice de Wallace Farmer, qui devait fournir des torrents d'électricité, et chacun de s'enquérir de ce qu'était cette merveille. Or un rapport émané d'un comité désigné par l'institut de Franklin en Amérique pour l'étude comparative des différentes machines à lumière est venu tout dernièrement à propos pour satisfaire la

curiosité générale, en donnant non-seulement la description de cette machine et de celle de M. Brush, tout
aussi inconnue, mais encore les chiffres des expériences entreprises par le comité, et même les conclusions de ce comité qui, malgré les résultats beaucoup
plus favorables fournis par la machine Gramme, a conclu
en faveur des machines américaines. Nous aurons occasion, du reste, de revenir sur ces appréciations.

La machine de M. Wallace Farmer, que nous repré-

Fig. 22.

sentons fig. 22, n'est par le fait qu'une reproduction en
grand de la machine de M. Wilde, dont nous avons
parlé déjà, et de celle de M. Lontin, qui est fondée sur
le même principe.

C'est un grand disque de fer, muni sur ses deux
surfaces de deux couronnes d'électro-aimants droits, qui
tourne entre les pôles de deux gros électro-aimants à
branches plates opposés par leurs pôles contraires. Les
bobines, légèrement méplates, sont reliées entre elles

en tension de chaque côté du disque tournant, et les fils de jonction sont réunis à un collecteur disposé sur l'axe de rotation, comme dans le système Gramme, de manière à éviter un commutateur inverseur. Nous représentons, fig. 23, ce dispositif qui n'a absolument rien de nouveau.

Par cette disposition, on voit que la machine est double, et que chacune de ses moitiés peut agir indépendamment; mais, dans la pratique, les communications électriques sont établies de telle sorte, que les courants engendrés sont réunis, soit en quantité, soit en tension, à travers le circuit extérieur. L'inventeur croit que, par suite de la grande surface découverte que présente le disque tournant, on évite les effets de l'échauffement; mais le comité fait remarquer que cet avantage est acheté au prix d'une grande résistance qui se trouve alors opposée par l'air au mouvement de la machine, et d'ailleurs,

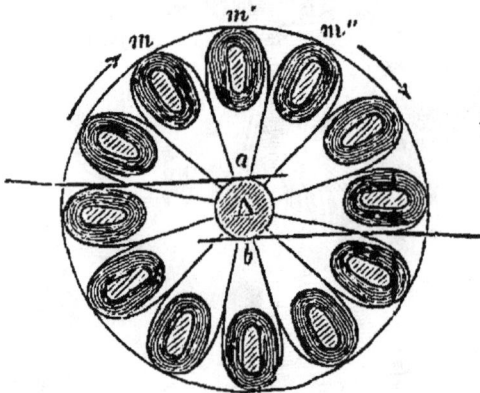

Fig. 23.

on a pu observer dans les expériences faites devant le comité que, malgré cette ventilation, la machine s'échauffait assez pour faire fondre de la cire à cacheter.

Machine de M. Brush. — La machine de M. Brush, que nous représentons figure 24, est une de celles qui ont été expérimentées par le comité de l'institut de Franklin, et c'est même à elle qu'a été dévolu le brevet de supériorité. En principe, cette machine se rapproche beaucoup de celle de M. de Méritens, quoique moins intelligemment combinée, et me rappelle les premiers essais qu'avait faits ce dernier.

En somme, cette machine consiste dans un anneau
Gramme, dont les hélices, au nombre de huit seulement,
sont séparées par un intervalle assez large que remplissent
des pièces de fer. Cet anneau tourne verticalement entre
les pôles épanouis de deux électro-aimants oblongs en
fer à cheval, opposés l'un à l'autre, et disposés de façon
que des pôles de même nom se trouvent en face l'un
de l'autre. De cette manière, les deux moitiés de l'anneau
enveloppées latéralement par ces pôles se trouvent polarisées uniformément, l'une sud, l'autre nord, et comme

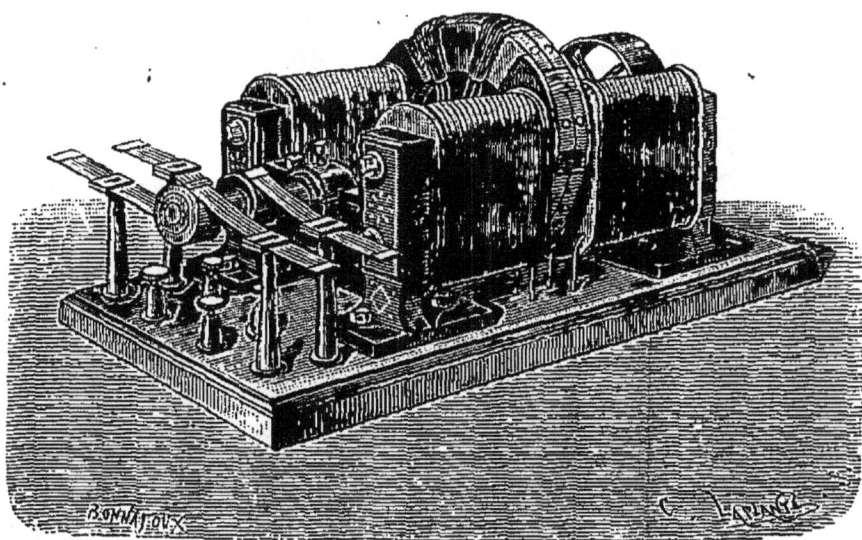

Fig. 24.

avec cette disposition il se produit des courants alternativement renversés, ainsi qu'on l'a vu quand nous avons
parlé de la machine de M. de Méritens, et que de pareils
courants sont impropres à la magnétisation des inducteurs dans les machines dynamo-électriques, il a fallu
relier les hélices de l'anneau tournant à un commutateur inverseur, ce qui a nécessité la présence de quatre
frotteurs. Ces frotteurs, que l'on distingue aisément, en
avant à gauche de la figure, sont constitués, comme dans
les machines Gramme, par des faisceaux de fils métalli-

ques disposés en balai. Nous indiquons fig. 25 la manière
dont les fils des hélices sont réliés entre eux et au commutateur A B. Les hélices *m, m'* opposées sont, comme
on le voit, réunies bout à bout, mais on n'a représenté
ces liaisons que pour une seule paire de bobines. Afin
de placer le commutateur dans une bonne position, on
a fait passer le bout des fils par un axe creux, pour se
rendre de là aux parties saillantes.

· Le commutateur A B est combiné de telle sorte que
trois paires d'hélices se trouvent toujours mises en rapport avec le circuit de la machine, travaillant en arc
multiple, et la paire de bobines restante a son circuit

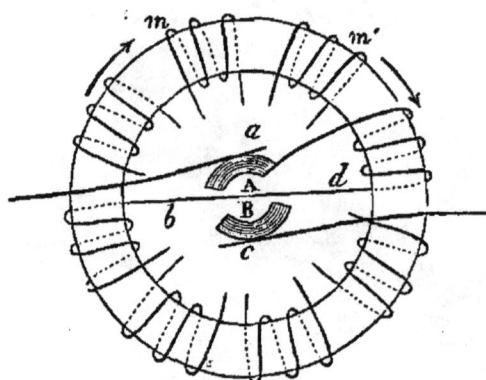

coupé dans le plan de
la ligne neutre de l'an-
neau.

Quant au commutateur
lui-même, il est consti-
tué par des lames de cui-
vre *a, c,* fixées sur des
anneaux en matière iso-
lante et découpées comme
dans les appareils ordi-
naires de ce genre.

Fig. 25.

Le comité fait remarquer que, grâce aux surfaces de
fer qui séparent les hélices et qui sont à découvert,
l'anneau de cette machine peut perdre plus facilement
sa chaleur, qui ne s'élève guère à plus de 120° Fahren-
heit, malgré sa très grande vitesse de rotation. Il lui
reproche cependant un bruissement assez fort, qu'il at-
tribue à la résistance de l'air, mais qui n'est autre chose
que le ronflement produit par les alternatives d'aimantation et de désaimantation des pièces magnétiques de
l'anneau. Ces effets se produisent également dans les
machines de MM. de Méritens et Lontin, et même, ce qui
est plus curieux, ces bruits sont répétés par les bougies
Jablochkoff qu'on interpose dans le circuit de ces ma-

chines. Cela est la conséquence d'un effet que nous avons expliqué dans notre ouvrage sur le téléphone, et qui se rapporte aux transmissions électro-téléphoniques.

Dans un autre modèle, il existe deux commutateurs correspondant à deux systèmes d'hélices, constitués, l'un par les hélices paires de l'anneau, l'autre par les hélices impaires. « Par ce moyen on peut, dit le rapport du comité, combiner les circuits de manière à transmettre des courants plus ou moins intenses, variant de 55 à 120 volts, ou bien répartir le courant entre deux circuits affectés séparément à la production d'un foyer lumineux. »

Nous ferons remarquer que, dans ces conditions, la machine Brush est inférieure à celle de M. de Méritens, 1º parce que, l'anneau de fer étant continu, lescourants magnéto-électriques déterminés par le rapprochement et l'éloignement des pôles magnétiques perdent de leur énergie, ainsi que M. de Méritens l'a constaté lors de ses premières expériences ; 2º parce que les courants induits gagnent beaucoup à ce que les noyaux magnétiques soient constitués par des pièces de fer très minces réunies en faisceau ; 3º parce que la présence d'un commutateur inverseur entraîne beaucoup de pertes de courant.

Machine de M. Trouvé. — M. Trouvé a combiné aussi des machines dynamo-électriques fondées à peu près sur le même principe que les machines précédentes, mais dans lesquelles la réaction de l'inducteur sur l'induit s'effectue au contact des pièces magnétiques et d'une manière analogue à celle que M. Larmangeat avait mise en application, dès 1855, dans son électro-moteur à électro-aimants et armatures roulantes.

Dans l'un de ces appareils, l'inducteur est constitué par un gros électro-aimant droit, mobile horizontalement sur son axe, et dont le noyau magnétique est pourvu de deux rondelles de fer comme dans les électro-aimants circulaires de Nicklès. Sur ces rondelles roulent les extrémités en fer d'un certain nombre de faisceaux d'électro-aimants droits, rangées circulairement, dont les pôles se trouvent de cette manière mis successivement en contact avec les pôles épanouis de l'inducteur, et déterminent, chacun, des courants d'induction qui, aboutissant à un commutateur, traversent l'inducteur et fournissent à la fois le courant de travail et le courant excitateur. Cette disposition est tout à fait celle de l'électro-moteur Larmangeat.

Dans un autre modèle que l'on établit en ce moment sur une grande échelle, l'inducteur a toujours la disposition que nous venons de décrire, mais il est constitué par deux électro-aimants droits placés parallèlement, et leurs rondelles de fer sont assez épaisses pour présenter sur leur circonférence une rainure dans laquelle s'engagent deux anneaux, analogues à ceux de la machine Brush, qui sont montés sur un axe commun de fer et dont les hélices sont combinées de manière à fournir des courants redressés passant par l'inducteur. Dans ces conditions, l'induit et l'inducteur constituent un système électro-magnétique fermé dans lequel les pièces magnétiques soumises au mouvement sont toujours en contact, et par conséquent au maximum de puissance.

M. J. Bellot, constructeur de ces machines, nous communique, à l'égard de cette machine, les renseignements suivants :

« J'ai construit deux petites bobines, l'une de Gramme, l'autre du système à saillies de M. Trouvé. Ces bobines ont chacune vingt hélices. La bobine de Gramme contient 20 pour 100 de plus de longueur de fil. Ces bobines sont montées pour être influencées par le même électro-aimant, lequel est entouré de gros fil d'une longueur en rapport avec la bobine Gramme. Par hasard, cette dernière se trouve parfaitement isolée ; aucune déperdition d'une hélice à l'autre ; mais il n'en est pas de même de la seconde où quelques hélices sont en communication par le fer.

« Malgré ces désavantages, j'ai un rendement bien supérieur avec la bobine à appendices saillants.

« Le noyau de la bobine à appendices saillants est formé de quarante feuilles de tôle découpées et rivées ensemble de manière à ne former qu'une masse qui est terminée sur le tour. Ce noyau est entouré de 73 mètres de fil de $0^m,00065$. Avec une vitesse d'environ 1500 tours, j'obtiens approximativement un courant de 8 à 10 éléments Bunsen. Rien ne chauffe, même quand aucune résistance n'est interposée sur le circuit extérieur. »

Machine de M. Lontin. — La machine de M. Lontin ne présente un sérieux intérêt que par la machine complémentaire qui en divise l'action et qui est la première de ce genre qui a été conçue. Comme nous traiterons de ces sortes de machines dans un chapitre spécial, nous n'aurons donc que quelques mots à dire du générateur proprement dit, que nous représentons fig. 26. C'est un noyau ou tambour de fer sur lequel sont implantés, sur quatre rangées et suivant des alignements obliques, un grand nombre de noyaux de fer (12 par rangée) munis d'hélices magnétisantes D, D, D, et ces hélices sont enroulées en tension de manière que le bout sortant de l'une corresponde au bout entrant de celle qui la suit. Ce système, appelé par son auteur *pignon magnétique*, est monté sur un axe, de manière à tourner entre les pôles A, A d'un fort électro-aimant à branches méplates, qui constitue l'inducteur, et les bobines, réunies entre elles comme les hélices de l'anneau Gramme, sont reliées par des fils de dérivation à un collecteur disposé comme celui de l'appareil Gramme. Cette machine est donc, comme la plupart de celles qui précèdent, dynamo-électrique, et l'inducteur se trouve animé par le courant induit tout entier. Dans les derniers modèles qui ont été exécutés, on a apporté quelques perfectionnements de détails que nous devons rappeler en quelques mots. On

a d'abord disposé les extrémités polaires du gros électro-aimant inducteur, de manière à pouvoir diminuer-
volonté et dans telle proportion qu'il peut convenir l'inà
tensité du courant produit. A cet effet, on a adapté à ces
pôles des pièces de fer, mobiles dans une sorte de rainure,

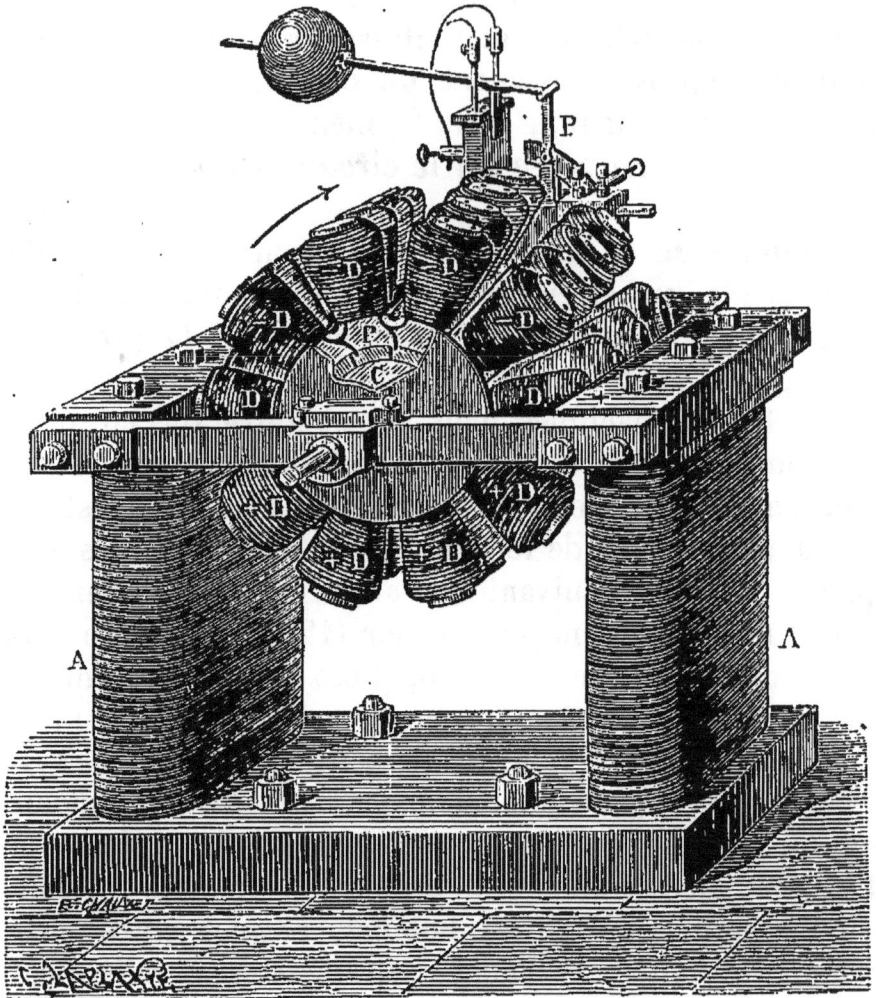

FIG. 26.

qui peuvent être plus ou moins rapprochées des noyaux
du pignon magnétique, et que l'on peut fixer à telle ou
telle distance. En second lieu, on a disposé le collecteur
en dehors des paliers de rotation, afin de pouvoir recouvrir la machine et la mettre à l'abri. Il a fallu pour

cela faire passer les communications à travers l'axe de rotation ; enfin on a disposé les contacts du collecteur de manière à emboîter celui-ci des deux côtés de l'axe de rotation, et sous l'influence d'une pression déterminée par un contre-poids P. Les parties frottantes elles-mêmes ont été constituées avec un alliage de plomb et d'étain, et adaptées à des tiges métalliques élastiques.

MACHINES A INDUCTEURS MOBILES, APPLICABLES SURTOUT A LA DIVISION DE LA LUMIÈRE ÉLECTRIQUE.

Depuis longtemps on se plaignait que les générateurs de lumière électrique ne fussent susceptibles que d'alimenter un nombre très restreint de foyers de lumière électrique, et le *desideratum* exprimé généralement était de combiner un générateur capable de fournir assez d'électricité dans plusieurs circuits dérivés pour allumer des becs de lumière dans plusieurs directions. Bien que plusieurs combinaisons aient été proposées depuis longtemps pour résoudre ce problème, ce n'est que depuis peu de temps que la solution en a été donnée d'une manière satisfaisante, tant au point de vue du générateur qu'à celui des foyers lumineux eux-mêmes, et c'est à M. Lontin que l'on doit cette innovation importante.

Système Lontin. — Avec la machine à fractionnement de lumière de M. Lontin, on est, en effet, parvenu non seulement à diviser la lumière électrique, mais encore à la répartir entre plusieurs becs, avec telle intensité qui convient, tout en faisant profiter les uns de l'affaiblissement communiqué aux autres.

En principe cette machine consiste dans une série d'électro-aimants, fixés à l'intérieur d'une couronne de fer disposée verticalement, et au centre de laquelle tourne un système électro-magnétique composé d'autant de noyaux magnétiques qu'il y a d'électro-aimants sur la couronne. La fig. 27 représente cette machine dans laquelle le systême électro-magnétique intérieur mobile représente l'*inducteur*, et le système-fixe l'*induit*.

Le système inducteur, qui n'est autre que le *pignon magnétique* du générateur Lontin que nous avons décrit page 95, se compose d'un cylindre de fer sur lequel sont rivées une série de lames de fer qui représentent en quelque sorte les dents d'un pignon, et sur lesquelles sont enroulées les hélices magnétisantes A, A, qui sont toutes disposées en tension. Afin que les spires de ces hélices ne bougent pas sous l'influence de la force centrifuge et de leur allongement occasionné par la chaleur assez considérable qui s'y développe, les lames de fer, constituant les noyaux sont plus épaisses à leur extrémité libre qu'à leur point de jonction avec le cylindre de fer, et cette plus grande épaisseur joue, par rapport à ces spires, le rôle des rondelles de retient; des traverses horizontales montées sur deux roues en bronze et contre lesquelles elles butent, les maintiennent d'ailleurs dans leur position. Enfin l'enroulement de ces hélices est fait de manière à intervertir d'une lame à l'autre la polarité des noyaux, de sorte que le mouvement du tambour amène successivement un aimant de pôle différent devant les noyaux de fer du système induit, qui se trouvent ainsi polarisés d'une manière alternativement inverse.

Ce système inducteur se trouve naturellement magnétisé, d'une manière constante, par le générateur dynamoélectrique que nous avons décrit précédemment, et qui peut être monté ou non sur le même axe que lui. On pourrait d'ailleurs substituer à ce générateur une autre machine ou même une pile, mais on se trouverait alors dans des conditions très désavantageuses au point de vue économique.

Le système induit se compose, comme on l'a vu, d'un grand anneau de fer *bb* immobile et garni à son intérieur d'une série de lames de fer fixées transversalement sur champ, comme les dents d'une roue à engrenage

Fig 27.

interne, et entourées d'hélices magnétisantes B,B,B. Ces hélices sont réunies de l'une à l'autre par couples, de manière à constituer un système électro-magnétique complet, et leur extrémité libre aboutit individuellement au commutateur M, qui permet de recueillir séparément ou collectivement les courants qu'elles fournissent au moyen des frotteurs *a, s*. C'est à l'intérieur de cet anneau que tourne l'inducteur, qui est disposé de manière que les noyaux magnétiques des deux systèmes passent les uns devant les autres sans se toucher. Avec cette disposition, chacun des systèmes magnétiques de l'induit se trouve successivement magnétisé dans un sens contraire; car, si l'un des noyaux de l'inducteur, agissant sur l'un des noyaux de l'induit, est polarisé nord, les noyaux voisins de l'induit seront soumis à l'action d'une polarité sud, et il en résultera toujours dans le système magnétique de l'induit, relié au commutateur, une induction magnétique qui se traduira par la production d'un courant. Quand l'inducteur aura avancé, l'induction magnétique qu'il avait déterminée se trouvera renversée dans le système induit considéré, puisque les polarités seront de signes différents, et l'on obtiendra une nouvelle manifestation électrique en sens inverse.

Comme l'action analysée précédemment se répète simultanément sur tous les systèmes électro-magnétiques de l'induit, chacun d'eux pourra fournir une action qui lui est propre et qui sera indépendante des autres, ce qui permet par conséquent la division de l'action électrique déterminée par l'inducteur. En admettant que chaque système magnétique de l'induit, composé de deux bobines, soit susceptible de fournir un courant électrique assez fort pour entretenir un bec de lumière électrique, on pourra obtenir avec la machine représentée fig. 27 l'illumination de 12 becs de lumière électrique, et, si l'on veut en obtenir de différentes instensités, il suffira, au moyen du commutateur M, de reporter sur les circuits

des becs qui doivent être les plus éclairants les courants
d'autres becs que l'on supprime. Comme le système induit est fixe, rien n'est plus facile que de combiner
comme il convient ces lumières, et l'on n'a à craindre
aucune déperdition d'électricité, puisqu'il n'y a plus de
frotteurs ni de contacts tournants.

Le commutateur M est disposé de manière à réagir sur
autant de plaques de contact qu'il y a, dans la machine,
de courants utilisables pour produire la lumière. Le
nombre de ces courants dépend de la construction de la
machine, et nous avons vu que celle représentée fig. 27 en
fournissait 12. Il y a donc 12 plaques de contact, et à
chacune d'elles correspondent deux bornes d'attache, l'une
qui est reliée au contact lui-même, l'autre qui communique avec un interrupteur à mannette 1. La première
reçoit le fil du système magnétique correspondant ; la
seconde reçoit le fil qui aboutit à la lampe électrique. De
plus, les différents contacts sont pourvus eux-mêmes de
mannettes qui les relient deux à deux et permettent de
faire instantanément l'accouplement ou la séparation des
courants partiels.

Cette machine a été appliquée pendant quelque temps
à l'éclairage de la gare du chemin de fer de Lyon où elle
fournissait 31 foyers lumineux. Ces foyers résultaient d'un
seul générateur électrique et de deux systèmes induits de
24 bobines chacun. En accouplant ensemble ces bobines
et interposant sur chacun de leurs circuits plusieurs régulateurs de lumière électrique du système Lontin, on a
pu, par une combinaison convenable de ces bobines, eu
égard à la longueur du circuit extérieur, porter à 31,
comme je le disais, le nombre des foyers illuminés dont
chacun était à peu près équivalent à 40 becs Carcel.

Depuis six mois ces machines sont installées à la gare
des chemins de fer de l'Ouest (gare Saint-Lazare), où elles
illuminent 12 foyers lumineux dont 2, situés à l'entrée de
la gare, sont à 700 mètres de la machine, ce qui répond

victorieusement à l'objection que certaines personnes ont
faite contre l'emploi des courants alternativement renversés qui, selon elles, ne devaient pas produire de lumière passé 200 mètres.

Système Gramme. — Ce système n'est qu'une dériva-

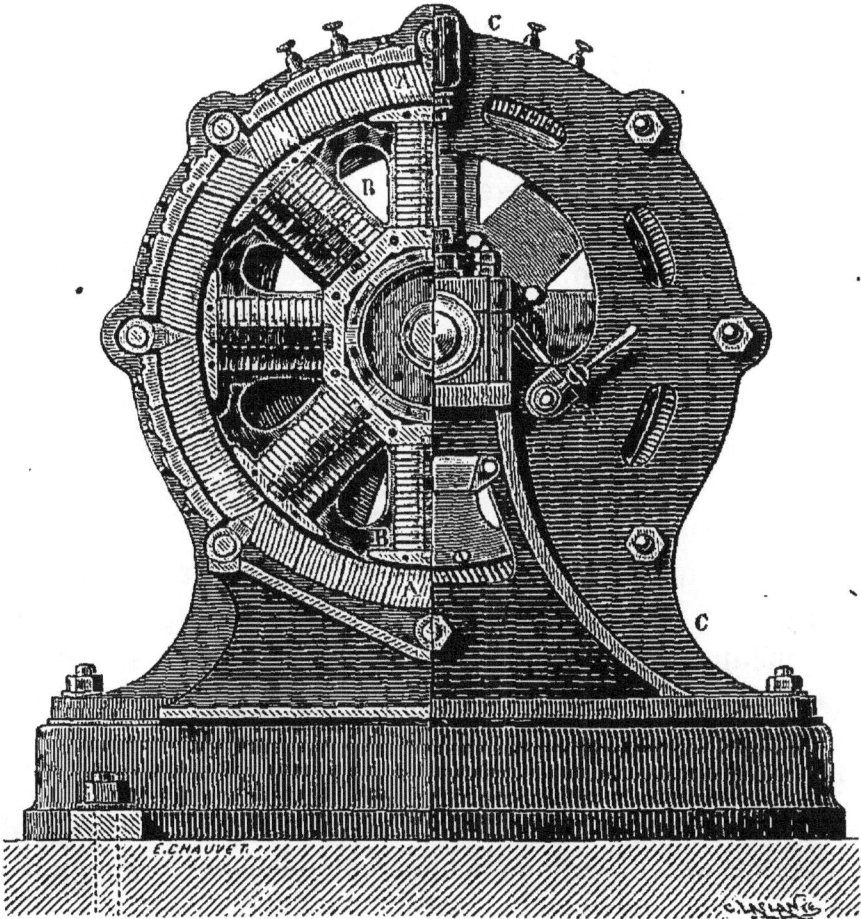

FIG. 28.

tion du précédent, seulement l'induit est constitué par
un cylindre de fer assez long fixé horizontalement, comme
on le voit fig. 28, et disposé d'ailleurs comme l'anneau
des machines du même inventeur. Toutefois les petites
hélices A,A qui entourent ce cylindre, au lieu d'être reliées à un collecteur, sont réparties en 4 séries distinctes,

en rapport chacune avec un circuit particulier, de sorte qu'elles fournissent successivement le courant à quatre circuits différents. L'inducteur est une sorte de pignon magnétique composé de 8 électro-aimants droits B, B qui se meuvent à l'intérieur du cylindre, comme dans l'appareil précédent, et qui, étant de polarités contraires, fournissent successivement dans chacune des sections de l'hélice induite des courants alternativement renversés. Cet inducteur est d'ailleurs animé par un générateur Gramme analogue à celui que nous avons décrit p. 73.

C'est ce système de machines qui fournit les courants nécessaires à l'éclairage de la place de l'Opéra, de l'avenue de l'Opéra et de la place du Théâtre-Français. Quatre machines sont employées pour cela. Une est placée dans les caves de l'Opéra, deux autres dans des caves vers le milieu de l'avenue de l'Opéra, et la quatrième est installée dans l'une des maisons voisines de la place du Théâtre-Français.

Chacun des courants produits par ce genre de machines peut allumer quatre bougies Jablochkoff, et, par suite, chaque système de machines entretient seize bougies électriques. Il y a, il est vrai, deux bougies allumées en même temps dans chaque candélabre de la place de l'Opéra, mais il n'y en a qu'une dans les candélabres de l'avenue de l'Opéra et dans ceux de la place du Théâtre-Français.

L'expérience a montré qu'il fallait compter un peu plus d'un cheval vapeur de force motrice pour l'entretien de chacune de ces bougies qui ne dure d'ailleurs guère plus d'une heure et demie. Mais nous reviendrons plus loin sur ce sujet.

Dans la fig. 28, la machine est vue moitié en coupe, moitié en élévation. Le système électro-magnétique est, comme on le voit, recouvert d'une enveloppe de fonte sur ses deux faces et d'une garniture de bois sur ses parties cylindriques.

Système Jablochkoff. — M. Jablochkoff a voulu aussi construire une machine d'induction à courants renversés et à division de lumière dans laquelle les nettoyages fussent plus faciles qu'avec la machine précédente et qui pût fonctionner avec une moindre force motrice sans déterminer d'échauffement. Il emploie pour cela comme inducteur une roue dentée en fonte, dont les dents sont légèrement inclinées par rapport à la génératrice du cylindre engendré par la circonférence de la roue, et séparées les unes des autres par un espace un peu large. Une hélice de fil circule en serpentant à travers toutes ces dents, comme on le voit fig. 29, et quand un courant la traverse, les dents prennent des polarités alternativement contraires qui font du système une sorte d'électro-aimant à pôles multiples, agissant comme le pignon magnétique de Lontin. L'induit est constitué par une série d'électro-aimants droits B, B à pôles épanouis qui

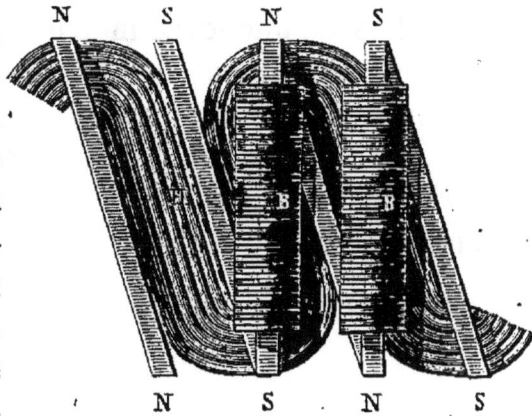

Fig. 29.

sont placés parallèlement à l'axe de la roue et qui croisent les dents SS, NN, SS de celle-ci, de telle manière que, étant en contact par un bout avec l'une de ces dents, ils touchent de l'autre bout la dent voisine ; comme ces dents sont polarisées alternativement d'une manière différente, il en résulte que, pour une certaine position de la roue, les électro-aimants droits seront polarisés nord-sud à leurs extrémités polaires, ce qui engendrera un courant magnéto-électrique dans les hélices qui les entourent ; mais, comme après avoir abandonné cette position les différentes parties des dents polarisées se présenteront devant les différents points des hélices induites, elles créeront dans celles-ci des courants d'interversion polaire et des courants dynamiques qui, comme dans la machine de M. de Méritens, continueront l'action magnéto-électrique et contribueront à la renforcer. On obtiendra donc ainsi, dans des conditions de construction très simples, une machine d'induction relativement énergique. Dans le modèle qui fonctionne dans les ateliers de M. Jablochkoff, il y a 36 bobines d'induction, et elles sont accouplées de manière à fournir trois séries en tension, composées chacune de 12 bobines réunies en quantité. Il y a naturellement 36 dents à la roue, et dans ces conditions on peut obtenir l'allumage de deux bougies Jablochkoff avec une force motrice équivalente à la force de deux hommes, mais sous l'influence d'un courant inducteur issu d'une petite machine de Gramme. De cette manière, le courant de la machine Gramme se trouve transformé dans de bonnes conditions en courants alternativement renversés.

EXPÉRIENCES COMPARATIVES SUR LES EFFETS PRODUITS PAR LES DIFFÉRENTES MACHINES ÉLECTRO-MAGNÉTIQUES.

L'étude comparative des effets produits par les différentes machines propres à la production de la lumière électrique était d'une extrême importance, et on l'a si bien compris qu'à différentes époques on a fait des expériences plus ou moins complètes. Déjà en 1855 M. Ed. Becquerel avait fait, à ce point de vue, sur les piles, un travail important qui fut continué au Conservatoire des arts et métiers par M. Tresca avec les machines magnéto-électriques de la compagnie l'*Alliance*. Plus tard, ces machines devinrent l'objet d'études sérieuses à l'administration des phares sous la direction de MM. Reynaud et Degrand. M. le Roux, en 1865, étudia la question d'une manière plus sérieuse et en fit l'objet d'une communication très intéressante qui a été insérée dans le *Bulletin de la Société d'encouragement* (tome XIV, p. 699). De son côté, M. Jamin étudiait conjointement avec M. Roger et au point de vue scientifique le travail produit par les mêmes machines, et en 1877 M. Tresca faisait à l'Académie des sciences un travail complet sur les effets produits par les machines Gramme. Enfin les succès obtenus avec ces machines et leur application à l'éclairage des phares préoccupèrent assez les Anglais pour que, en 1877, ils aient cru devoir organiser une commission d'enquête pour l'étude de cette question. Cette commission, composée de MM. Tyndal, Douglas, Sabine, Edwards, Drew-Atkings, Minster, et dont M. Douglas était rapporteur, publia bientôt un rapport, connu sous le nom de rapport *of the Trinity-House at the south-Foreland lighthouse*, et qui fut considéré pendant quelque temps comme le document le plus exact qu'on pouvait consulter. Toutefois les Américains, de leur côté, voulurent également étudier la question, et l'institut de Francklin, après avoir fait aux constructeurs de machines électro-magnétiques un appel qui ne fut entendu que par trois constructeurs seulement, nomma une commission composée de MM. Briggs Rogers, Chase, Houston, Thomson, Rand, Jones, Sartain, et Knight, laquelle, subdivisée en trois sous-commissions, fit un double rapport qui fut publié dans le *Bulletin de l'Institut de Francklin*, et dont nous donnerons les résultats numériques, à la suite de ceux de la commission, anglaise.

Nous croyons que, malgré l'importance de ces documents, la question est loin d'être résolue, et nous trouvons que dans ces différents travaux l'esprit de nationalité joue un trop grand rôle pour qu'on puisse s'y fier aveuglément. D'un autre côté, il est impossible de se fier aux chiffres donnés par les différents constructeurs et inventeurs de ces machines. Outre que la plupart n'ont pas les connaissances scientifiques nécessaires pour donner des résultats exacts, il est certains intérêts personnels dont il est impossible de faire disparaître l'influence dans les assertions émises, et quant à moi, je crois qu'il faut retrancher beaucoup des résultats annoncés. Au milieu de ce dédale, il est donc bien difficile de se reconnaître, et il serait à désirer qu'une commission internationale s'occupât d'élucider complétement la question. En attendant, nous donnons, dans les deux tableaux des pages 119, 120 et 121, les résultats obtenus par les commissions anglaises et américaines.

Pour qu'on puisse être fixé sur la valeur des chiffres de ces tableaux, nous devrons dire que l'étalon de lumière qui y a été adopté et qui est désigné sous le nom de *Candle* représente la lumière d'une bougie de Spermaceti dont l'intensité est équivalente aux huit dixièmes de la lumière d'une bougie de l'Étoile. Un bec Carcel représente 9 candles et demi environ (9ᶜ, 6). Les mesures linéaires sont estimées en pieds et pouces, et les poids en *tonnes, quintaux* ou *hundred weigts* (Cwt), quarterons et livres; mais nous en avons donné là traduction en mesures françaises, d'après M. Boistel, du moins pour le tableau anglais.

Dans le tableau des mesures anglaises on parle du *pouvoir rayonnant condensé* et du *pouvoir rayonnant diffus*. Il est important de bien s'entendre sur ces deux expressions. Le pouvoir *rayonnant condensé*, comme nous l'avons déjà indiqué p. 21, s'applique à la lumière fournie par un courant continu entre deux charbons, dont l'un étant creusé en forme de cratère est tourné de manière à former réflecteur et à renvoyer la lumière extérieurement, avec accroissement du pouvoir éclairant. Le pouvoir *rayonnant diffus* est celui qui résulte d'une lumière provoquée entre deux pointes de charbon dépourvues de cratère. Il est naturellement moins considérable que l'autre.

Dans le tableau américain, il est question de *footpounds* : c'est l'unité de force motrice, c'est-à-dire le *pied livre* qui répond à notre kilogrammètre ; il représente un kilogrammètre divisé par 7,233.

Le rapport de la commission anglaise conclut à la supériorité de la machine de M. Siemens (petit modèle). Suivant M. Tyndal, c'est le modèle qui se prête le mieux à l'accouplement des machines, et les effets en sont énormes pour ses petites dimensions. Nous devons toutefois faire observer que les chiffres donnés dans le tableau de la page 120-121 pour la machine Gramme se rapportent à des machines du modèle de 1875. Or les nouveaux modèles de 1876 ont donné des résultats infiniment supérieurs, non seulement par rapport au rendement des machines Gramme essayées en Angleterre, mais encore par rapport au rendement des machines Siemens préconisées par la commission anglaise. D'après des expériences faites en France, les valeurs se rapportant aux machines Gramme devraient être rectifiées de la manière suivante :

Pour un poids de ces machines de 175 kilog., et une force motrice de 2 chevaux et demi, avec un nombre de 850 révolutions par minute, le pouvoir rayonnant condensé serait 4297 *Candles*, et le pouvoir rayonnant diffus 2590, ce qui donnerait, par force de cheval, 1719 *Candles* pour le pouvoir rayonnant condensé, et 1036 pour le pouvoir rayonnant diffus ; la machine Gramme deviendrait alors la première par ordre de mérite.

Voici maintenant les conclusions de la commission américaine :

« Après avoir étudié avec soin tous les faits signalés dans les rapports qui lui ont été présentés, la commission conclut à l'unanimité que la machine Brush du petit modèle, quoique étant

7

en quelque sorte moins économique que la machine Gramme ou que la grande machine Brush, pour la production générale de la lumière et des courants électriques, est celle des différentes machines expérimentées qui est le mieux appropriée aux besoins de l'Institut, principalement pour les raisons suivantes :

« 1° Elle est admirablement disposée pour la production de courants d'intensité très différente et produit une bonne lumière.

« 2° Elle se fait remarquer par la manière dont sont disposées les différentes pièces mécaniques de la machine et particulièrement ses commutateurs ; elle permet, d'ailleurs, des réparations faciles. »

Il nous paraît extraordinaire qu'une machine *à commutateurs* puisse réaliser les avantages dont il est question dans ce rapport, et nous croyons que si cette machine était sortie du domaine de l'expérience scientifique, pour entrer dans le service pratique, les conclusions auraient été très différentes. Nous croyons du reste que la question est beaucoup moins connue en Amérique qu'en Europe, et c'est aussi l'avis de plusieurs savants américains [1].

[1] Voici ce que dit à ce sujet M. John Trowbridge dans le *Scientific American* du 11 janvier 1879, p. 25 :

« A l'égard de la lumière électrique, l'Amérique est bien loin de l'Europe comme progrès récents accomplis, et à moins qu'une grande invention ne vienne à se produire tout à coup en ce pays et qu'elle soit sanctionnée par l'office des patentes, ce n'est pas ici qu'il faudra chercher les nouveautés.

Cette infériorité n'existe pas seulement dans le nombre et la variété des lampes qui ont été présentées au public, mais encore dans la disposition donnée aux machines dynamo-électriques. En Europe nous voyons, à côté des différents modèles des machines Siemens, ceux des machines Gramme, dont la machine de Schuckert n'est qu'un type intéressant, et qui ont pu être disposées de manière à fournir des courants alternativement renversés, condition nécessaire pour obtenir l'usure régulière des charbons employés pour les lampes électriques. Nous voyons encore les machines Lontin qui donnent les mêmes résultats. Il semble qu'avec les machines étrangères il faille moins de force motrice pour obtenir une même quantité de lu-

Les conclusions de MM. Elihu Thomson et J. Houston sont du reste un peu différentes, et nous les croyons plus justes. Voici comment elles ont été formulées séparément :

« 1° La machine Gramme est la plus économique comme moyen de convertir la force motrice en courants électriques ; elle utilise dans l'arc 38 à 41 pour cent du travail moteur produit, après en avoir déduit les frottements et la résistance de l'air. Dans cette machine, la perte de force due aux frottements et aux actions locales est la moins considérable, sans doute à cause de sa moindre vitesse. Si l'on maintient l'arc lumineux dans ses conditions normales, il n'y a presque pas d'échauffement de produit dans la machine, et on ne peut guère constater au commutateur la présence d'étincelles.

« 2° La grande machine de Brush vient en second ordre pour l'efficacité. Elle produit dans l'arc lumineux un travail utile de 51 pour 100 de la force motrice employée, ou de 57 1/2 pour 100 après en avoir déduit les frottements. Elle n'est par le fait que de très-peu inférieure à la machine Gramme, mais elle a le désavantage d'exiger une très-grande vitesse et par

mière qu'avec les machines américaines, et qu'une moindre vitesse soit nécessaire pour leur fonctionnement, ce qui est un grand avantage.

L'Amérique n'a pu encore produire un régulateur électrique fonctionnant aussi bien que celui de M. Serrin, et les charbons étrangers sont supérieurs à ceux que l'on y trouve. On n'y a pas encore vu les charbons métallisés par les procédés galvanoplastiques qui empêchent leur échauffement au delà de leur point de combustion, et qui sont pourtant connus depuis longtemps en France. La lampe Brush et la lampe Wallace, les plus connues en Amérique, répondent bien aux besoins de l'éclairage général, et il n'y a pas plus d'une douzaine d'établissements, dans ce pays, éclairés par la lumière électrique, alors qu'on les compte par centaines sur l'ancien continent. L'éclairage par les effets d'incandescence n'ont pas non plus réussi en Amérique, soit que l'on ait placé les charbons dans le vide ou dans l'azote, soit que l'on ait employé des fils de platine et d'irridium ou de l'amiante platinisée. Les charbons se désagrégeaient ou craquaient après un certain temps, ou bien le métal fondait. Du reste, les deux systèmes que nous venons d'exposer, charbons et fils incandescents, ont été essayés en Europe, et on a constaté qu'ils étaient plus dispendieux que le système d'éclairage au gaz. »

suite d'être soumise à une plus grande perte de la part des frottements. Ce désavantage est, il est vrai, compensé par la faculté qu'elle possède de fonctionner avec une plus grande résistance extérieure, comparée à la résistance intérieure du générateur, ce qui annule pour ainsi dire l'échauffement de la machine. C'est, du reste, cette machine qui a donné la plus forte lumière et les courants les plus intenses.

« 3° La petite machine Brush vient en troisième rang avec un travail utile de l'arc estimé à 27 pour 100 du pouvoir moteur employé, soit 31 pour 100 avec déduction des frottements. Bien que cette machine soit en quelque sorte inférieure à la machine Gramme, elle est néanmoins une machine admirablement combinée pour la production des courants d'intensité, et permet de produire des courants de force électromotrice très différente. En disposant convenablement cette machine, la force électro-motrice peut être augmentée de 55 à 120 volts, et on peut répartir les courants qu'elle fournit entre deux circuits, avantage que du reste possèdent d'autres machines. La simplicité du commutateur et la facilité que leur disposition donne de les réparer facilement sont aussi des avantages dont il faut tenir compte. Cette machine, en outre, ne produit pas un grand échauffement.

« 4° La machine de Wallace Farmer ne restitue pas au circuit de travail une aussi grande proportion du pouvoir moteur que les autres machines, parce qu'elle emploie en travail électrique et dans un petit espace une grande partie de sa force ; cela résulte de ce que l'on a trop sacrifié à la production de l'action locale. En remédiant à ce défaut, on pourrait en faire une très bonne machine.

« Nous regrettons qu'une machine du type Siemens n'ait pas été mise à notre disposition. Quelle qu'en soit la valeur, nos déterminations auraient eu une plus grande importance, en fournissant des données sur une machine si favorablement connue et dans laquelle l'armature induite est si différente, quant au principe, de celles des autres machines, et qui, par la manière dont le fil est enroulé, favorise théoriquement le travail. »

MM. Thomson et Houston font remarquer que, si on veut comparer les résultats obtenus par eux avec ceux de la commission anglaise, il faut, en raison du mode de disposition des charbons du régulateur adopté dans les expériences anglaises, diviser par 2,87 les nombres représentant le pouvoir rayonnant condensé. Encore trouvent-ils un chiffre trop grand pour représenter le pouvoir lumineux de la machine de Gramme, qui serait 438 candles et qu'ils n'ont trouvé que de 383 candles. Cette circonstance nous montre que l'on ne peut se fier entièrement à tous ces chiffres, car ce nombre que ces messieurs trouvent trop élevé nous paraît déjà beaucoup trop faible en France. Il y a évidemment dans toutes ces mesures photométriques un défaut d'entente désolant qui prouve que toutes ces expériences sont à refaire.

En attendant nous croyons devoir consigner ici les résultats des expériences faites sur la machine Gramme par plusieurs ingénieurs et savants français dont les noms sont un sûr garant de leur exactitude.

Nous commencerons par les expériences de M. Tresca, faites chez MM. Sautter et Lemonnier, avec deux machines Gramme, du grand et petit modèle, et qui, étant animées d'une vitesse de 1274 tours par minute pour la grande, et de 872 tours pour la petite, fournissaient, la première, une lumière de 1850 becs Carcel, et la seconde une lumière de 300 becs. J'ai donné, dans mon *Exposé des applications de l'électricité*, t. V, p. 542, les détails de ces expériences, et je me contenterai d'en indiquer ici les conclusions.

D'après ces expériences, il résulterait que le travail moyen en kilogrammètres par seconde de la grande machine aurait été de 576,12 kilog., soit 7^{ch},68, ce qui donne, pour une lumière de 100 becs Carcel, 0^{ch},415, et pour un bec, par seconde, 0^k,51. Pour la petite, ce travail aurait été de 210,65 kilog., ou 2^{ch},81, ce qui donne, pour une lumière de 100 becs, 0^{ch},92, et pour un bec, par seconde, 0^k,69.

« Les machines, dit M. Tresca, ont marché avec régularité pendant un temps suffisant, pour qu'on ait pu constater l'absence de tout échauffement sensible. Aussi

le travail dépensé a-t-il très peu varié pendant le cours
des diverses séries d'expériences, quoique l'une des déterminations eût été faite à la suite d'un fonctionnement
prolongé. »

D'après les expériences faites à Mulhouse par MM. Heilmann, Ducommun et Steinlen, qui emploient maintenant
ce mode d'éclairage, chacune de leurs lampes, qui fournit
une lumière de 100 becs, n'exigerait comme travail mécanique dépensé que 1 ch, 65.

Les expériences faites par MM. Schneider et Heilmann,
avec plusieurs machines, ont fourni de leur côté les
résultats suivants :

Désignation des machines.	Nombre de tours des machines.	Travail absorbé en chevaux vapeur.	Intensité lumineuse au photomètre de Bunsen.	Observations sur les régulateurs.
		ch.	becs.	
Machine B.	816	1,921	95,6	Régulateur avec globe dépoli.
Machine B.	816	1,921	122,2	Régulateur sans globe ou globe dépoli.
Machine B.	804	1,980	86,8	—
Machine A.	810	1,849	85,3	—
Machine C.	763	1,833	103,2	—
Machine D.	883	1,560	68,7	—

Ces derniers résultats sont moins favorables que ceux
obtenus par M. Tresca, mais il ne faut pas perdre de vue
que celui-ci opérait dans des conditions exceptionnelles,
et peut-être n'avait-il pas tenu compte du pouvoir lumineux condensé. On peut, toutefois, conclure de toutes
ces expériences que c'est entre un et deux chevaux de
force, c'est-à-dire entre 0 ch, 92 et 1 ch, 80, qu'on peut
estimer la force motrice nécessaire à un éclairage de
100 becs Carcel, ce qui ferait, en partant du chiffre
moyen, 1, 47, qui se rapproche beaucoup de celui trouvé
par MM. Heilmann, Ducommun, 70 becs Carcel, par force
de cheval, pour une vitesse de 850 tours par minute.

D'après les chiffres de M. Tresca, ce serait 105 becs ou 1056 candles.

Comme on le voit, on est loin d'être fixé encore sur la valeur réelle de tous ces rendements; mais, il faut le dire aussi, les expériences sont très difficiles à faire, en raison de l'irrégularité des effets lumineux qui peuvent fournir des variations considérables d'un moment à un autre.

Il est une remarque importante qui a été faite sur le rendement des machines, suivant que la lumière est concentrée ou divisée, et sur laquelle nous devons encore appeler l'attention du lecteur.

D'après les expériences comparatives qui ont été faites, l paraîtrait qu'il faut une force motrice beaucoup plus grande pour obtenir la même lumière répartie sur plusieurs points que concentrée en un seul foyer, et voici à ce sujet ce que nous lisons dans le *Courrier des États-Unis* du 28 janvier 1879 :

« Étant donné, par un seul foyer, une lumière équivalente à 15 000 bougies, la même quantité de lumière répartie entre cinq foyers, intercalés dans un même circuit, sera réduite à 2 ou 3000 bougies pour la même force motrice; en d'autres termes, il faudra employer cinq ou six fois plus de force pour produire une lumière divisée que pour produire une lumière unique, et cette proportion s'augmentera en raison de la multiplicité des divisions. Toutefois, si ce principe est vrai, il aura sa contre-partie ou son correctif dans cet autre principe qui repose également sur une échelle de progression : c'est qu'en augmentant la force génératrice de l'électricité au delà de ce qui est nécessaire pour produire une certaine quantité de lumière, soit 15 000 unités pour un seul foyer, la déperdition par la division du courant diminuera non pas en raison directe, mais en raison progressive de l'excédant de force employée. Ainsi, si 80 chevaux de force sont nécessaires pour produire 15 000 unités de lumière à un seul foyer et que cette lumière soit réduite à 200 unités par la division, 160 chevaux ne produiront pas simplement 400 unités, mais une proportion plus considérable qui s'élèvera, non pas par addition, mais par multiplication, à mesure qu'un excès de force sera employé. Il n'est donc pas impossible d'obtenir une lumière divisée avec une certaine intensité, mais à la condition que la quantité d'électricité produite soit élevée à une puissance de beaucoup supérieure à celle donnant une lumière unique représentant le même nombre de bougies.

« La question est de savoir quelle est la proportion entre les deux termes, c'est-à-dire si la quantité de force requise pour la division utile n'est pas hors de proportion avec le résultat obtenu ou, en d'autres termes, s'il ne faudrait pas des appareils colossaux pour un effet médiocre, ce qui ramène le problème au prix de revient, et à celui d'installation et d'entretien. Cette question peut se formuler ainsi : Si une force de 80 chevaux produit une lumière de 15,000 bougies en un seul foyer, combien faudra-t-il de chevaux pour ramener la lumière obtenue à la même valeur de 15 000 bougies, divisée en foyers multiples ?

« C'est la solution de ce problème que cherche M. Edison, et il ne paraît pas qu'il l'ait trouvée. Or c'est la seule importante. M. Edison en est encore à inventer un générateur d'une puissance inconnue, et *il est sûr*, dit-il, d'y parvenir. Mais, en attendant, il en est à essayer ceux qui sont actuellement en usage, pour reconnaître sans doute celui qui approche le plus de son idéal, et dans lequel il pourra trouver les données les plus avantageuses pour construire le sien. » (*Voir les notes* B *et* C.)

CONSIDÉRATIONS SUR L'INFLUENCE DE LA RÉSISTANCE DES CIRCUITS EXTÉRIEURS.

Si l'on ne prenait en considération que la résistance propre des conducteurs qui composent un circuit extérieur, il est bien évident que le maximum de l'intensité électrique fournie par le générateur serait obtenu quand ce circuit présenterait le moins de résistance ; mais, comme une partie de ce circuit extérieur doit fournir, en l'un de ces points, une certaine résistance, pour produire de la lumière, cette résistance devient utile, et nous avons vu que, d'après la loi de Joule, comme, du reste, d'après les expériences faites par MM. Jamin et Becquerel, le maximum de l'effet est obtenu quand cette résistance utile est égale à la résistance inutile, augmentée de celle du générateur. C'est donc la résistance de l'arc qui est surtout à considérer à ce point de vue, et on aura toujours avantage à diminuer le plus possible celle des conducteurs utilisés à la simple propagation du fluide. Dans ces conditions, la perte que subit la lumière peut s'effectuer dans de plus ou moins grandes proportions, suivant la résistance du générateur, et cela peut, jusqu'à un certain point, se comprendre, si l'on considère que la résistance des conducteurs étant une quantité qui s'additionne à celle qui représente la résistance du générateur, elle doit se faire d'autant plus sentir dans le résultat définitif que l'on obtient, que la résistance du générateur est elle-même moins considérable. D'un autre côté, il faut considérer que l'augmentation de la résistance inutile du circuit, en diminuant l'intensité du courant électrique, diminue l'énergie de la résistance mécanique opposée au moteur, et, en lui permettant d'acquérir plus de vitesse, rend la perte de l'intensité électrique moins marquée ; on comprend d'ailleurs que l'inverse doive se produire quand la résistance du circuit diminue au lieu d'augmenter. Voici, en effet, les résultats de quelques expériences faites à South-Foreland, qui peuvent donner quelques indications à cet égard.

Entre le phare et l'atelier des machines, éloignés l'un de l'autre de 694 pieds, on avait établi, pour le service de la lumière électrique, trois câbles, dont deux, composés chacun de sept fils de cuivre du n° 14 (B. W. G.), et réunis pour constituer le circuit, formaient une longueur totale de 1286 pieds avec une résistance de 0,32 unités Siemens, soit à peu près 33 mètres de fil télégraphique.

Avec la machine de Holmes qui présentait la plus grande résistance, la perte d'intensité lumineuse fut estimée à 16, 1 pour 100 ; avec la machine Gramme d'une résistance beaucoup moindre, elle fut estimée à 31,5 pour 100, et avec la machine de M. Siemens, la moins résis-

tante de toutes, elle put atteindre 45,4 pour 100. En
employant un câble moins résistant, cette perte, avec la
machine de Siemens, fut réduite à 23 et 24 pour 100;
mais elle devenait 35 pour 100 quand, en accouplant deux
machines de Siemens en quantité, leur résistance totale
était diminuée de moitié. L'application de ce câble moins
résistant à une machine de *l'Alliance* provoqua une perte
de 69,1 pour 100 de la lumière totale, et avec la machine de Holmes cette perte s'éleva à 66,1 pour 100.
Enfin avec deux machines de Holmes accouplées la perte
s'éleva à 76,5 pour 100. Ces expériences montrent donc
que, pour obtenir les conditions de maximum de lumière,
il faut que la résistance des fils conducteurs soit en rapport avec celle de la machine.

CONSIDÉRATIONS SUR LES RÉSULTATS PRODUITS PAR L'ACCOUPLEMENT DE
DEUX MACHINES, AU POINT DE VUE DE LA LUMIÈRE PRODUITE.

D'après les expériences faites à South-Foreland avec les
machines magnéto-électriques accouplées, on a pu remarquer que la lumière produite par deux machines accouplées en quantité était plus intense que la somme
des lumières produites par chacune d'elles agissant isolément. Ainsi deux machines Siemens ayant donné isolément deux lumières dont l'intensité était représentée
par 4 446 et 6 563 Candles ont fourni, étant réunies en
quantité, une lumière équivalente à 13 179 Candles, soit
19,7 pour 100 de plus que la somme des lumières produites séparément, et ce résultat n'est pas particulier aux
machines Siemens, car on le retrouve avec les machines
Gramme; mais il est beaucoup plus accentué avec les
premières. Nous avons du reste donné les résultats de
ces expériences dans le tableau de la page 120-121. Cela
nous prouve, conformément à ce que nous avons dit précédemment, p. 115, que l'on a plus d'avantages, sous le
rapport de l'intensité lumineuse, à concentrer l'action électrique en un seul foyer qu'à la diviser entre plusieurs.

TABLEAU DES EXPÉRIENCES AMÉRICAINES.

NOMS DES MACHINES.	POIDS EN POUNDS.	FILS DE CUIVRE DE L'ARMATURE. Grand.	FILS DE CUIVRE DE L'ARMATURE. Poids.	DU SYSTÈME MAGNÉTIQUE. Grand.	DU SYSTÈME MAGNÉTIQUE. Poids.	RÉVOLUTIONS DES ARMATURES PAR MINUTE.	FOOT-POUNDS DU POUVOIR DÉPENSÉ PAR CANDLE DE LUMIÈRE.	CHEVAUX DE FORCE.	LUMIÈRE PRODUITE EN CANDLES. Total	LUMIÈRE PRODUITE EN CANDLES. Par force de cheval.	FOOT-POUNDS DU POUVOIR DÉPENSÉ PAR CANDLE DE LUMIÈRE.	GRANDEURS DES CHARBONS.	LONGUEUR DE CHARBON CONSUMÉ PAR HEURE. +	LONGUEUR DE CHARBON CONSUMÉ PAR HEURE. −
Grande Brush	475	0,81 in	32 lbs	134 in	400 lbs	1340	107,606	3,26	1230	377	87,4	$\frac{3}{8} \times \frac{3}{8}$	1,78	0,34
Petite Brush.	390	0,63 in	24 lbs	96 in	80 lbs	1400	124,248	3,76	900	230	137	$\frac{3}{8} \times \frac{3}{8}$	1,91	0,58
Grande Wallace . . .	600	0,42 in	50 lbs	114 in	125 lbs	800			823					
Petite Wallace	350	0,43 in	18¾ lbs	98 in	44 lbs	1000	128,544	3,89	440	113	202	$\frac{1}{4} \times \frac{1}{4}$	2,45	0,073
Gramme	306	0,59 in	9½ lbs	108 in	57½ lbs	800	60,992	1,84	705	383	85	$\frac{1}{4} \times \frac{1}{4}$	3,15	0,55

SYSTÈMES DE MACHINES.	PRIX.	DIMENSIONS.			POIDS.	FORCE MOTRICE ABSORBÉE EN CHEVAUX VAPEUR.	RÉVOLUTIONS PAR MINUTES.
		Long.	Larg.	Haut.			
	Fr.	Mèt.	Mèt.	Mèt.	Kilogr.		
HOLMES	13,750	1,5	1,32	1,57	2609,138	3,2	400
ALLIANCE.	12,350	1,32	1,37	1,47	1852,774	3,6	400
GRAMME . . . . . N° 1.	8,000	0,79	0,79	1,24	1296,624	5,3	420
GRAMME . . . . . N° 2.	8,000	0,79	0,79	1,24	1296,624	5,74	420
SIEMENS . . . . . Grand Mod.	6,625	1,14	0,74	0,36	592,924	9,8	480
SIEMENS . . . . . Mod. moyen, n° 58.	2,500	0,66	0,74	0,254	190,680	3,5	850
SIEMENS . . . . . Mod. moyen, n° 68.	2,500	0,66	0,74	0,254	190,680	3,3	850
2 HOLMES . . . . Accoup. entre elles.	27,750	3,00	1,32	1,57	5218,276	6,5	400
2 GRAMME . . . . Accoup. entre elles.	16,000	1,58	0,79	1,24	2593,248	10,5	420
2 SIEMENS . . . . Mᵈˢ moy. nᵒˢ 58 et 68. Accoup. entre elles.	5,000	1,32	0,74	0,254	381,360	6,6	850

EXPÉRIENCES ANGLAISES.

INTENSITÉS LUMINEUSES TOTALES.				INTENSITÉS LUMINEUSES PAR CHEVAL-VAPEUR DE FORCE MOTRICE ABSORBÉE.				DIMENSIONS DES CRAYONS.	CLASSEMENT DES MACHINES PAR ORDRE DE MÉRITE.
LUMIÈRE CONDENSÉE.		LUMIÈRE DIFFUSE.		LUMIÈRE CONDENSÉE.		LUMIÈRE DIFFUSE.			
Candles	Becs Carcel.	Candles	Becs Carcel.	Candles	Becs Carcel.	Candles	Becs Carcel.		
1523	217,57	1523	217,57	476	68,00	476	68,00	$\frac{9}{5} \times \frac{9}{5}$	6
1955	279,00	1955	279,00	543	77,57	543	77,57	$\frac{9}{5} \times \frac{9}{5}$	5
6663	951,86	4016	573,71	1257	179,57	758	108,29	$\frac{12}{7} \times \frac{12}{7}$	4
6663	951,86	4016	573,71	1257	179,57	758	108,29	$\frac{17}{5} \times \frac{17}{5}$	4
14848	2116,86	8932	1276,00	1512	216,00	911	130,14	$\frac{17}{5} \times \frac{17}{5}$	3
5539	791,29	3339	477,00	1582	226,00	954	136,29	$\frac{12}{7} \times \frac{12}{7}$	2
6864	980,57	4138	591,14	2080	297,14	1254	179,14	$\frac{12}{7} \times \frac{12}{7}$	1
2811	401,57	2811	401,57	432	61,71	432	61,71	$\frac{12}{7} \times \frac{12}{7}$	—
11596	1628,00	6869	981,29	1085	155,00	654	93,29	$\frac{17}{5} \times \frac{17}{5}$	—
14134	2019,14	8520	1217,14	2141	305,86	1291	184,43	$\frac{17}{7} \times \frac{17}{5}$	—

ORGANES EXCITATEURS DE LA LUMIÈRE ÉLECTRIQUE.

Lumière produite entre des électrodes de charbon.
— Nous avons vu au commencement de ce travail que la
lumière électrique résultait du passage d'une décharge
ou courant électrique à travers un corps aériforme ou
solide, doué d'une assez faible conductibilité pour rougir
sous l'influence de l'énorme chaleur développée par suite
de ce passage. Nous avons également vu que, pour obtenir cette illumination dans les conditions les plus favorables au développement de la lumière, il fallait employer
comme organes excitateurs ou électrodes des corps susceptibles de se désagréger et de brûler facilement, et
que de tous ces corps c'était le charbon qui donnait
les meilleurs résultats. Nous allons maintenant nous
occuper des meilleures conditions de ces organes excitateurs.

C'est Davy qui a eu le premier l'idée d'employer des
charbons comme électrodes pour développer l'arc voltaïque ; mais ces charbons étaient des baguettes de charbon de bois éteint dans de l'eau[1]. Toutefois leur usure
était si prompte que d'autres physiciens cherchèrent à
substituer au charbon de bois un charbon plus durable,
et c'est M. Foucault qui, le premier, pensa à utiliser dans
ce but les produits de la houille, déposés sur les parois
des cornues où on brûle ce combustible pour en tirer le
gaz, et il obtint de cette manière un arc voltaïque d'une
durée beaucoup plus longue.

Néanmoins le charbon de cornue laissait beaucoup à
désirer, car sa compacité n'étant pas uniforme et se trou-

---

[1] Avec l'étincelle d'induction, ce sont les charbons de bois qui
donnent le plus d'éclat à la lumière qu'elle produit, et avec deux électrodes de charbon de braise on obtient de la lumière rayonnante.

vant lui-même mélangé à des matières terreuses et particulièrement à des matières siliceuses, la lumière produite était loin d'être stable; elle était vacillante et
présentait des différences d'éclat considérables. Les charbons, d'un autre côté, se désagrégeant à la suite de la
fusion de ces matières siliceuses, éclataient souvent et se
trouvaient même la plupart du temps accompagnés de
vapeurs qui, étant plus conductrices que l'arc, écoulaient
une partie du courant à l'état de décharge obscure.

En choisissant, il est vrai, convenablement ces charbons
et en les découpant dans les parties homogènes des dépôts, ce que l'on peut aujourd'hui distinguer plus facilement qu'autrefois, on pouvait néanmoins parvenir à
obtenir de bons charbons ; mais ce système d'excitateur
de l'arc voltaïque a été longtemps décrié, et a été souvent
un obstacle à l'extension des applications de la lumière
électrique. Aujourd'hui encore, et malgré les progrès qui
ont été apportés dans ces derniers temps à la fabrication
des charbons à lumière, on trouve un certain nombre
de personnes qui donnent la préférence aux charbons
de cornue.

Les inconvénients des charbons de cornue (à lumière
électrique) que nous venons de signaler n'ont pas tardé,
comme on devait s'y attendre, à engager les industriels
et les physiciens à trouver des moyens de les fabriquer de
toutes pièces et de telle façon que, étant aussi durs que
les charbons de cornue, ils pussent être beaucoup plus
purs dans leur composition chimique et plus homogènes
dans leur composition physique. On y est à peu près parvenu par certains procédés dont nous allons parler ; mais
on s'est aussi demandé si on n'aurait pas un plus grand
avantage à allier à ces charbons fabriqués certains sels
métalliques qui, sous la triple influence de l'action électrolytique, de l'action calorifique et de l'action réductrice
du carbone, pourraient donner lieu à une précipitation à
l'électrode négative des métaux entrant dans leur com-

position, lesquels métaux pouvaient être choisis de manière à brûler en présence de l'air au fur et à mesure de leur production et qui devaient ainsi ajouter leur lumière à celle de l'arc voltaïque. MM. Carré, Gauduin, Archereau, ont fait à cet égard des expériences que nous rapportons plus loin; mais les résultats n'ont été qu'à moitié satisfaisants, car il est rare que l'introduction de ces sels dans les charbons n'entraîne pas la formation de vapeurs, et comme ces vapeurs rendent, ainsi qu'on l'a vu, la lumière vacillante et instable, on a préféré généralement employer le carbone seul.

Dès l'année 1846, MM. Staite et Edwards avaient fait breveter, pour former des électrodes pour la lumière électrique, un mélange de coke pulvérisé et de sucre qui, étant moulé, malaxé et fortement comprimé, était soumis à une première cuisson après laquelle on ajoutait une dissolution concentrée de sucre, puis à une seconde cuisson à la chaleur blanche. Trois ans plus tard, en 1849, M. Lemolt fit breveter dans le même but des charbons composés de 2 parties de charbon de cornue, de 2 parties de charbon de bois, de 1 partie de goudron liquide. Ces substances réduites en pâte étaient ensuite soumises à une forte compression, puis recouvertes d'un enduit de sirop de sucre et cuites pendant 20 ou 30 heures à une haute température. Elles étaient ensuite purifiées par des immersions successives dans des acides. En 1857, MM. Lacassagne et Thiers eurent l'idée de purifier les baguettes de charbon de cornue en les faisant tremper dans un bain composé d'une certaine quantité de potasse ou de soude caustique, fondue par voie ignée. Cette opération, suivant les auteurs, avaient pour but de transformer en silicates de potasse ou de soude solubles la silice contenue dans les charbons, et il ne restait pour les purifier qu'à les tremper pendant quelques instants dans de l'eau bouillante, puis à les soumettre, dans un tube en porcelaine ou en terre réfractaire chauffé au rouge, à un courant de chlore, pour faire passer les différentes terres que la potasse ou la soude n'avaient pas attaquées, à l'état de chlorures volatils de silicium, de calcium, de potassium, de fer, etc. Peu après ces expériences, M. Curmer voulut constituer les charbons de toutes pièces par la calcination d'un mélange de noir de fumée, de benzine et d'essence de térébenthine, le tout moulé sous forme de cylindre. La décomposition de ces matières laissait un charbon poreux qu'on imbibait de résine et de matières sucrées et qu'on calcinait de nouveau. Ces charbons étaient peu denses et peu conducteurs, mais ils étaient très réguliers et exempts de toute impureté.

C'est M. Jacquelain, ancien chimiste de l'École centrale, qui, aux époques dont nous parlons, avait le mieux réussi, et les expériences de lumière électrique faites avec ses charbons à l'administration des phares avaient été si concluantes, qu'on croyait le problème résolu. Je ne puis m'empêcher de reproduire ici, à propos de ces expériences, une lettre que m'avait écrite, en 1858, M. Berlioz, alors directeur de la compagnie l'*Alliance*, homme positif et éclairé qui s'était montré jusque-là peu enthousiaste des résultats produits par ses machines :

. . . .

« J'aurais désiré vous écrire plus tôt pour vous donner des nouvelles de la machine : elle va bien, parfaitement bien, sa force augmente, et nous avons une *lumière admirable*. C'est là ce à quoi je tenais et ce que je voulais vous apprendre; car c'est à vous, comme toujours, que nous devons cette circonstance si importante. Vous m'avez, en effet, engagé à aller voir M. Jacquelain pour son charbon de carbone pur, et ce charbon donne une *lumière fixe, sans flamme*, et d'un éclat bien remarquable. Je regrette que vous ne soyez pas ici, car vous avez été assez bon pour donner à notre machine des soins paternels. Ce soir, je fais de la lumière en présence de mon conseil de surveillance. Nous lisons une écriture très fine à 60 mètres de distance, et nous lirions sans doute à près d'un kilomètre, si l'espace nous l'avait permis. Nous avons aussi illuminé magnifiquement le dôme des Invalides, qui est à environ. 300 mètres de notre appareil ; mais nous ferons bientôt, je l'espère, l'expérience sur la Seine, à bord d'un bateau à vapeur, ainsi que vous nous l'avez conseillé.

« Ainsi, avec notre machine remplaçant la pile de Volta, avec le charbon Jacquelain, avec un mécanisme régulateur adapté à des courants alternativement contraires, et avec un bon réflecteur, le problème de la lumière électrique à bord des navires en mer sera complètement résolu.

« Agréez, etc. BERLIOZ. »

Système Jacquelain. — Pour obtenir un carbone pur, M. Jacquelain a eu recours aux carbures d'hydrogène représentés soit par les goudrons résultant de la distillation des houilles, des schistes, des tourbes, etc., soit par les nombreux produits qui prennent naissance pendant la carbonisation de ces combustibles en vase clos, soit par les huiles lourdes de houille, de schiste ou de tourbe, soit par toute matière organique volatilisable.

« Ces matières organiques, dit M. Jacquelain, emmagasinées dans un réservoir en fonte, sont introduites dans une chaudière en fonte, qui est à un niveau inférieur, par un tube de communication muni d'un robinet, pour y entrer en ébulition. Cette chaudière est pourvue d'un robinet de vidange. De là les vapeurs se dirigent, par un tuyau en fonte, dans une cornue horizontale en terre réfractaire munie d'un écran susceptible de retarder le mouvement du produit gazeux, et mise en communication avec deux récipients en fonte formant un U renversé et qui sont destinés à recueillir le noir de fumée. On désobstrue la cornue au moyen d'un ringard. Enfin, sur le dernier récipient qui fait la seconde branche de l'U renversé, vient s'embrancher un tube recourbé qui dirige sous une grille le gaz hydrogène ainsi que le carbone et les produits volatils qui auraient échappé à la décomposition par la chaleur[1]. »

Malheureusement, ce procédé était très incomplet et

---

[1] Voir *Description des brevets,* t. LXXII, p. 421 (28 octobre 1859).

ne présentait aucune sûreté dans la qualité des produits ;
à côté de charbons excellents, qui donnaient des résultats
très satisfaisants, on en avait d'autres très mauvais qui
étaient quelquefois même inférieurs à ceux provenant
des·charbons de cornue ; c'est ce qui a décidé en 1868
M. Carré à étudier de nouveau le problème, et voici ce
qu'il en dit dans les Comptes rendus de l'Académie des
sciences du 19 février 1877, p. 346.

Système de M. Carré. — « La supériorité des charbons
factices pour les diverses expériences, dit M. F. Carré,
la possibilité de purifier·les poudres charbonneuses qui
les composent par des lavages alcalins, acides, à l'eau
régale etc., m'amenèrent alors à chercher des moyens de
les produire économiquement. En humectant les poudres soit avec des sirops de gomme, de gélatine, etc.,
soit avec des huiles fixes épaissies avec des résines, j'ar-
rivai à en former des pâtes suffisamment plastiques et
consistantes pour s'étirer en baguettes cylindriques dans
une filière placée sur le fond d'une puissante presse à
piston et sous la pression d'environ 100 atmosphères.
L'industrie tire aujourd'hui parti de ce procédé et produit
les charbons que j'ai présentés à diverses époques à
l'Académie des sciences et à la Société d'encouragement.

« Ces charbons sont 3 à 4 fois plus tenaces et surtout bien
plus rigides que ceux de cornue; on les obtient de longueur
illimitée, et des cylindres de 10 millimètres de diamètre
peuvent être employés sur une longueur de 50 centimètres
sans crainte de les voir fléchir ou se croiser pendant les rup-
tures de circuit, comme cela arrive trop souvent avec les autres;
on les obtient aussi facilement aux diamètres les plus réduits
(2 millimèt.) qu'aux plus gros.

« Leur homogénéité chimique et physique donne une grande
stabilité au point lumineux ; leur forme cylindrique, jointe à la
régularité de leur composition et de leur structure, fait que
leurs cônes se maintiennent aussi parfaitement taillés que s'ils
étaient usés au tour ; dès lors plus d'occultations du point lumi-

neux maximum, comme celles qui sont produites par les cornes saillantes et relativement froides des charbons de cornue; ils n'ont pas l'inconvénient d'éclater à l'allumage comme ceux-ci par la dilatation énorme et instantanée des gaz renfermés dans leurs cellules closes, quelquefois de plus de 1 millimètre cube. En leur donnant une même densité moyenne, ils s'usent d'une même quantité à section égale; ils sont beaucoup plus conducteurs, et même, sans addition de matières autres que le carbone, ils sont plus lumineux dans le rapport de 1,25 à 1. »

La préparation que M. Carré préfère est une composition de coke en poudre, de noir de fumée calcinée et d'un sirop de sucre formé de 30 parties de sucre de canne et de 12 parties de gomme. La formule suivante est indiquée dans son brevet du 15 janvier 1876 :

Coke très pur en poudre fine.	15 parties.
Noir de fumée calciné.	5 —
Sirop de sucre	7 à 8 —

Le tout est fortement trituré et additionné de 1 à 3 parties d'eau pour compenser les pertes par évaporation et selon le degré de dureté à donner à la pâte. Le coke doit être fait avec les meilleurs charbons pulvérisés et purifiés par des lavages. La pâte est alors comprimée et passée par une filière, puis les charbons sont étagés dans des creusets et soumis pendant un temps déterminé à une haute température. On peut trouver dans l'ouvrage de M. H. Fontaine, p. 54, le détail des opérations qu'il y a à faire pour la préparation de ces charbons.

Nous ajouterons que M. Carré, voulant donner aux projections de la lumière électrique les teintes les plus favorables, surtout dans les effets de théâtre, est parvenu à disposer ses charbons de manière à fournir eux-mêmes cette teinte qui, au lieu d'être d'un blanc bleuâtre, devient d'un jaune rosé très favorable pour faire valoir le teint des actrices.

La fabrication de M. Carré, depuis les grandes expériences faites par la Compagnie Jablochkoff, a pris une extension considérable, et, grâce à l'établissement en grand de ses procédés, il peut livrer les charbons à 50 p. 100 meilleur marché que dans l'origine. Aujourd'hui ces charbons sont d'un prix très abordable dans la pratique, et c'est une grande facilité donnée au développement des applications de la lumière électrique.

Système de M. Gauduin. — Les charbons fabriqués par M. Gauduin sont en carbone pur, et c'est le noir de fumée qui en est la base ; mais, comme le prix de ce corps est relativement élevé, que son maniement est difficile, M. Gauduin a dû chercher ailleurs une meilleure source de carbone, et il l'a trouvée dans la décomposition, par la chaleur en vase clos, des brais secs, gras ou liquides, des goudrons, résines, bitumes, essences et huiles naturelles ou artificielles, des matières organiques susceptibles de laisser du carbone suffisamment pur après leur décomposition par la chaleur.

Ces produits déposés dans des creusets sont chauffés au rouge clair, et les produits volatils sont conduits dans une chambre de condensation, d'où ils sont dirigés, par un serpentin en cuivre, avec les produits liquides, tels que goudrons, huiles, essences et carbures d'hydrogène, dans un autre serpentin où on les recueille pour être utilisés à la fabrication des charbons. Il reste dans la cornue du charbon plus ou moins compact qu'on pulvérise aussi finement que possible et qu'on agglomère soit seul, soit mêlé à une certaine quantité de noir de fumée, au moyen des carbures d'hydrogène obtenus comme produits secondaires.

Ainsi préparés, ces carbures sont complètement exempts de fer et sont bien préférables à ceux qu'on trouve dans le commerce. L'inventeur se sert, pour le moulage de ses charbons, de moules en acier capables de résister aux plus hautes pressions d'une forte presse hydraulique. Ces moules sont disposés en filières, et leur disposition a été très perfectionnée par M. Gauduin, car, par son procédé, les crayons sont constamment soutenus sur toute leur longueur et ils ne cassent plus sous leur propre poids, comme cela leur arrivait souvent avec les filières ordinaires.

Dernièrement, M. Gauduin a perfectionné son procédé. Au lieu de carboniser du bois, de le réduire en poudre et de l'agglomérer ensuite, l'inventeur prend du bois sec convenablement choisi, auquel il donne la forme du crayon définitif; puis il le convertit en charbon dur et l'imbibe finalement comme dans la fabrication que nous avons décrite. La distillation du bois se fait lentement, de manière à chasser les corps volatils, et le séchage final est obtenu dans une atmosphère réductrice d'une température très élevée. Un lavage préalable dans les acides et les alcalis enlève au bois les impuretés qu'il possède.

M. Gauduin indique également le moyen de boucher les pores du bois, en le faisant chauffer au rouge et en le soumettant à l'action du chlorure de carbone et de divers carbures d'hydrogène. Il espère ainsi produire des charbons électriques s'usant peu et donnant une lumière absolument fixe.

Ces charbons, toutefois, n'ont pas répondu aux espérances qu'ils avaient fait naître : aussi n'ont-ils pu se répandre beaucoup dans le commerce, et il n'est guère que la maison Sautter et Lemonnier qui les emploie. Aujourd'hui encore on s'en procure difficilement, et il est douteux qu'ils puissent soutenir la concurrence avec ceux de M. Carré, qui emploient pour matière première un corps (le coke) que l'on trouve à un prix très bas.

Effets résultant de l'addition des sels métalliques aux charbons préparés pour la lumière électrique. — Comme nous l'avons vu p. 125, on a cherché si l'on pourrait avoir avantage à allier aux charbons des sels métalliques pouvant fournir, indépendamment de l'arc voltaïque, une lumière propre à la combustion des métaux transportés à l'électrode négative. Voici les expériences qui ont été entreprises à cet égard par MM. Gauduin, Carré, Archereau.

Les substances introduites dans le carbone pur par M. Gauduin afin d'augmenter la puissance lumineuse de l'arc voltaïque ont été : le phosphate de chaux des os, le chlorure de calcium, le borate de chaux, le silicate de chaux, la silice précipitée pure, la magnésie, le borate de magnésie, le phosphate de magnésie, l'alumine, le silicate d'alumine. Les proportions étaient calculées de manière à introduire 5 % d'oxyde après la cuisson des crayons. Ceux-ci étaient soumis à l'action d'un courant électrique, toujours de même sens, fourni par une machine Gramme assez puissante pour entretenir un arc voltaïque de 10 à 15 millimètres de longueur. Or, voici les résultats obtenus :

1° Le phosphate de chaux a été décomposé, et le calcium réduit a brûlé au contact de l'air avec une flamme rougeâtre ; la lumière mesurée au photomètre a été double de celle qui est produite par des charbons de même section taillés dans les résidus de cornues à gaz. La chaux et l'acide phosphorique se sont, il est vrai, répandus dans l'air en produisant une fumée assez abondante ;

2° Le chlorure de calcium, le borate et le silicate de chaux se sont également décomposés. Mais les acides borique et silicique ont paru échapper par la volatilisation à l'action de l'électricité. La lumière fournie a été moindre qu'avec le phosphate de chaux ;

3° Le silice a rendu les charbons moins conducteurs et a diminué la lumière ; elle fond d'ailleurs et se volatilise sans être décomposée ;

4° La magnésie, le borate et le phosphate de magnésie ont été décomposés, et le magnésium en vapeur se rendant au pôle négatif a brûlé au contact de l'air avec une flamme blanche qui a augmenté beaucoup la lumière, mais moins cependant qu'avec les sels de chaux. La magnésie, les acides borique et phosphorique se sont répandus dans l'air à l'état de fumée ;

5° L'alumine, le silicate d'alumine, ont été difficiles à décomposer ; il a fallu, pour y arriver, un fort courant et un arc voltaïque considérable. Dans ces conditions, on voit l'aluminium en vapeur sortir du pôle négatif comme un jet de gaz et brûler avec une flamme bleuâtre peu éclairante.

De son côté, M. Archereau a reconnu que l'introduction de la magnésie dans les charbons préparés pour la lumière électrique peut augmenter leur pouvoir éclairant dans le rapport de 1 à 1,34.

Enfin, suivant M. Carré, il paraîtrait :

1° Que la potasse et la soude doubleraient au moins la longueur de l'arc voltaïque, le rendraient muet, et qu'en se combinant à la silice qui existe toujours dans les charbons de cornue ils l'éliminent en la faisant fluer à 6 ou 7 millimètres des pointes, à l'état de globules vitreux, limpides et souvent incolores. La lumière serait augmentée par cette réaction dans le rapport de 1,25 à 1 ;

2° Que la chaux, la magnésie et la strontiane augmenteraient cette lumière dans le rapport de 1,50 ou 1,50 à 1 en la colorant diversement ;

3° Que le fer et l'antimoine porteraient cette augmentation à 1,60 et 1,70 ;

4° Que l'acide borique augmenterait la durée des charbons, en les enveloppant d'un enduit vitreux qui les isole de l'oxygène, mais sans augmenter la lumière ;

5° Qu'enfin l'imprégnation des charbons purs et régulièrement poreux avec des dissolutions de divers corps est un moyen commode et économique de produire leurs spectres, mais qu'il est préférable de mélanger les corps simples aux charbons composés.

Charbons métallisés.—Suivant M. E. Reynier, les char-

bons s'usant un peu par leur combustion sur leurs faces
latérales, qui sont souvent rougies en pure perte pour la
lumière sur une longueur de 7 ou 8 centimètres au-dessus et au-dessous du point lumineux, on aurait avantage
à les recouvrir d'une enveloppe métallique, afin d'éviter
cette combustion latérale. Il résulte en effet des expériences faites par lui dans les ateliers de MM. Sautter et
Lemonnier, avec une machine Gramme du modèle de 1876,
que les charbons métallisés s'usent sensiblement moins
que les charbons ordinaires, et voici les résultats de ces
expériences.

DIMENSIONS DES CHARBONS.	ÉTAT DE LA SURFACE DES CHARBONS	LONGUEURS DES CHARBONS DÉPENSÉS EN UNE HEURE			MESURES PHOTO-MÉTRIQUES EN BECS CARCEL
		Au pôle +	Au pôle −	Total	Becs
$d = 7^{mm}$	Nue . . .	166^{mm}	68^{mm}	234^{mm}	947
$S = 0^{cc},5846$	Cuivrée..	146	40	186	»
	Nikelée..	106	38	144	947
$d = 9^{mm}$	Nue . . .	104	50	154	528
$S = 0^{cc},6358$	Cuivrée..	98	34	132	553
	Nikelée..	68	36	104	516

« Ces expériences, dit-il, ont été faites avec des charbons
Carré et une lampe Serrin. On a remarqué d'un autre côté
qu'avec les charbons *nus*, c'étaient ceux du plus petit diamètre
qui avaient la taille la plus longue, ce qui est rationnel; mais
on a reconnu aussi qu'avec les charbons *métallisés*, c'était l'inverse qui avait lieu, ce qui est difficile à expliquer.

« On peut toujours conclure de ces expériences :

« 1° Qu'indépendamment de l'amélioration apportée à la
taille du charbon positif, le nickelage des charbons prolonge
de 50 pour cent la durée des charbons de 9^{mm}, et de 62 pour

cent la durée des charbons de 7^{mm}. Le cuivrage l'augmente aussi, mais d'une quantité qui est intermédiaire entre la durée des charbons nus et des charbons nickelés.

« 2° Qu'à section égale, la métallisation des charbons ne semble pas modifier le rendement lumineux qu'ils fournissent à l'état naturel.

« 3° Que le pouvoir lumineux des charbons de petit diamètre est de beaucoup supérieur, pour une même intensité électrique, à celui des charbons de grand diamètre, ce qui tient d'un côté à ce que les corps conducteurs interposés dans un circuit composé de conducteurs de grosse section ou de bonne conductibilité s'échauffent d'autant plus qu'ils ont un plus faible diamètre ; d'un autre côté, à ce que la polarisation, étant d'autant plus énergique que les charbons sont plus petits, concentre davantage l'effet calorifique qui en résulte et dont nous avons parlé p. 20 ; enfin à ce que, pour obtenir le maximum de lumière, il faut que la résistance du circuit de l'arc voltaïque se rapproche le plus possible de celle du générateur.

« 4° Que la métallisation, en permettant d'employer des charbons de petite section au lieu de gros, pour une même durée d'action, donne des résultats avantageux. Cette métallisation s'effectue d'ailleurs galvaniquement. »

Suivant M. A. Ikelmer, ce système de métallisation des charbons ne pourrait donner des effets avantageux qu'autant qu'il pourrait diminuer la résistance que les charbons opposent à la propagation du courant, et comme cette légère couche métallique s'oxyde sous l'influence de la haute température à laquelle elle est soumise et qu'elle se désagrège sur une longueur qui peut atteindre 8 et même 10 centimètres, l'amélioration de la conductibilité des charbons pas plus que leur incombustibilité latérale ne peuvent être obtenues de cette manière. En conséquence, il pense que le problème serait beaucoup mieux résolu, du moins au point de vue de la meilleure conductibilité à donner aux charbons, en les associant à des tiges métalliques. Ces tiges pourraient être placées soit à l'intérieur des baguettes de charbon elles-mêmes, soit des deux côtés de l'isolant, avec les bougies électriques, et de cette

manière elles pourraient s'échauffer sans danger d'oxydation. M. Jablochkoff, qui avait breveté ce système de baguettes dès le mois de novembre 1878, n'y trouve d'avantages qu'en ce qu'il permet de rendre beaucoup moins
grande l'usure des électrodes, et si au lieu d'un revêtement de charbon on emploie un revêtement de magnésie
et une tige de fer, comme il l'a fait quelquefois pour con-
fectionner ses bougies, cette usure peut être huit fois
moins grande ; mais on n'obtient ce résultat qu'aux dépens
de l'éclat de la lumière produite qui se trouve alors réduite
à celle de six ou huit becs de gaz. Néanmoins, comme il
est des cas où l'on a avantage à augmenter la durée de la
bougie au préjudice de l'intensité lumineuse, il a fait breveter ce système, pensant l'employer en Russie pour l'é-
clairage des wagons pendant la nuit.

**Effets de la chaleur sur la conductibilité des char-
bons.** — La chaleur, on le sait, modifie la conductibilité
électrique des corps, elle diminue celle des conducteurs
métalliques, mais elle augmente généralement celle des
corps médiocrement conducteurs, solides ou liquides[1],
et le charbon est précisément dans ce cas. D'après les
recherches de M. Borgman, l'élévation de la température
d'un corps charbonneux au point de lui faire atteindre
le rouge orangé diminuerait sa résistance dans les rapports suivants :

Pour le charbon de bois : de	0,00370	entre 26° et 260° centig.
Pour l'anthracite Dormez :	0,00265	— 20° et 260°	—
Pour la plombagine Alibert :	0,00082	— 25° et 250°	—
Pour le coke : •	0,00026	— 26° et 275°	—

Il paraîtrait même qu'un faible rayonnement calorifique déterminerait une diminution de résistance dans
des plaques de charbon de bois ; et entre 100 et 125 de-

[1] Voir mon mémoire sur la conductibilité des corps médiocrement
conducteurs, p. 27.

grés, la résistance des charbons de pin, d'orme et d'é-
bène, varierait notablement.

**Lumière produite au moyen de conducteurs d'in-
suffisante conductibilité.** — Nous avons dit au commencement de ce chapitre qu'un des moyens de produire la
lumière électrique était l'échauffement que prenait, sous
l'influence du passage d'un courant énergique, un corps
solide d'une conductibilité insuffisante interposé entre
deux réophores de bonne conductibilité. Nous avons également vu que des baguettes de charbon et des corps réfractaires pouvaient constituer ce corps de conductibilité
insuffisante, et que M. Jablochkoff d'un côté et MM. Lodyguine et Kosloff de l'autre avaient fait à cet égard des expériences très intéressantes. C'est de ce nouveau système
de production de la lumière électrique que nous allons
maintenant nous occuper, et nous commencerons par le
système de M. Jablochkoff, qui est le plus curieux.

Système de M. Jablochkoff. — Dans ce nouveau système,
ce sont les courants d'induction résultant d'une bobine
de Ruhmkorff de médiocre dimension qui sont mis à contribution, et c'est un morceau de kaolin peu cuit, d'une
épaisseur de deux millimètres et d'un centimètre de largeur, qui constitue le corps semi-conducteur appelé à
fournir le point incandescent ou plutôt le foyer lumineux,
car toute la masse semble alors illuminée. Avec une seule
bobine on peut facilement obtenir 2 foyers lumineux
dans un même circuit, mais en augmentant le nombre des
bobines d'induction et la force du générateur on peut
augmenter indéfiniment le nombre de ces foyers, ce qui
pourrait résoudre jusqu'à un certain point le problème
si difficile de la division de la lumière électrique.
Nous nous occuperons, du reste, plus tard de cette
question.

La disposition de ce système est d'ailleurs fort simple :
le petit morceau de kaolin est introduit entre deux petits

becs de fer qui constituent les électrodes polaires, et qui sont eux-mêmes portés par deux pinces susceptibles de se mouvoir horizontalement au moyen de vis de rappel. Ces petits becs saisissent le morceau de kaolin, placé sur champ, par son arête supérieure légèrement amincie, et dépassent même un peu cette arête pour qu'on puisse plus facilement allumer l'appareil : car cet appareil doit être allumé, et cela se comprend aisément, puisque cette matière n'est pas assez conductrice par elle-même, même pour des courants induits, pour pouvoir laisser passer un courant capable de produire de la lumière électrique. Pour suppléer à ce défaut de conductibilité, il faut que la plaque de kaolin soit échauffée dans le voisinage des électrodes, et l'on obtient ce résultat d'une manière très simple, en joignant à la main les deux becs de fer dont nous avons parlé par un crayon de charbon de cornue. En provoquant d'abord l'étincelle sur l'un des becs, le charbon rougit, transmet sa chaleur à la partie du kaolin la plus voisine qui entre en fusion, et donne passage à l'effluve électrique, d'abord sur un très petit parcours (1 ou 2 millimètres), puis sur une longueur de plus en plus grande à mesure qu'on fait glisser successivement le charbon sur le kaolin, et qui finit par occuper toute la longueur de celui-ci quand la pointe rougie du charbon a atteint le second bec de fer. Alors le courant suit un sillon de matière fondue qui se creuse successivement et qui dessine à la vue un ruban de lumière éblouissante paraissant beaucoup plus large qu'il n'est réellement, en raison de l'irradiation. Il faut, par exemple, avoir soin de concentrer la chaleur développée par le charbon au moyen d'un réflecteur en matière réfractaire, lequel peut n'être, du reste, qu'une lame de kaolin. La lumière ainsi fournie est, comme je l'ai dit déjà, très stable, très brillante et beaucoup plus douce que la lumière des charbons. Sa puissance dépend naturellement de la résistance du circuit et du nombre de foyers lumineux interposés, mais avec une faible force électrique, elle équivaut à un ou deux becs de gaz.

Le kaolin est la substance qui a paru la meilleure, parce que, étant préparée en pâte, elle peut être rendue très homogène ; mais d'autres matières peuvent produire les mêmes effets ; la magnésie, la chaux ont fourni en effet de très bons résultats [1].

Une chose assez intéressante à constater dans les expériences entreprises par M. Jablochkoff, c'est que les courants fournis par l'appareil d'induction destiné à produire la lumière gagnent beaucoup, dans ce genre d'application, à être excités par un générateur magnéto-électrique à courants alternativement renversés, tels que ceux que fournit la compagnie l'*Alliance* ou la compagnie *Lontin*. Avec un pareil générateur, l'appareil d'induction n'a plus besoin, en effet, de condensateur ni d'interrupteur, et l'intensité du courant induit gagne considérablement à cette suppression. En revanche, sa tension est notablement diminuée, car dans les expériences dont j'ai été témoin l'étincelle n'avait guère plus de 2 millimètres de longueur ; mais pour obtenir des effets calorifiques, c'est l'intensité qui est surtout nécessaire, et nous avons vu que, sous ce rapport, les résultats fournis ne laissaient rien à désirer. Grâce à ce système, une machine d'induction de Ruhmkorff peut donc fournir de la lumière

---

[1] La conductibilité de ce kaolin, étudiée au moyen du procédé employé dans mes recherches sur les corps médiocrement conducteurs, n'a révélé quelques traces du passage d'un courant voltaïque résultant de 12 éléments Leclanché, que quand l'échantillon avait séjourné à la cave pendant plus d'un jour. Maintenu dans un appartement habité, il n'a fourni aucune déviation, et quand on l'a chauffé au rouge à la lampe à esprit-de-vin, il n'a fourni qu'une déviation de 1 degré. Il faut donc, pour obtenir les effets importants qui ont été signalés, que l'électricité de tension, par suite de la résistance qu'elle rencontre dans son passage, s'accumule au sein même de la substance du mauvais conducteur et se transforme en chaleur, ne pouvant pas écouler suffisamment vite la charge électrique.

électrique, et c'est un résultat d'autant plus important qu'il n'est pas besoin d'un régulateur de lumière électrique pour la fixer, et que l'usure du kaolin est pour ainsi dire insignifiante (1 millimètre par heure). Le générateur magnéto-électrique lui-même n'a pas besoin d'être énergique, et l'on peut, d'ailleurs, comme nous l'avons dit, le proportionner au nombre de becs lumineux qu'on veut avoir, en ayant soin d'y adjoindre un nombre convenable de bobines d'induction dont le fil induit ne soit pas trop fin.

Quand on veut obtenir l'illumination d'une longue lame de kaolin sous l'influence d'un courant très énergique, il devient nécessaire, pour l'allumage, de tracer à la mine de plomb sur l'arête supérieure du mauvais conducteur une ligne allant d'une électrode à l'autre et servant d'amorce. Le courant d'abord conduit par cette ligne n'est pas longtemps à échauffer le kaolin et à produire les effets que nous avons indiqués. Cette disposition permet d'obtenir, sur un espace assez restreint, une grande quantité de lumière, car il suffit de replier la lame plusieurs fois sur elle-même pour accumuler les effets, à la manière d'un multiplicateur électrique.

Suivant M. Jablochkoff, l'intensité lumineuse de ces différents foyers varie suivant la disposition et les dimensions de la bobine et le nombre des becs interposés sur chacun des circuits de ces bobines. On a pu, en conséquence, les disposer de manière à fournir des lumières de diverses intensités, depuis une lueur minimum de 1 ou 2 becs de gaz jusqu'à une lumière équivalente à une quinzaine de becs.

« Dans ce système, dit M. Jablochkoff, le mode de distribution des courants se réduit, en définitive, à une artère centrale représentée par la série des fils antérieurs correspondant aux hélices inductrices des différentes bobines, et à autant de circuits partiels qu'il y a de bobines; ces derniers circuits correspondent aux fils induits des bobines et aboutissent séparément aux différents foyers lumineux qu'il s'agit d'entretenir. Chacun de ces foyers est donc alors parfaitement indépendant, et peut être éteint ou allumé séparément. Dans ces conditions, la distribution de l'électricité devient très analogue à celle du gaz, et j'ai pu obtenir jusqu'à 50 foyers illuminés simultané-ment avec des intensités lumineuses variables. »

Dernièrement M. Jablochkoff a rendu plus pratique le système que nous venons de décrire, en faisant réagir directement le courant fourni par le petit modèle de machine magnéto-électrique de la compagnie l'*Alliance*. Pour donner aux courants plus de tension, il adapte sur l'un des fils allant de la machine à chaque appareil à lumière un condensateur d'une assez grande surface, composé de feuilles d'étain, de feuilles de caoutchouc ou de feuilles de taffetas gommé, alternées et repliées comme dans les condensateurs anglais pour les câbles sous-marins. De cette manière, il peut avec une surface totale de condensateur de 200 mètres carrés obtenir sept foyers de lumière au lieu de deux, et, ce qui est plus curieux, l'accroissement de l'effet s'effectue même avec des courants alternativement renversés. La disposition du système est d'ailleurs des plus simples : l'une des armures de chaque condensateur aboutit à l'un des deux fils de la machine, et le second fil de cette machine aboutit à l'une des griffes de chaque appareil à lumière dont l'autre griffe correspond à la seconde armure de chaque condensateur. Il se produit alors, au sein du condensateur, des flux successifs d'électricités contraires qui, pour opérer la charge de ces condensateurs, four-nissent l'illumination des lames de kaolin sur lesquelles sont empreintes des traces plombaginées d'une griffe à l'autre.

Système de MM. Lodyguine et Kosloff. — Des différents systèmes employés pour obtenir des effets lumineux par l'amoindrissement de la section d'un bon conducteur, celui combiné par MM. Lodyguine et Kosloff a fourni les résultats les plus intéressants. Ces résultats ont même eu, en 1874, beaucoup de retentissement, car les effets étaient à peu près semblables à ceux dont nous venons de parler ; mais il fallait, pour les produire, une force électrique beaucoup plus considérable, et les organes appelés à rougir au blanc, qui étaient des charbons de cornue de petite section, ne présentaient pas les conditions de solidité et de stabilité désirables.

Dans ce système, ces petites aiguilles de charbon étaient évidées dans des prismes de charbon de un centimètre au moins de côté, et étaient fixées entre deux pinces isolées mises en rapport avec les deux branches du circuit, comme dans le système Jablochkoff[1]. Pour empêcher leur combustion, on les renfermait dans des récipients vides d'air ou simplement hermétiquement fermés, afin que l'oxygène de l'air emprisonné ne fût pas renouvelé. Avec une forte machine de l'*Alliance*, on a pu, dit-on, obtenir de cette manière jusqu'à 4 foyers lumineux qui avaient un pouvoir éclairant assez satisfaisant. Malheureusement ces charbons se rompaient fréquemment, et c'était tout un travail que de les remplacer. On imagina alors, pour obvier à cet inconvénient, plusieurs dispositifs ingénieux dont nous parlerons plus tard ; mais, en somme, on n'a guère obtenu de tous ces systèmes rien de bien satisfaisant au point de vue pratique.

Il arrivait en effet que le petit crayon de charbon, entre les deux blocs, s'usait tout particulièrement au milieu, et, lors de l'extinction, on remarquait que les débris

---

[1] Il paraît que la communication, avec les fils du circuit, des charbons destinés à rougir, a été l'une des difficultés qui ont le plus arrêté MM. Lodyguine et Kosloff. En effet, en faisant pénétrer les fils dans le charbon, celui-ci se rompait, en raison de la différence de dilatation du métal et du charbon, et d'autre part ce métal, en touchant le charbon chauffé au blanc, fondait aux points de contact. M. Kosloff, après de nombreuses expériences, a évité, à ce qu'il paraît, ces difficultés en employant un métal spécial pour former les supports des tiges de charbon.

représentaient une notable partie du petit charbon en ignition : de là une perte considérable dans la baguette de carbone.

Système Edison. — Dès l'année 1845, M. Draper, en Amérique, avait cherché à tirer parti de l'incandescence d'un fil de platine roulé en spirale pour produire un foyer de lumière électrique, et l'on fit beaucoup de bruit en 1858 d'un système imaginé par M. de Changy qui n'était pas autre chose[1]. Dernièrement M. Edison a repris cette idée, et on a fait à ce propos assez de tapage dans les journaux pour faire baisser dans une forte proportion les actions des compagnies de gaz. Mais ce système, outre qu'il n'avait rien de nouveau, ne résolvait que très imparfaitement la question, et l'on verra au chapitre des lampes électriques à incandescence les moyens qu'il employait, non pas pour produire l'effet lumineux que tout le monde connaît, mais pour empêcher la spirale de platine de fondre quand l'intensité de la chaleur dépassait le degré de fusibilité du platine[2]. M. Hospitalier a également imaginé dans le même

---

[1] On lit dans les *Comptes rendus de l'Académie des Sciences de Paris* que, le 27 février 1858, M. Jobard, de Bruxelles, avait annoncé à la compagnie que M. de Changy venait de résoudre le problème de la divisibilité de la lumière électrique, en l'obtenant à l'aide de l'incandescence d'une spirale de platine. (Voir mon *Exposé des applications de l'électricité*, t. IV, p. 501. 2ᵐᵉ édition.)

[2] Il paraît, d'après certains journaux américains, que la prétendue merveilleuse découverte d'Edison ne serait pas sérieuse. Voici, en effet, ce que nous lisons dans le *New-York Herald* du 5 janvier 1879 :

« M. Edison a reçu de la Société de la lumière électrique 100 000 livres pour continuer ses expériences. Il en a dépensé déjà, à ce que l'on pense, 76 000 livres jusqu'à ce jour, et il n'a encore abouti qu'à des promesses, mais on peut être certain qu'aucune ne sera réalisée, et que nulle révolution importante, en fait de lumière électrique, ne viendra de Menlo-park d'ici à 50 ans, du moins, si l'on en juge par la vitesse des progrès qui y sont accomplis en ce moment. Ce qui y sera fait dépendra, dans une grande mesure, des résultats obtenus à la suite de toutes les recherches et expériences entreprises dans le monde entier, et dont les résultats sont envoyés de suite à M. Edison. »

but un système de régulateur, mais qui est plus compliqué et qui fait de l'appareil une sorte de lampe électromagnétique à incandescence. Nous croyons que tous ces moyens d'éclairage électrique fondés uniquement sur les effets d'incandescence laissent beaucoup à désirer, et nous croyons bien préférables ceux dans lesquels l'arc voltaïque et la combustion se joignent aux effets d'incandescence ; nous allons voir en effet que dans les systèmes de MM. Reynier, Werdermann, etc., les effets sont beaucoup plus satisfaisants.

Systèmes de MM. E. Reynier, Werdermann, etc. — Dès le commencement de l'année 1878, M. Émile Reynier, frappé des avantages que pouvaient présenter les effets d'incandescence pour la production facile de la lumière électrique et surtout sa division, imagina d'associer à ces effets avantageux ceux résultant de l'arc voltaïque, et pour cela il disposa les charbons du système King ou Lodyguine de manière qu'ils pussent brûler et fournir, au point de contact, un petit arc voltaïque résultant des répulsions exercées par les éléments contigus d'un même courant, comme cela existe dans les régulateurs de MM. Fernet et Van Malderen. Il disposa, en conséquence, au-dessus d'un gros charbon fixe, une petite baguette de charbon très mince (2 millimètres de diamètre environ) qu'il soutenait verticalement au moyen d'un porte-charbon pesant, et qu'il ne mettait en rapport avec le courant que sur une hauteur convenable (à partir du charbon fixe), pour fournir une incandescence vive de la baguette ; et comme par suite de cette disposition la baguette s'usait au point de contact avec le charbon massif, il suppléait à cette usure par un avancement progressif de la baguette de charbon, lequel s'effectuait sous l'influence du poids seul du porte-charbon. Toutefois, comme il résultait de cette combustion, et avec les charbons impurs du commerce, des cendres qui s'accumulaient au point de contact, il disposa l'appareil de

manière que le charbon massif, cédant à un mouvement
de rotation, pût faire tomber successivement les cendres.
Dans ces conditions, M. Reynier put allumer cinq lampes
avec le courant d'une pile de Bunsen de 30 éléments,
et il put même maintenir allumée pendant plus d'un quart
d'heure une de ces lampes avec le courant d'une batterie
de polarisation de M. Planté de 3 éléments. Quelque
temps après, la même idée fut reprise par M. Werdermann
en employant une disposition inverse de celle de M. Reynier, et dans laquelle la baguette de charbon étant poussée de bas en haut par un contrepoids permettait d'employer un charbon massif immobile au lieu d'un charbon
mobile. Cette disposition, suivant l'auteur, aurait donné
de très bons résultats, et, avec une machine Gramme à
galvanoplastie disposée en quantité, il aurait pu allumer,
sur 10 circuits dérivés, 10 lampes de ce modèle qui fournissaient chacune une lumière équivalente à 40 Candles [1].
Les expériences qu'il fit, à cette occasion, sur l'influence
exercée par des électrodes de charbon de divers diamètres,
étant très intéressantes au point de vue qui nous occupe,
nous croyons devoir les rapporter ici telles qu'il les a
données dans un mémoire présenté à l'Académie des
sciences le 18 novembre 1878 :

« Quand on produit l'arc voltaïque entre deux charbons de
même section, dit M. Werdermann, les changements aux extrémités polaires s'opèrent de la manière connue : l'électrode
positive chauffée au blanc prend la forme d'un champignon, se
creuse en forme de cratère et s'use deux fois plus que l'électrode négative. Celle-ci, qui n'est que chauffée au rouge par le
courant, se trouve alors taillée lentement en pointe, et la
longueur de l'arc est en rapport avec la tension du courant.

« Il n'en est plus de même, si l'on donne aux deux électrodes

---

[1] D'après M. Werdermann, la machine n'exigeait pour fournir cet
éclairage que deux chevaux de force. Mais on m'a assuré que ce ren-
seignement était inexact et qu'il fallait compter sur une force infiniment plus grande.

une section différente. Quand on diminue graduellement la section de l'électrode positive et qu'on augmente celle de l'électrode négative, la chaleur rouge observée à la pointe de cette dernière diminue de plus en plus, tandis que la chaleur de l'électrode positive augmente en proportion de la réduction de sa section. Le courant électrique ne franchit plus la distance entre les électrodes avec la même facilité, et pour pouvoir maintenir l'arc voltaïque, il faut rapprocher les électrodes, ou diminuer la distance qui les sépare, afin que le courant puisse passer de l'une à l'autre.

« Un phénomène étrange se manifeste alors : le bout de l'électrode positive s'élargit considérablement, et il se manifeste une tendance du courant à égaliser les deux surfaces, c'est-à-dire à donner à l'électrode positive, autant que possible, la même section que la négative. Plus la différence entre la section des électrodes est considérable, plus il faut diminuer la distance entre elles, et pour éviter le trop grand gonflement de l'électrode positive, il faut réduire un peu la tension du courant, ce qui est facile en employant une machine Gramme avec laquelle la tension du courant est proportionnelle à la vitesse, la résistance de la bobine restant constante.

« On arrive ainsi à une limite où la distance entre les électrodes devient infiniment petite, c'est-à-dire où les électrodes sont en contact. C'est quand leurs sections sont à peu près comme 1 est à 64 ; alors l'électrode négative ne s'échauffe presque plus, et n'est, par conséquent, pas consumée. Dans ces conditions, c'est l'électrode positive seule qui se consume en produisant une belle lumière absolument fixe, et aussi longtemps que le contact intime entre elle et l'électrode négative est maintenu. En réalité, c'est une lumière produite par un arc voltaïque infiniment petit.

« Quand on opère de la manière inverse, c'est-à-dire quand, au lieu de diminuer la section de l'électrode positive, on diminue graduellement de plus en plus la section de l'électrode négative, et quand on augmente en même temps la section de l'électrode positive, on voit peu à peu diminuer la lumière sur cette dernière et augmenter la chaleur de l'électrode négative.

« Quand les sections des électrodes sont à peu près dans le rapport de 1 à 64, et qu'elles ont dû être mises en contact, aucune lumière n'est plus émise par l'électrode positive, et c'est la négative seule qui produit la lumière. Ce qui est curieux, c'est que, quand un arc voltaïque est déterminé entre les deux charbons, l'électrode la plus petite se taille toujours en pointe, qu'elle soit positive ou négative. »

La fig. 50 représente la série des transformations que

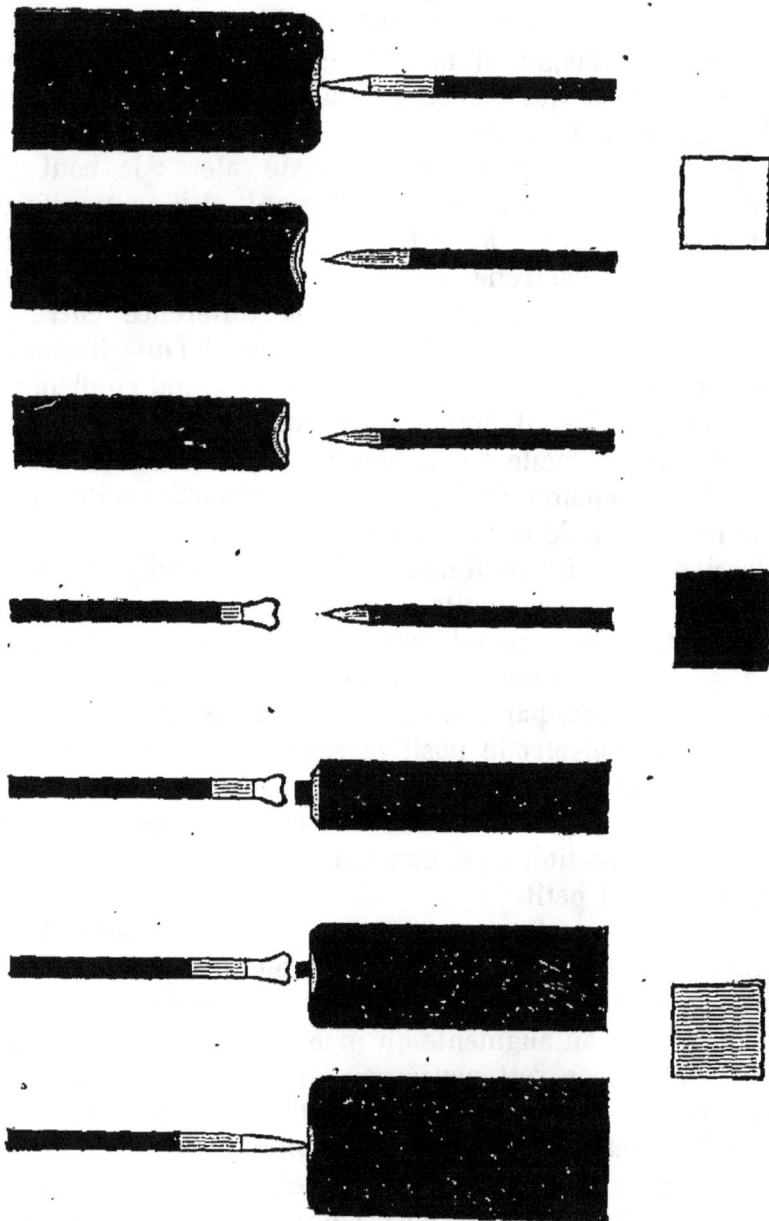

Fig. 50.

subit la forme des électrodes, quand on fait varier leurs dimensions respectives. Les électrodes du milieu représentent des électrodes ordinaires de section égale. Dans les trois systèmes de gauche, on voit les effets produits à mesure que l'électrode du bas, qui est positive, s'accroît, et les trois électrodes de droite montrent les effets qui résultent de l'accroissement successif de l'électrode supérieure qui est négative.

Comme nous l'avons vu, M. Werdermann aurait pu obtenir, par dérivation, avec une machine Gramme à galvanoplastie, l'allumage de dix foyers de lumière électrique. La résistance de la bobine de la machine était de 0,008 ohm, et la force électro-motrice était égale à celle de 4 éléments Daniell avec une vitesse de 800 tours par minute. A cette vitesse, le courant correspondait à 66,06 webers ; mais à une vitesse de 900 tours, il répondait à 88,49 webers. Toutefois, avec les 10 lampes dont M. Werdermann disposait, la vitesse de 800 tours était suffisante.

D'après M. Werdermann les résistances du circuit étaient :

Pour une lampe..............	0,592 ohm.	
Pour cinq —	0,076	—
Pour dix —	0,037	—

Il est regrettable que les expériences qui ont été faites à Londres n'aient pas été assez prolongées pour qu'on pût être fixé sur la durée d'action de ces lampes. D'après ce que m'ont dit certaines personnes, on pourrait croire qu'elles ne seraient pas susceptibles d'une action constante prolongée, et il paraîtrait qu'au bout d'un quart d'heure on les éteignait

On s'est étonné qu'avec un courant ayant si peu de tension on pût obtenir de pareils résultats, et même certains sceptiques ont voulu nier le fait, dans l'origine, prétendant que pour obtenir un foyer de lumière électrique il fallait une force électro-motrice au moins égale à celle de 30 éléments Bunsen ; mais ils n'ont pas réfléchi qu'avec les foyers à incandescence il n'y a pas

de solution appréciable dans la continuité du circuit métallique, et que pour produire dans un pareil circuit des
effets d'incandescence il suffit d'une source électrique
de quantité. Si l'on retranche de la résistance d'un circuit
de lumière quatre ou cinq mille mètres de fil télégraphique, plus la résistance de la pile qui est à peu près
équivalente, et celle de l'organe électro-magnétique du
régulateur, on pourra comprendre qu'une force électro-
motrice égale à celle de 4 éléments Daniell seulement
puisse produire des effets d'incandescence sur un circuit
excessivement peu résistant, et même produire plusieurs
foyers de lumière, par dérivation du courant, puisque la
résistance totale du circuit se trouve alors diminuée en
quelque sorte proportionnellement au nombre des dérivations. On n'est pas assez familiarisé avec ces sortes
d'effets, et l'on commet souvent des méprises en voulant
assimiler des phénomènes dans des conditions électi-
ques très-dissemblables.

LAMPES ÉLECTRIQUES.

Pour obtenir, de la part des charbons appelés à produire la lumière électrique, une action continue capable
de constituer un foyer de lumière, il faut que ces charbons se rapprochent au fur et à mesure de leur usure et
de manière que l'intensité du courant soit maintenue la
plus constante possible. Or, pour obtenir ce résultat, on a

dû imaginer des dispositifs qui pussent effectuer automatiquement ces effets, et ce sont ces dispositifs qui constituent ce que l'on appelle les *régulateurs* de lumière électrique, ou simplement *lampes électriques*. Naturellement la construction de ces appareils varie suivant que la lumière est produite par l'*arc voltaïque* ou par l'incandescence.

LAMPES A ARC VOLTAÏQUE.

Les lampes électriques sont d'une date beaucoup plus ancienne qu'on ne le croit généralement. En 1840, elles consistaient dans une sorte d'excitateur de Lannes, dont les boules étaient remplacées par des baguettes de charbon qu'on avançait à la main, au fur et à mesure de leur usure ; l'appareil avait la disposition que l'on voit fig. 1. Un peu plus tard, on chercha à rendre l'avancement des charbons *automatique*, en assujettissant les porte-charbons à des mécanismes d'horlogerie ou à des effets électro-magnétiques capables de réagir à la manière d'une balance, c'est-à-dire à la moindre variation d'intensité du courant ; puis on pensa à disposer les charbons de manière à brûler à la façon d'une bougie, et c'est à ce dernier système qu'on a eu recours pour les essais d'éclairage des rues qui ont tant émerveillé les étrangers pendant toute la durée de l'exposition de 1878.

La première lampe électrique automatique paraît avoir été imaginée en 1845 par M. Thomas Wright ; mais ce n'est qu'en 1848, quand MM. Staite et Petrie, en Angleterre, M. Foucault, en France, imaginèrent leurs régulateurs, qu'on y prêta quelque attention ; encore fallut-il, pour qu'on pût regarder ces appareils comme susceptibles de quelque application, que M. Archereau d'un côté, et M. J. Duboscq de l'autre, les eussent appliqués à de nombreuses expériences de projection. A partir de ce moment, et surtout après les résultats si curieux fournis par les machines de la Compagnie l'*Alliance*, on se mit à l'œuvre de tous côtés pour perfectionner ces appareils, et l'on imagina une foule de systèmes dont les types les plus importants sont ceux de MM. Serrin, Duboscq, Siemens, Carré, Lontin, Rapieff, Brush, etc. Ayant décrit avec détails la plupart de tous les systèmes imaginés dans le tome V de mon *Exposé des applications de l'électricité*, je ne m'occuperai ici que de ceux qui sont devenus usuels dans la pratique.

Les régulateurs de lumière électrique peuvent être répartis en 6 catégories, savoir : 1° les régulateurs fondés sur l'attraction des solénoïdes, et à cette catégorie appartiennent les régulateurs d'Archereau, de Loiseau, de Gaiffe, de Jaspar, de Carré, de Brush ; 2° les régulateurs fondés sur le rapprochement des charbons par l'effet de déclanchements successifs opérés électro-magnétiquement, et parmi eux nous citerons les régulateurs de M. Foucault, de M. J. Duboscq, de M. Deleuil, de M. Serrin, de M. Siemens, de M. Girouard, de M. Lontin, de M. de Mersanne, de M. Wallace Farmer, de M. Rapieff ; 3° les régulateurs à charbons circulaires dont les types les plus importants sont les régulateurs de MM. Thomas Wright, Lemolt, Harisson, Reynier ; 4° les régulateurs à réaction hydrostatique, parmi lesquels nous citerons : les régulateurs de MM. Lacassagne et Thiers, Pascal, Marçais et Duboscq, Way ; 5° les régulateurs à réaction, tels que ceux de MM. Fernet, Van Malderen, de Bailhache ; 6° les bougies électriques du système Jablochkoff et autres. Les régulateurs à charbons incandescents constituant une classe à part, nous ne nous en occuperons que plus tard.

De tous ces appareils, ceux de MM. Foucault et Duboscq, Serrin, Gaiffe, Siemens, Carré, Lontin, Rapieff, Brush, Bürgin, sont les seuls qui soient appliqués, et, en conséquence, ce seront eux seulement que nous décrirons.

Lampes de MM. Foucault et Duboscq. — M. Foucault est, comme nous l'avons vu, l'un des premiers qui aient conçu le régulateur à point lumineux fixe et fonctionnant sous l'influence de déclanchements successifs effectués électro-magnétiquement. Voici comment il décrit lui-même son appareil dans un mémoire adressé à l'Académie des sciences :

« Les deux porte-charbons sont sollicités l'un vers l'autre par des ressorts, mais ils ne peuvent aller à la rencontre l'un de l'autre qu'en faisant défiler un rouage dont le dernier mobile est placé sous la domination d'une détente. C'est ici qu'intervient l'électro-magnétisme : le courant qui illumine l'appareil passe à travers les spires d'un électro-aimant dont l'énergie varie avec l'intensité du courant ; cet électro-aimant agit sur un fer doux sollicité, d'autre part, à s'en éloigner par un ressort antagoniste. Sur ce fer doux mobile est montée la détente qui enraye le rouage ou le laisse défiler à propos, et le sens du mouvement de la détente est tel, qu'elle presse sur le rouage quand le courant se renforce, et qu'elle le délivre quand le courant s'affaiblit. Or, comme précisément le courant se renforce ou s'affaiblit quand la distance interpolaire diminue ou augmente, on comprend que les charbons acquièrent la liberté de se rapprocher au moment même où leur distance vient à s'accroître, et que ce rapprochement ne peut aller jusqu'au contact, parce que l'aimantation croissante qui en résulte leur oppose bientôt un obstacle insurmontable, lequel se lève de lui-même aussitôt que la distance interpolaire s'est accrue de nouveau.

« Le rapprochement des charbons est donc intermittent ; mais, quand l'appareil est bien réglé, les périodes de repos et d'avancement se succèdent si rapidement qu'elles équivalent à un mouvement de progression continu. »

M. Foucault n'explique pas comment il a réglé le rapprochement plus ou moins grand des charbons ; il est probable que c'est en donnant aux poulies sur lesquelles s'enroulent les fils qui les sollicitent un diamètre inégal et en rapport avec les quantités dont ils s'usent. Il ne décrit pas non plus la manière dont agit la détente ; mais il paraîtrait, d'après sa description, que c'est par une simple pression contre un tambour fixé sur l'axe des deux poulies sur lesquelles s'enroulent, en sens inverse, les cordes des porte-charbons.

Quoi qu'il en soit, cet appareil a été le point de départ de tous ceux dont nous allons parler et qui nécessitent tous une place déterminée pour chaque pôle de la pile.

Quelques années après l'appareil que nous venons de décrire, et après que M. Duboscq lui eut signalé les défauts qu'il avait rencontrés dans la plupart des régulateurs alors en usage, et même dans ceux qu'il construisait lui-même, M. Foucault combina un nouveau modèle que nous représentons fig. 31 et auquel on s'est tenu généralement jusqu'ici pour toutes les expériences de projection. C'est ce modèle que construit M. J. Duboscq.

Dans ce nouveau système, les porte-charbons B et D se terminent inférieurement par des crémaillères sur lesquelles réagit un mouvement d'horlogerie, par l'intermédiaire d'une double roue qui est disposée de manière que les deux charbons avancent l'un vers l'autre, et que, pour chaque mouvement accompli par elle, l'une des crémaillères D parcourt un chemin double de celui parcouru par l'autre. Cette disposition était commandée par l'usure inégale des deux charbons qui est, comme on l'a vu, page 20, plus grande du double pour le charbon positif. Pour obtenir ce résultat, les deux crémaillères engrènent d'un côté différent avec les deux roues dont nous avons parlé, et ces roues, fixées sur le même axe, ont un nombre différent de dents dans le rapport de 2 à 1. Avec ce dispositif, il suffirait, pour déterminer l'action sur les charbons, de faire en sorte que, quand l'intensité du courant viendrait à être trop faible, de faire agir un électro-aimant sur le mouvement d'horlogerie dont il vient d'être question, et de l'arrêter quand les charbons, par leur rapprochement, auraient rendu l'arc voltaïque moins résistant. C'est sur ce principe qu'ont été fondés presque tous les régulateurs de ce genre; mais, pour obtenir un fonctionnement parfaitement régulier, le problème à résoudre était plus complexe, et il a fallu des dispositifs particuliers que nous allons maintenant étudier.

Le défaut des régulateurs basés sur le principe que nous avons exposé précédemment était que l'armature électro-magnétique destinée à dé-

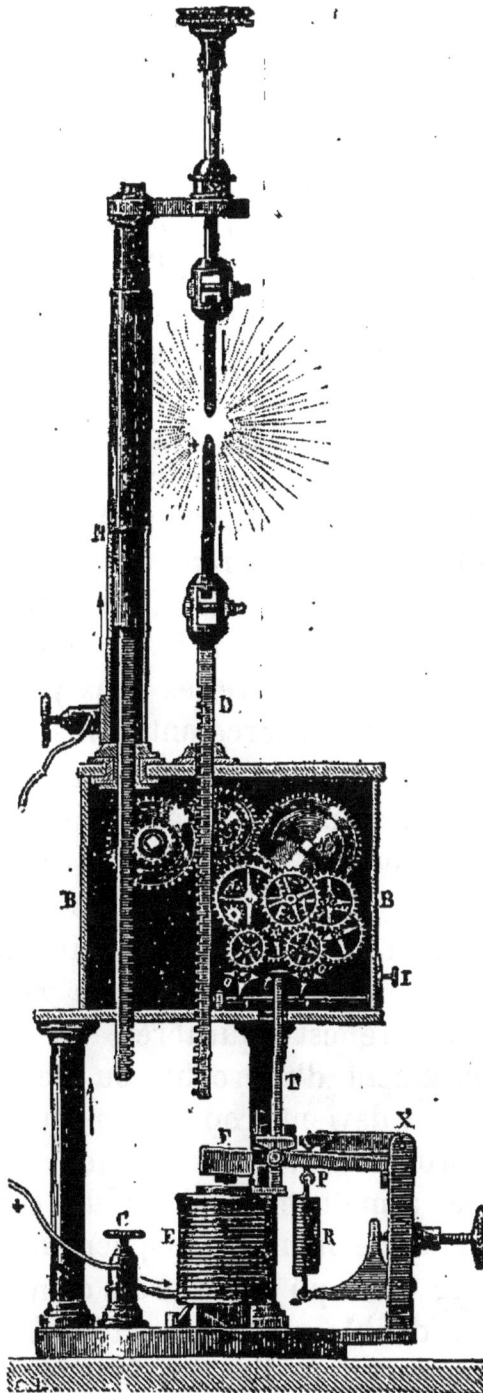

Fig. 31.

clancher ou à rènclancher le mécanisme d'horlogerie se trouvait, à l'égard des forces qui devaient la solliciter (magnétisme développé dans l'électro-aimant par le passage du courant générateur de la lumière, et ressort antagoniste, dont la force mécanique doit établir l'équilibre), dans un état d'équilibre instable, et par suite obligée de se précipiter sur l'un ou l'autre des deux arrêts qui limitent sa course, sans jamais pouvoir séjourner dans une position intermédiaire. Pour y remédier, le ressort antagoniste R de l'électro-aimant E n'agit plus directement sur l'armature, mais il est appliqué à l'extrémité P d'une pièce articulée en un point fixe X, et dont le bord, façonné suivant une courbe particulière, presse en roulant sur un prolongement qui représente ainsi un levier de longueur variable, comme cela a lieu dans le *répartiteur électrique de M. Robert Houdin.* L'armature doit donc toujours rester ainsi *flottante* entre les deux positions limites, car à chaque instant la force antagoniste opposée par l'action du ressort à la puissance attractive de l'électro-aimant est compensée par l'effet du levier ainsi disposé. La position de l'armature est, autrement dit, à chaque instant, l'expression de l'intensité du courant de la source électrique. Tant que cette intensité conserve la valeur voulue et corrélative de la distance gardée entre les charbons, l'armature est équilibrée de façon à empêcher tout mouvement d'approche ou de recul; mais, dès que le courant devient trop fort ou trop faible, il y a recul ou rapprochement, et c'est le levier T, fixé à la branche du levier armature F, qui traduit ces effets par une oscillation d'une ancre d'échappement *t* fixée à l'extrémité du levier T, et qui joue le rôle d'embrayeur et de débrayeur d'un double mécanisme d'horlogerie dont nous allons maintenant étudier les fonctions, et dont les volants à ailettes *o* et *o'* jouent le rôle de détentes.

Ce mécanisme que nous représentons en grand, fig. 52, est mis en action par deux barillets L, L' qui commandent

chacun un système de rouages particulier dont le dernier mobile porte le volant à ailettes dont il vient d'être
question. L'un de ces systèmes, commandé par le barillet

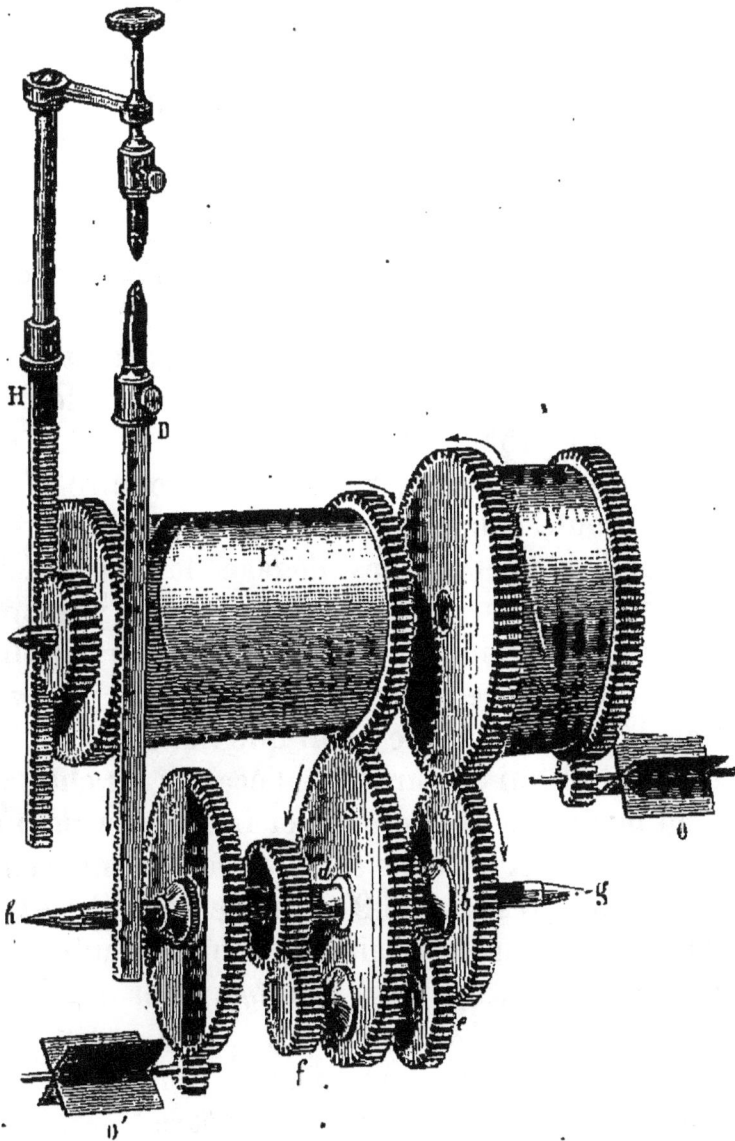

Fig. 52.

L, tend à faire écarter les charbons, l'autre à les faire se
rapprocher; mais, pour pouvoir faire en sorte que ces deux
mécanismes tournant en sens contraire pussent réagir sur

les rouages moteurs des charbons, il a fallu une combinaison mécanique particulière, et, pour cela, M. Foucault a dû avoir recours à un dispositif mécanique imaginé par Huyghens, et qui consiste dans deux *roues satellites* f et e adaptées à une roue S mobile sur l'axe *gh*. Cette roue est précisément celle qui commande le mouvement de la double roue agissant sur les crémaillères H et D; mais elle ne peut fonctionner que quand les rouages qui correspondent aux volants O, O' sont libérés par suite de l'action électro-magnétique et du mouvement de l'embrayeur *t*. Quand par suite du dégagement du volant O' le rouage composé des roues c et d est dégagé, le barillet L' fait tourner la roue S dans le sens de la flèche, et les deux charbons se rapprochent. En même temps, les deux roues satellites ont tourné, mais sans produire d'effet, car elles ont roulé autour des roues d et b : mais, quand c'est le second volant O qui est dégagé, la roue satellite e est mise en mouvement par la roue a et le pignon b, et en réagissant par l'intermédiaire de la roue satellite f sur la roue d elle force la roue S à exécuter un petit mouvement en sens contraire de celui que nous avons étudié précédemment et qui a pour effet d'écarter les charbons. Mais il faut pour cela que le barillet L ait plus de puissance que le barillet L'. Dans tous les cas, ce mouvement ne peut être que très limité. D'un autre côté, il faut que les roues a et b soient solidaires l'une de l'autre, mais montées à frottement doux sur l'axe *gh*, pour que la roue S puisse tourner sans les faire participer à son mouvement. Ceci étant compris, nous n'avons plus qu'à examiner le mode de fonctionnement de l'appareil.

·L'arc étant établi entre les deux charbons, l'action attractive de l'électro-aimant est contre-balancée par l'effet du ressort antagoniste, de façon que l'une des branches de l'ancre d'échappement embraye le volant O'. Les charbons s'usant, l'armature F est d'autant moins attirée que l'arc s'allonge davantage ; mais aucun mouvement brusque ne se produit ; l'armature sollicitée par le ressort antagoniste coule sur la courbe articulée X, fig. 34, et, au dernier instant, le marteau desembraye le volant *o'* et embraye le volant *o ;* les charbons se rapprochent alors jusqu'à ce que l'intensité du courant soit suffisante pour rétablir la puissance de l'électro-aimant. Si les charbons sont trop rapprochés, l'armature *F* est plus attirée, et l'ancre d'échappement lâchera alors le volant *o*, effet qui déterminera le mouvement de recul des charbons.

Ajoutons que les charbons peuvent recevoir deux sortes de mouvements à la main, à l'effet d'établir de prime abord la position du point lumineux. Ainsi, le charbon supérieur peut se mouvoir indépendamment du charbon inférieur, et on peut cependant monter ou descendre le système entier en conservant les charbons dans les mêmes conditions d'écartement, ce qui est nécessaire pour bien centrer le point lumineux dans les projections de la lumière électrique.

Un perfectionnement important a été apporté récemment à cet appareil. On avait remarqué que les

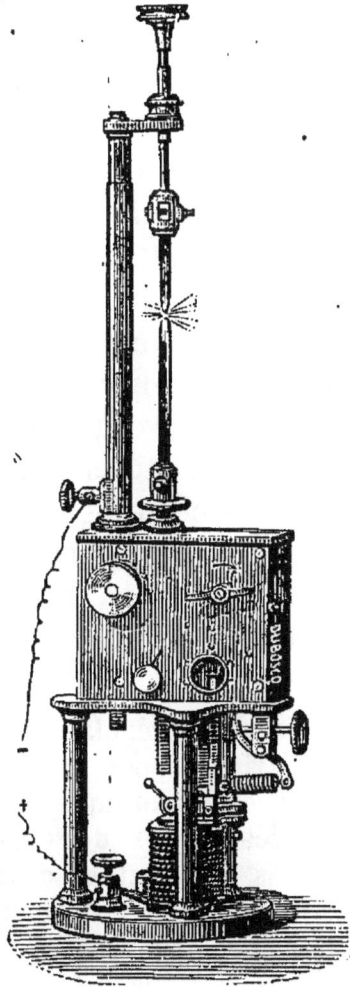

Fig. 55.

changements d'intensité du courant modifiaient l'état du noyau magnétique et que, par suite, la puissance magnétique persistait plus ou moins. Le ressort antagoniste réglé à l'aide de la vis de rappel que l'on aperçoit à droite de la fig. 34 ne pouvait donc pas, pour une intensité électrique déterminée, maintenir l'équilibre, et, si on venait à lui donner une trop grande tension, la marche de l'appareil devenait trop saccadée.

On a supprimé cet inconvénient en maintenant au ressort une tension moyenne et en disposant l'armature, à laquelle on donne une forme courbe, de façon à faire varier sa distance aux pôles de l'électro-aimant. Ce mouvement est déterminé par la friction d'un levier excentrique. Cette petite modification est indiquée fig. 33, qui représente l'aspect extérieur de l'appareil. Comme la moindre variation change sensiblement la puissance effective de l'attraction, on peut donc graduer aisément et très rigoureusement l'action de l'électricité, selon que, à un moment donné, le générateur d'électricité est accru ou affaibli en puissance.

Dans ce nouveau modèle on peut adapter le pôle positif soit en haut, soit en bas, selon les nécessités du service. Le pôle + correspondra au charbon supérieur pour les effets d'éclairage et au charbon inférieur pour les expériences d'optique, telles que la combustion des métaux, etc.

« Le nouveau régulateur, dit M. Duboscq, remplit donc les conditions exigées pour l'application de la lumière électrique aux expériences scientifiques et à l'éclairage des phares, des vaisseaux, des ateliers, des théâtres, etc.

« Dans l'état actuel de la science, on produit la lumière électrique tant avec la machine magnéto-électrique qu'avec la pile ; on peut même dire que le *générateur industriel* de la lumière électrique est la source magnétique : témoin l'éclairage électrique des phares, des navires, des chantiers, etc. Il était donc indispensable d'approprier le *régulateur* à ces deux sources électriques. Lorsque l'arc qui jaillit entre les charbons provient de la pile, ceux-ci s'usent dans le rapport de 1 à 2 ; s'il provient, au contraire, de la machine magnéto-électrique, l'usure est égale de part et d'autre, puisque le courant est alternatif. Dans le premier cas, il faut donc combiner la marche des charbons dans le rapport de 1 à 2, et dans le second, la rendre égale. Une addition permet d'opérer immédiatement le changement des vitesses relatives des charbons, selon que l'on opère avec l'une ou l'autre des deux sources d'électricité.

« Ainsi perfectionné, ce nouveau régulateur est rigoureusement apte à toutes les applications de l'éclairage électrique. »

Lampe de M. Serrin. — De tous les régulateurs imaginés jusqu'ici, celui de M. Serrin est celui qui est le plus appliqué et qui semble le mieux et le plus régulièrement fonctionner, quand il s'agit d'un éclairage prolongé. Nous avons eu le plaisir de suivre les différentes phases par lesquelles cet appareil a passé depuis son origine, et nous avons été le premier à en faire une description complète

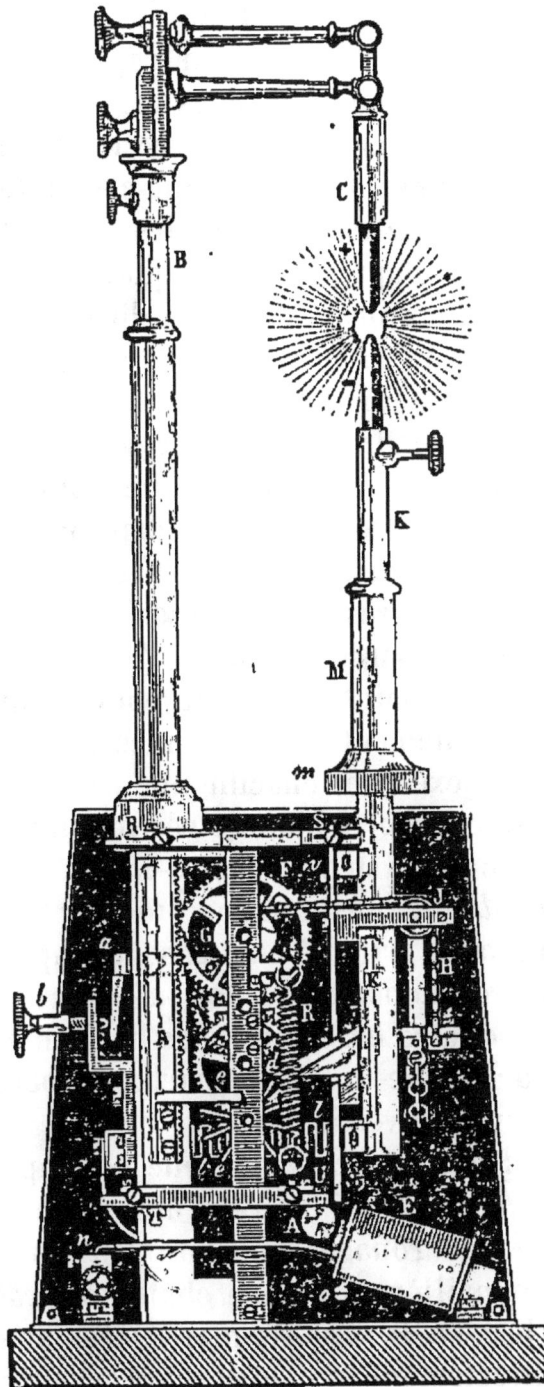

Fig. 54.

dans le t. IV de la seconde édition de notre *Exposé des*

applications de l'électricité, publié en 1859. Plus tard, M. Pouillet, dans un rapport fait à l'Académie des sciences, en montra les ingénieuses combinaisons; enfin, les expériences faites avec les machines de la compagnie l'*Alliance* montrèrent que c'était le seul appareil qui pût alors fonctionner avec les courants alternativement renversés. Depuis cette époque, ce régulateur a été constamment employé dans les différentes expériences qu'on a faites de la lumière électrique, et c'est lui qui a été adopté pour l'éclairage des phares. Nous devrons donc nous étendre un peu sur cet ingénieux appareil, qui est tellement sensible, qu'une bague de caoutchouc interposée entre les deux charbons suffit pour arrêter leur défilement, sans que la bague en soit déformée. La fig. 34 en représente le dispositif.

Cet appareil, qui peut d'ailleurs, comme celui de M. Duboscq, maintenir fixe le point lumineux, se compose essentiellement de deux mécanismes reliés l'un à l'autre, mais exerçant chacun une action propre sur la marche des charbons. L'un de ces mécanismes, en rapport direct avec le système électro-magnétique, forme un *système oscillant*, constitué par une sorte de double parallélogramme articulé auquel sont adaptés le tube M et les accessoires du porte-charbon inférieur. Ce système est composé de quatre bras parallèles horizontaux RS et TU, pivotant sur le tube du porte-charbon supérieur et reliés par deux traverses verticales SU.

L'autre mécanisme, que nous appellerons *mécanisme de défilage* et qui est relié aux porte-charbons, est constitué par les rouages que l'on voit au milieu de la figure, la crémaillère A et une chaîne de traction qui vient s'attacher en H. Le premier mécanisme, tout en réagissant directement sur le porte-charbon inférieur MK, comme nous allons le voir, commande l'action du second mécanisme, et celui-ci réalise définitivement l'effet mécanique commencé par le premier, en régularisant le rapprochement des charbons suivant leur usure. A cet effet, le tube M du charbon inférieur, qui fait partie du système oscillant, porte un butoir d'arrêt en forme d'équerre d, qui réagit sur les branches d'un moulinet e, lequel constitue, avec un volant à ailettes, le dernier mobile du mécanisme du défilage. Le système oscillant, relié par les deux traverses verticales SU, porte en A une armature cylindrique qui, étant placée à portée d'un électro-aimant E agissant tangentiellement sur elle, peut l'abaisser plus ou moins suivant l'intensité du courant traversant le système, et ce sont deux ressorts antagonistes R adaptés aux bras inférieurs TU du système oscillant, lesquels ressorts sont fixés aux supports des rouages, qui relèvent le système quand le courant ne réagit pas assez énergiquement pour combattre leur action. Il résulte donc de cette disposition que, pour une intensité électrique suffisante, le système oscillant est assez abaissé pour arrêter le système du défilage, et que pour une intensité insuffisante ce dernier système, étant mis en liberté, permet aux charbons de se rapprocher sous la seule influence du porte-charbon supérieur, qui est assez lourd pour provoquer le mouvement du système. Examinons maintenant comment est disposé le système du défilage.

Il se compose d'abord, comme on le voit, d'un système de rouages composé de quatre mobiles dont le premier, qui engrène avec la crémaillère du porte-charbon supérieur A, est muni sur son axe d'une poulie G autour de laquelle est enroulée une chaîne de Vaucanson; cette chaîne, après avoir passé sur une seconde poulie J, vient s'accrocher sur une pièce adaptée au porte-charbon inférieur K. Il en résulte que quand le système oscillant, par suite de l'inaction de l'électro-aimant E, a dégagé le mécanisme des rouages, le porte-charbon supérieur est libre de s'abaisser, et, en s'abaissant, fait tourner non-seulement tous les rouages, mais encore relève, par l'intermédiaire de la chaîne de Vaucanson, le porte-charbon inférieur. Cette action se continue jusqu'à ce que le courant, étant devenu suffisamment fort, provoque une action plus forte de l'électro-aimant E qui embraye alors, par l'intermédiaire du système oscillant, le moulinet *e* des rouages. L'appareil se trouve alors arrêté, jusqu'à ce que l'énergie manque de nouveau à l'électro-aimant E. Un second ressort antagoniste qu'on voit au-dessus de la pièce H et qu'on manœuvre au moyen de la vis *a* et du levier *b*, que l'on aperçoit sur la gauche de l'appareil, permet d'augmenter ou de diminuer à volonté la sensibilité de l'instrument. Enfin une chaîne pendante que l'on aperçoit au-dessous de la pièce H joue le rôle de contrepoids, et est destinée, en s'élevant, à compenser, dans le système oscillant, la perte de poids que subit le charbon inférieur en s'usant.

Le courant est d'ailleurs transmis au charbon inférieur au moyen d'une lame repliée et flexible *ll* qui peut suivre celui-ci dans ses mouvements, et au charbon supérieur par le massif de l'appareil et l'électro-aimant E dont l'extrémité libre de l'hélice aboutit à un bouton d'attache que l'on aperçoit en bas à gauche de l'appareil.

Le porte-charbon inférieur n'a rien de particulier : c'est une douille K munie d'une vis de pression dans laquelle on introduit le charbon; mais le porte-charbon supérieur est plus compliqué pour lui faire fournir deux mouvements rectangulaires susceptibles de fixer bien exactement les deux charbons dans la position relative qu'on veut leur donner. Le charbon positif, en effet, est maintenu au-dessus du charbon négatif au moyen d'un tube supporté par deux bras horizontaux articulés, commandés par deux vis. L'une de ces vis, celle du haut, permet d'imprimer au porte-charbon un déplacement dans un plan parallèle au plan du dessin. L'autre vis, au moyen d'une excentrique, déplace le charbon dans un plan vertical perpendiculaire au plan de la figure.

M. V Serrin a établi plusieurs modèles de son régu-

lateur pour l'adapter aux intensités électriques plus ou
moins fortes qui doivent agir sur lui; son plus grand
modèle est disposé pour brûler des charbons de 15 millimètres de côté, soit de 225 millimètres carrés de
section; et, malgré ses grandes dimensions, il est aussi
sensible que les plus petits modèles. Dans ce modèle,
construit pour les phares, l'auteur a apporté plusieurs
modifications importantes. Ainsi, au moyen d'un petit
dispositif adapté aux chaînes des porte-charbons, M. Serrin
a pu faire en sorte de déplacer le point lumineux sans
éteindre la lumière, ce qui est très-important pour l'application de ces appareils aux phares, afin de donner la
possibilité de bien centrer le point lumineux par rapport
aux lentilles.

D'un autre côté, comme ces régulateurs doivent agir
avec des courants extrêmement énergiques, et que la
chaleur développée dans le circuit serait capable de
brûler l'enveloppe isolante de l'hélice de l'électro-aimant,
ce qui pourrait annuler ses effets, M. Serrin a composé
les spirales électro-magnétiques avec des hélices métalliques dépourvues de toute couverture isolante et disposées de manière que les spires ne puissent se toucher.
Pour que ces hélices puissent être adaptées aux noyaux
magnétiques, et aux rondelles de l'électro-aimant avec
un isolement suffisant, M. Serrin a recouvert d'une couche
assez épaisse d'émail vitreux les noyaux en question, ainsi
que les parties internes des rondelles; et pour obtenir le
plus grand nombre de tours de spires possible avec le
maximum de section, il a évidé ses hélices dans un cylindre de cuivre d'une épaisseur égale à celle des bobines.
De cette manière, les hélices électro-magnétiques sont
représentées par une sorte de filet de vis à pas serré,
d'une saillie égale à celle des rondelles, et dont la partie
centrale est représentée par les noyaux magnétiques et
leur enveloppe d'émail.

On comprend aisément qu'avec cette disposition les

hélices peuvent être portées à une température très-intense sans que les spires cessent d'être isolées les unes des autres, puisqu'elles ne se touchent pas et qu'elles sont séparées de la carcasse de l'électro-aimant par une substance qui ne peut être altérée que par les chaleurs les plus élevées. Du reste, la grande section des spires ainsi formées en rend l'échauffement plus difficile qu'avec les dispositions ordinaires, et ce n'est pas un des moindres avantages de cette sorte d'électro-aimant.

Pour être juste, je dois dire que, avant M. Serrin, M. Duboscq avait combiné pour son régulateur un électro-aimant de ce genre, mais il n'avait pas pris soin d'émailler les parties en contact avec les hélices, regardant cette précaution comme inutile, en raison de la grande section des spires de l'hélice qui les empêchait d'être portées au rouge. Il ne construisait pas non plus ses spires de la même manière, c'était simplement une bande de cuivre qu'il martelait de manière à fournir une spirale.

Lampe de M. Siemens. — La dernière lampe de M. Siemens, assez employée en Angleterre et en Allemagne, et que nous représentons fig. 35, peut, comme celle de M. Serrin, s'allumer automatiquement, et les deux actions opposées nécessaires à l'éloignement et au rapprochement des charbons sont déterminées par le poids du porte-charbon supérieur et par la vibration électro-magnétique d'un levier trembleur qui réagit sur le mécanisme d'horlogerie actionné par le poids du porte-charbon, en sens contraire de celui-ci. Ce mécanisme, composé de quatre mobiles, est d'ailleurs disposé à peu près comme dans les régulateurs que nous venons d'étudier, et c'est sur le dernier mobile I, pourvu d'une roue à rochet et d'un volant à ailettes, que réagit le trembleur électro-magnétique. Celui-ci est constitué par un levier coudé L, articulé en Y et portant en M l'arma-

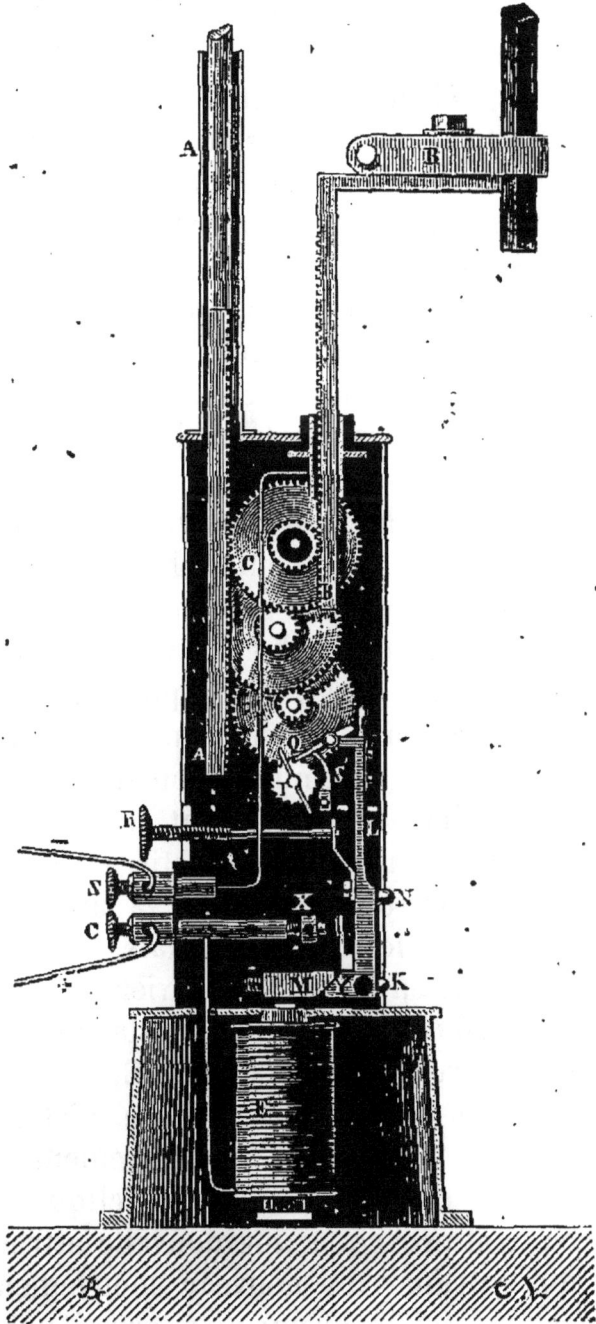

ture de l'électro-aimant E. C'est l'organe principal de l'appareil; car il porte d'un côté une pièce de contact qui constitue avec le butoir X le rhéotome vibrant, en second lieu, le ressort antagoniste du système, lequel a sa tension réglée au moyen de la vis R, et enfin le cliquet d'impulsion et d'arrêt Q, qui réagit sur le mécanisme d'horlogerie par l'intermédiaire de la roue à rochet I. Une pièce fixe S soutient le bout de ce cliquet, afin de dégager pour une inclinaison convenable du levier L la roue I. Enfin une vis K, qui traverse l'enveloppe de la lampe, permet

FIG. 55.

de régler convenablement, pour le courant que l'on emploie, l'écart de l'armature M, et un petit appendice N qui ressort également de l'enveloppe de la lampe indique si le système électro-magnétique vibre convenablement. Le fil de l'électro-aimant E est d'ailleurs relié au massif de l'appareil, afin que le courant qui le traverse et illumine les charbons se dérive par le rhéolome X à chaque mouvement attractif de l'armature, et détermine la vibration du levier L par une fermeture de courant à court circuit.

Le jeu de cet appareil est très simple : quand un courant passe à travers l'électro-aimant E, le cliquet Q est éloigné de la roue I, et le porte-charbon supérieur en pesant sur les rouages du mouvement d'horlogerie les fait défiler, jusqu'à ce que les charbons conduits par les crémaillères qui engrènent avec eux arrivent en contact l'un avec l'autre. Mais si, dans ces conditions, le générateur est mis en communication avec la lampe par les boutons d'attache Z et C, le courant traverse l'électro-aimant E, le massif de l'appareil, le porte-charbon supérieur, le porte-charbon inférieur, et revient au générateur par la communication qui relie celui-ci au bouton Z ; les charbons rougissent alors à leur point de contact, l'électro-aimant devient actif, et le cliquet Q, en réagissant sur la roue à rochet I, la fait avancer d'une dent, ce qui écarte les charbons. Mais, en ce moment, un contact est établi en X, entre le levier et le bouton C, et le courant, trouvant moins de résistance à passer par cette voie qu'à travers l'électro-aimant E, abandonne en grande partie celui-ci ; alors l'armature, n'étant plus attirée suffisamment, provoque un mouvement en arrière du levier L, qui écarte de nouveau le cliquet Q, détruit le contact en X et provoque une nouvelle attraction de l'armature qui entraîne un nouveau mouvement de la roue I, et comme ces mouvements alternatifs s'effectuent plus rapidement que celui qui résulte du défilement des rouages par l'action du poids du porte-charbon supérieur, les charbons se trouvent bientôt assez écartés pour produire un arc voltaïque de grandeur convenable, arc qui ne fait, du reste, que s'allonger, par suite de l'usure des charbons ; mais quand l'écart devient trop grand, le courant, ayant son intensité trop affaiblie, ne peut plus provoquer l'attraction nécessaire pour réagir sur la roue I, et alors les rouages peuvent défiler en toute liberté, provoquant par là le rapprochement des charbons, qui s'effectue jusqu'à ce que le courant ait repris une intensité suffisante pour déterminer de nouveau les effets que nous avons étudiés en commençant. Pour un réglage convenable des vis R, K et X, on peut arriver à bien régulariser la double action inverse que nous venons d'étudier. Mais ce réglage est très délicat, et c'est peut-être un inconvénient de ce système.

L'appareil est, du reste, pourvu de deux autres systèmes de vis de réglage qui permettent, l'un de faire mouvoir simultanément les deux charbons et de déplacer le point lumineux sans éteindre la lumière, l'autre de ne déplacer qu'un seul des deux charbons. Enfin des vis de calage adaptées au porte-charbon supérieur donnent la facilité de placer les charbons, l'un par rapport à l'autre, de manière à fournir à volonté la lumière diffuse ou la lumière condensée. Deux petits œils-de-bœuf placés sur l'un des côtés de la lampe permettent, d'un autre côté, de s'assurer du bon fonctionnement des parties délicates du mécanisme et de suivre les effets du réglage.

Pour permettre au générateur de lumière de fonctionner toujours dans les mêmes conditions, quelles que soient les variations qui se produisent dans le circuit extérieur du fait de la lampe, M. Siemens a interposé dans le circuit un régulateur de résistance que nous allons décrire, et qui a une plus grande importance qu'on ne serait porté à le croire à première vue ; car ces variations, en changeant les conditions de vitesse du moteur, d'une part, et de l'autre, en déterminant des étincelles considérables, pourraient altérer la machine et même le collecteur qui pourrait être brûlé. Déjà, en 1856, MM. Lacassagne et Thiers avaient compris la nécessité d'un système de régulateur de ce genre, et en avaient combiné un que j'ai décrit dans mon *Exposé des applications de l'électricité*, t. V, p. 506, et qui était un accessoire de leur lampe électrique, mais ces systèmes n'avaient guère été employés avant M. Siemens.

Le dispositif de M. Siemens consiste dans un électro-aimant à gros fil interposé sur l'un des fils allant au générateur, et dont l'armature réagit, à la manière d'un relais, sur un contact qui a pour effet, quand l'armature n'est pas attirée, d'introduire dans le circuit une dérivation dont la résistance représente à peu près celle de l'arc voltaïque. Il arrive donc que, pour un réglage convenable du ressort antagoniste, la dérivation se trouve substituée au circuit de l'arc voltaïque, aussitôt que la résistance de celui-ci devient assez grande pour ne plus retenir l'armature. C'est ce qui arrive non-seulement quand la lampe s'éteint ou est retirée du circuit, mais encore quand il se produit des variations très grandes dans le fonctionnement de la lampe. L'hélice constituant la dérivation est placée dans un réservoir d'étain rempli d'eau, afin d'empêcher le fil de trop s'échauffer pendant les interruptions de courant de longue durée, comme celles qui sont exigées pour le remplacement des charbons.

La lampe que nous venons de décrire n'est pas, du reste, la seule que construit M. Siemens. Il en a fait breveter déjà huit modèles.

Lampe de M. Lontin. — Nous extrayons d'une notice publiée sur les machines Lontin la description suivante qui est donnée de cette lampe :

« Le premier et le principal avantage de ces régulateurs,

c'est que les organes de mouvement et de réglage sont tels que le régulateur peut fonctionner dans toutes les positions, debout, couché et même renversé, sans que les plus fortes oscillations puissent arrêter ni modifier sa marche.

« L'application entièrement nouvelle qui a été faite dans ces régulateurs d'un fil métallique qui réagit, par l'échauffement que produit le passage du courant, pour produire l'écart et le maintenir rigoureusement constant, a permis de supprimer l'emploi des électro-aimants dont la résistance, interposée dans le circuit, était la cause d'une augmentation notable dans la dépense d'électricité, et de régler d'une manière absolument fixe la longueur de l'arc, afin d'obtenir une lumière plus régulière.

« Le rapprochement des charbons au fur et à mesure de la combustion est obtenu par une autre application non moins heureuse de l'emploi d'un courant de dérivation pris sur le courant de lumière même, et qui fonctionne de la manière suivante :

« Dans l'appareil se trouve un solénoïde formé d'une bobine garnie de fil assez fin et en quantité suffisante pour offrir au passage du courant une très-grande résistance. Cette bobine renferme une tige de fer mobile, qui, au repos, tient en arrêt le moteur destiné à opérer le rapprochement des charbons. Tant que les charbons se trouvent à la distance réglée pour l'écart nécessaire à la production d'une bonne lumière, tout le courant passe par les charbons, à cause de la grande résistance qu'il rencontre dans la bobine; mais dès que l'écart augmente, une petite partie du courant passe par le fil fin de la bobine et la rend active; dans ce cas, la tige de fer mobile est attirée, et le moteur, se trouvant dégagé de son arrêt, rapproche les charbons de la quantité nécessaire pour maintenir la longueur de l'arc; à ce moment le solénoïde cesse de fonctionner, et la tige de fer vient de nouveau arrêter le moteur; ce moteur n'ayant qu'à opérer le rapprochement des charbons est d'une très grande simplicité. »

Cet emploi d'une dérivation prise sur le courant de lumière peut s'appliquer également avec avantage à tous les régulateurs qui produisent d'eux-mêmes l'écart des charbons, et rend leur fonctionnement sûr et régulier, quelles que soient les variations d'intensité du courant.

Aussi ce système a-t-il été appliqué avec succès aux régulateurs de M. Serrin, installés au chemin de fer de l'Ouest (gare St-Lazare.)

Lampe de M. de Mersanne. — Le régulateur de M. de Mersanne a été combiné pour permettre, avec des charbons droits, de fournir une lumière électrique pendant seize heures consécutives au moins.

Ce système, que nous représentons fig. 36, se compose essentiellement de deux boîtes à glissières B, B', fixées sur un fort bâti vertical en fonte et à travers lesquelles glissent, sous l'influence d'une action motrice et régulatrice, deux charbons cylindriques C, C' ayant chacun 75 centimètres ou plus de longueur. Comme ces charbons doivent pouvoir être déplacés pour avoir leurs pointes placées exactement l'une au-dessus de l'autre, les boîtes à travers lesquelles ils glissent peuvent osciller verticalement autour d'un pivot, et la boîte supérieure peut même être tournée dans le sens horizontal. Le système de glissière

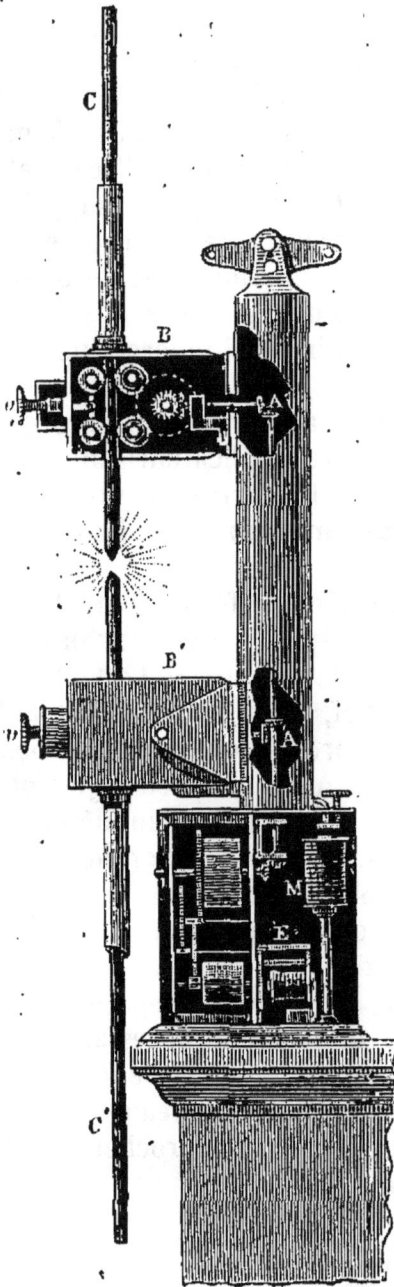

Fig. 36.

des deux boites consiste d'ailleurs dans quatre galets évidés, dont deux adaptés aux deux extrémités d'une bascule et poussés contre les charbons par un ressort à boudin *v* servent de guide, et dont les deux autres, d'un diamètre plus grand et présentant une surface rugueuse, servent d'organes moteurs des charbons. A cet effet, ces galets sont mis en mouvement par un système de roues adapté à un axe qui, dans chacune des deux boîtes, est relié par un système d'engrenages à roues d'angle, à un arbre vertical AA. Cet arbre, pouvant tourner dans deux sens différents, suivant l'action de l'appareil régulateur, peut faire avancer l'un vers l'autre les charbons, ou les éloigner l'un de l'autre. Les charbons sont d'ailleurs soutenus en dehors des boîtes par des tubes qui les protègent et qui sont disposés de manière à constituer des colonnes.

L'*appareil régulateur* est fixé dans un boîtier au-dessous de la boîte à glissière B′ du charbon inférieur. Il se compose d'abord d'un mécanisme d'horlogerie commandé par un barillet[1] et par un électro-aimant E interposé dans une dérivation prise sur les deux charbons, comme dans le système Lontin, et en second lieu d'un autre électro-aimant M introduit dans la même dérivation, et qui réagit sur la boîte B′ du porte-charbon inférieur, de manière à disjoindre les charbons quand ils arrivent au contact. Quand l'appareil ne fonctionne pas, les charbons sont généralement disjoints et séparés par un intervalle plus ou moins grand; mais aussitôt que le courant est fermé à travers l'appareil, il anime les deux électro-aimants, car il passe alors entièrement par la dérivation, et il arrive, d'une part, que le mouvement d'horlogerie se trouve déclanché et, d'autre part, que la boîte du porte-charbon inférieur se trouve inclinée de manière à présenter exactement, l'un au-dessous de l'autre, les deux

---

[1] Ce barillet, une fois remonté, peut agir pendant 56 heures sans qu'on ait à s'en occuper.

charbons. L'avancement de ces charbons s'effectue lentement, et, quand ils arrivent au contact, le courant trouvant une voie plus directe pour s'écouler abandonne la
dérivation des électro-aimants, pour se porter presque
entièrement à travers le circuit des charbons, qui rougissent alors à leur point de contact et fournissent immédiatement l'arc voltaïque. L'électro-aimant M, en effet, étant
devenu inactif, la boîte B' du porte-charbon inférieur s'est
trouvée légèrement inclinée en avant, et, par ce seul fait, a
déterminé non seulement la disjonction des charbons,
mais encore un éloignement suffisant de leur pointe,
par suite de l'action effectuée sur les rouages par le
mouvement de la boîte. La lampe se trouve donc de cette
manière allumée; mais à mesure que les charbons s'usent,
la résistance du circuit de lumière augmente, et le courant, passant avec plus d'intensité dans la dérivation,
devient bientôt assez énergique pour provoquer le déclan-
chement du mécanisme d'horlogerie qui rapproche alors
les charbons, jusqu'à ce que le courant ait repris toute
son intensité dans le circuit de lumière. Les choses se
renouvellent de cette manière jusqu'à l'entière usure des
charbons.

Avec cette disposition, on comprend aisément qu'il
n'est plus de limite pour la longueur des charbons, puisqu'ils dépassent des deux côtés l'appareil, sans qu'il leur
soit assigné une position particulière, et que leur avancement s'effectue comme si ces deux charbons glissaient
entre les doigts des deux mains, sous l'influence des
deux pouces qui dirigeraient leur marche en les poussant
l'un vers l'autre.

Cette lampe, comme celle de MM. Serrin et Siemens,
peut être allumée à distance, et ce n'est pas un de ses
moindres avantages; elle a été du reste médaillée à l'exposition universelle de 1878.

Lampe de M. Bürgin. — Cette lampe est déjà de

date assez ancienne, et nous sommes étonné qu'elle n'ait
été décrite nulle part, car, d'après ce que m'a écrit
M. Soret, elle fonctionne de la manière la plus satisfaisante. Elle figurait à l'exposition de 1878, mais, son
auteur étant absent
au moment du pas-
sage du jury, elle
n'a été l'objet d'au-
cun examen. Elle est
employée à Genève
d'une manière conti-
nue pour les travaux
du théâtre et pour
l'éclairage d'une hor-
loge publique.

M. Bürgin a con-
struit deux modèles
de cette lampe, l'un
qui est employé pour
les usages indus-
triels, c'est celui que
nous représentons
fig. 37, l'autre, plus
compliqué, qui est
destiné aux expérien-
ces de physique. Le
principe de cette
lampe est bien sim-
ple : les deux porte-
charbons tendent
sans cesse à se rap-
procher l'un de l'au-
tre, sous l'influence d'un barillet ou d'un contrepoids;
mais ils ne peuvent céder à cette action que quand un
frein commandé par une action électro-magnétique permet
le défilement de la chaîne ou des chaînes qui soutiennent

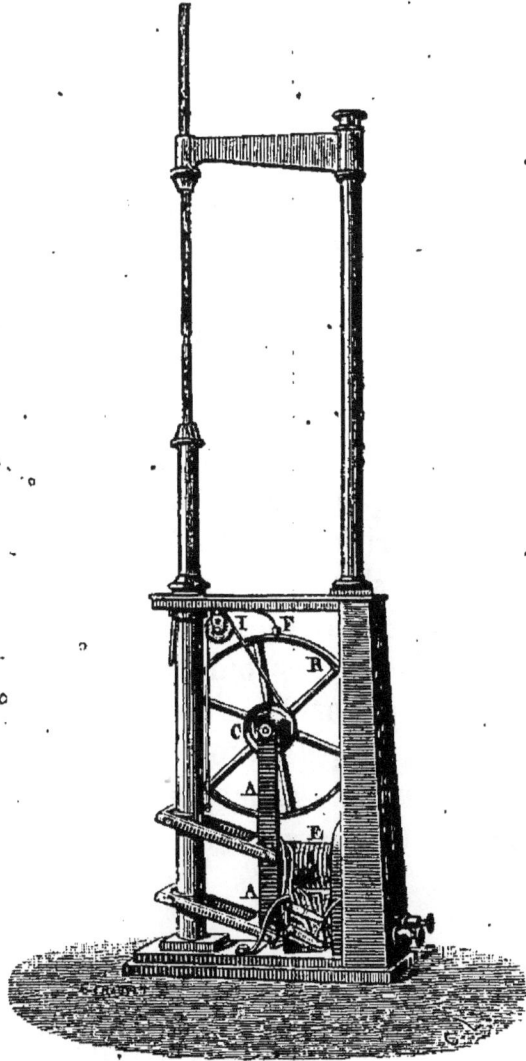

Fig. 37.

les porte-charbons; de sorte que, suivant l'action plus ou
moins énergique du courant, il y a défilement ou repos
de ces porte-charbons. Ce résultat est obtenu dans le
modèle de la fig. 37, au moyen d'une grande roue R, qui
porte sur son axe une poulie C, sur laquelle s'enroule la
chaîne soutenant le porte-charbon inférieur. L'axe de cette
roue est porté par une pièce de fer AA, adaptée à un parallélogramme articulé, et qui sert d'armature à un électro-
aimant E mis en rapport avec le circuit de lumière. Un
frein à ressort F appuie sur la circonférence de cette
roue, et se trouve suffisamment tendu pour l'empêcher de
tourner quand la roue est à hauteur convenable, c'est-
à-dire quand l'armature A est à son point le plus rapproché
de l'électro-aimant E; mais quand, par suite de l'affaiblissement du courant, cette armature s'éloigne, la roue, en
s'abaissant avec l'armature, s'écarte du frein et peut alors
tourner sous l'influence du poids du charbon inférieur
(ou d'un barillet adapté à ce porte-charbon), et de la
chaîne I qui s'enroule sur la poulie C. Dès lors, le porte-
charbon inférieur remonte, et le courant, reprenant son
énergie, détermine promptement un nouvel embrayement
de la roue qui arrête l'ascension du charbon en temps
convenable. Le petit mouvement d'attraction de l'armature A, quand les charbons sont en contact, suffit pour
laisser défiler assez de chaîne pour provoquer automatiquement l'écart des charbons quand le courant se
trouve fermé.

Dans ce modèle, le charbon supérieur est fixe, et par
conséquent le point lumineux se déplace, ce qui est insi-
gnifiant pour un éclairage ordinaire; mais pour les expériences de projection, les deux charbons ont dû être
disposés de manière à se mouvoir simultanément dans
le rapport de 2 à 1, et pour cela M. Bürgin adapte les
deux porte-charbons à deux chaînes qui s'enroulent sur
deux poulies d'inégal diamètre, montées sur l'axe de la
grande roue régulatrice, de sorte que chaque mouvement

de cette roue provoque un double déplacement des charbons. Une vis de réglage adaptée au frein permet de rendre l'appareil plus ou moins sensible. Dans ce modèle, c'est le poids du porte-charbon supérieur qui, comme dans le régulateur Serrin, détermine les mouvements de rapprochement des charbons, et c'est l'action attractive de l'électro-aimant qui détermine, au premier moment, leur écart pour la formation de l'arc, et, ultérieurement, leur arrêt pour le maintien de la distance interpolaire.

Lampe de M. Gaiffe. — En 1850, M. Archereau, considérant la course considérable que peut accomplir une tige de fer doux à l'intérieur d'une bobine électro-magnétique, sous l'influence des attractions réciproques exercées entre les spires de l'hélice de cette bobine et celles de la spirale magnétique constituée par les courants magnétiques développés dans le fer, imagina de fonder sur ce principe un régulateur de lumière électrique, et il construisit, à cet effet, l'un des porte-charbons de ce régulateur avec une tige moitié fer, moitié cuivre, engagée dans une longue bobine ; pour équilibrer convenablement la force attractive développée par la réaction de l'hélice, il lui opposa une force antagoniste constituée par un contre-poids. C'était, comme on le voit, le plus simple des régulateurs, et il avait l'avantage de pouvoir être allumé à distance. Confié à des expérimentateurs exercés, il pouvait convenablement fonctionner, mais on était obligé de le surveiller, car, les effets étant très brusques et les oscillations trop étendues, il s'éteignait souvent et ne constituait pas en définitive une lampe pratique. MM. Jaspar et Loiseau sont parvenus à atténuer ces défauts, mais ce n'est que quand M. Gaiffe combina le régulateur que nous représentons fig. 38 qu'on put voir le parti que l'on pouvait tirer de ce système.

Dans la lampe de M. Gaiffe, les deux porte-charbons H, H' sont mobiles comme dans le système de MM. Foucault et

Serrin, et disposés de manière à maintenir fixe le point

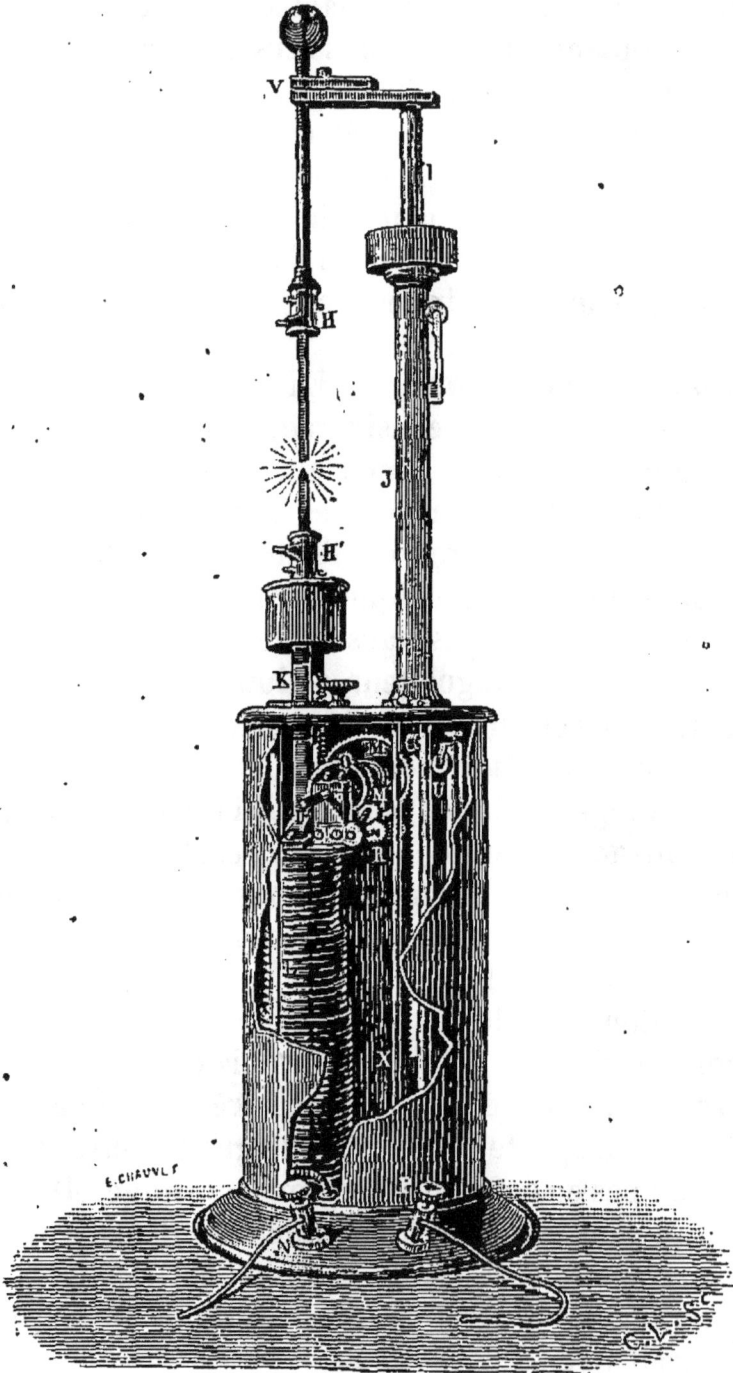

Fig. 38.

lumineux. A cet effet, leur mouvement est commandé par

deux crémaillères K, U, qui engrènent avec deux roues M O d'inégal diamètre, commandées par un simple barillet, sur l'axe duquel elles sont fixées. Ce barillet est bandé par le fait même de l'éloignement des porte-charbons, qui sont d'ailleurs parfaitement équilibrés et qui roulent entre des systèmes de galets. L'un de ces porte-charbons H', celui qui soutient le charbon inférieur, est terminé par une tige de fer K, à laquelle est collée la crémaillère qui le met en action, et cette tige est introduite dans une bobine électro-magnétique L, dont l'hélice va en augmentant de diamètre depuis sa partie supérieure jusqu'en son point milieu, pour contre-balancer l'action inégale du barillet dans toute l'étendue de la course des porte-charbons. Enfin, un petit rouage R relié par une roue M' à la roue O et par une autre à la roue M, permet, au moyen d'une clef, de réagir simultanément sur les deux crémaillères pour élever ou abaisser le point lumineux

A l'état normal, les charbons sont appliqués l'un contre l'autre, et quand le courant qui les traverse anime la bobine, le porte-charbon inférieur se trouve abaissé en même temps que le porte-charbon supérieur HVI se relève, et cet effet se continue jusqu'à ce que la force attractive de l'hélice équilibre la résistance du barillet, ce qui détermine la formation de l'arc voltaïque. Naturellement la longueur de celui-ci dépend de la tension du ressort du barillet, qui peut être réglée au moyen d'une vis disposée à cet effet : tant que l'arc reste dans les mêmes conditions de résistance, l'effet se maintient ; mais aussitôt que la résistance de l'arc augmente par suite de l'usure des charbons, la force du ressort l'emporte sur l'action électro-magnétique, et les charbons se rapprochent jusqu'à ce qu'il y ait de nouveau équilibre, et les choses se renouvellent ainsi jusqu'à l'entière usure des charbons.

Le petit mécanisme adapté aux roues des crémaillères permet d'ailleurs, comme on l'a vu, au moyen d'une clef, de placer le point lumineux plus ou moins haut, sans éteindre pour cela la lampe, ce qui est nécessaire dans les expériences d'optique pour bien centrer le point lumineux dans la lanterne.

Lampe de M. Carré. — La lampe de M. Carré, qui a été l'objet d'une médaille d'or à l'exposition de 1878, et que nous représentons fig. 39, n'est qu'un perfectionnement ingénieux des régulateurs d'Archereau et de Gaiffe. L'action électro-magnétique est, en effet, comme dans ces régulateurs, basée sur les effets attractifs des solénoïdes, mais ces effets, par une disposition ingénieuse, se trouvent très amplifiés, et l'action mécanique est produite, comme dans les régulateurs de Serrin, Foucault, etc., par des rouages d'horlogerie agissant sur deux crémaillères D, E, adaptées aux

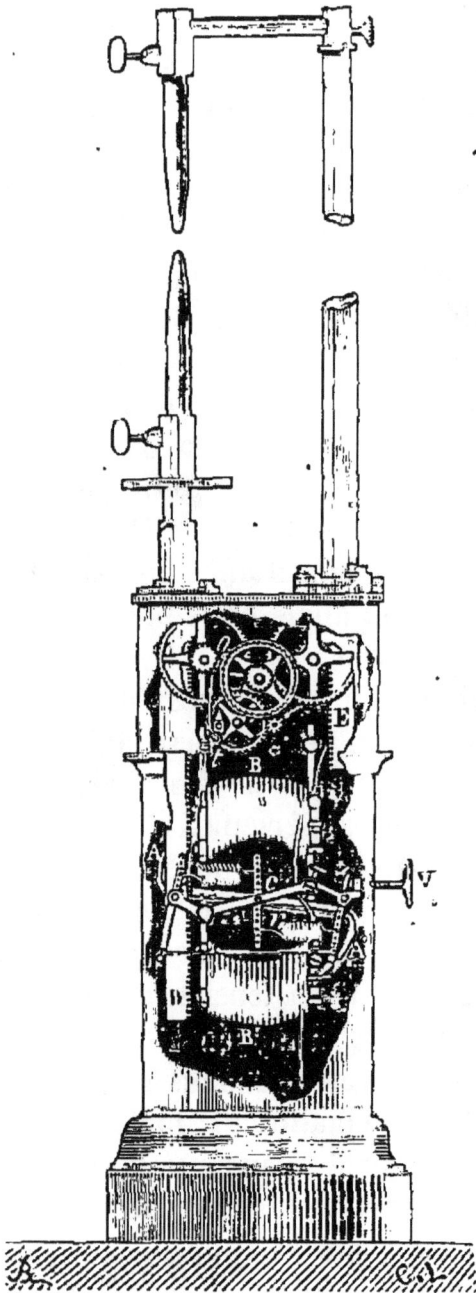

Fig. 39.

porte-charbons, et commandés par un cliquet de détente mis en jeu par le système électro-magnétique.

Ce système se compose de deux bobines B, B', dont l'axe est légèrement recourbé et dans lesquelles s'engagent les extrémités d'un noyau de fer doux A A' recourbé en S, et qui pivote en C sur sa partie centrale. Un double système de ressorts antagonistes r, r', conduits par un système extenseur dépendant d'une vis de réglage V, permet de régler convenablement la force opposée à l'attraction des bobines, et une tige t, adaptée au noyau magnétique, réagit sur le cliquet de la détente du mécanisme d'horlogerie, dont les rouages, en défilant, font avancer les deux crémaillères dans le rapport convenable pour maintenir le point lumineux fixe. Le courant qui fournit l'arc voltaïque traverse les deux bobines, et, suivant que son intensité est plus ou moins forte, le noyau de fer est attiré plus ou moins à l'intérieur des bobines, déterminant, pour un affaiblissement suffisant, un mouvement du cliquet de détente assez prononcé pour dégager le mécanisme d'horlogerie, et il en résulte le rapprochement des charbons.

Dans ce système, comme du reste dans ceux d'Archereau, de Gaiffe, de Jaspar, de Loiseau, etc., l'action renforçante du courant a donc pour effet d'éloigner les charbons l'un de l'autre, et c'est le mécanisme d'horlogerie qui les rapproche; mais comme dans ces conditions la course de la pièce mobile du système électro-magnétique est assez grande, et que l'effet attractif est beaucoup moins brusque qu'avec les électro-aimants à armatures articulées, les écarts des charbons s'effectuent franchement et sans oscillations, ce qui est un avantage [1].

Ce sont ces régulateurs qui ont fonctionné, pendant

---

[1] Voir les lois des attractions des solénoïdes dans le tome II de mon *Exposé des applications de l'électricité*, p. 152.

toute la durée de l'Exposition, avec les machines de la compagnie *l'Alliance*. Avec les courants alternativement renversés, ils présentent des avantages réels, car M. J. Van Malderen a montré qu'avec ces courants une tige de fer est presque aussi fortement attirée à l'intérieur d'une bobine qu'avec des courants redressés; il y a seulement un plus grand échauffement du système électro-magnétique; mais, en revanche, il y a beaucoup moins de magnétisme rémanent et, par conséquent, plus de sensibilité.

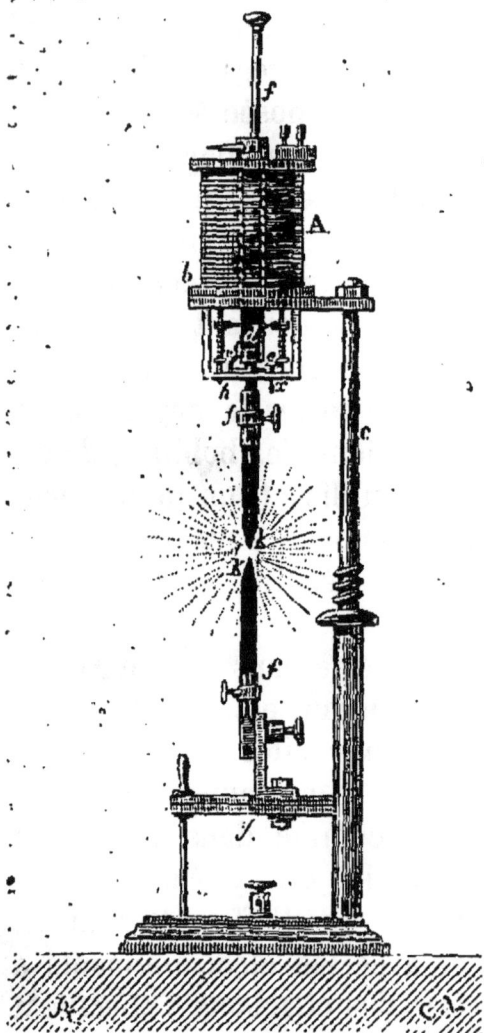

Fig. 40.

Lampe de M. Brush. — Le rapport de la commission américaine nommée pour l'examen des machines magnéto-électriques ayant fait un grand éloge de cette lampe, nous avons cru devoir en donner ici la description, bien qu'elle nous paraisse inférieure à celles que nous avons en France.

Cette lampe, que nous représentons fig. 40, est fondée, comme les deux lampes précédentes, sur les effets d'attraction des solénoïdes. La bobine électro-magnétique est placée en A au-dessus du porte-charbon supérieur et est soutenue par un bras *b* adapté à une tige verticale *c*, qui se visse sur une colonne, de manière à pouvoir adapter l'appareil à différentes longueurs de charbons. A l'intérieur de la bobine se meut librement un noyau magnétique *d*, qui est creux et se trouve traversé par la tige en cuivre *ff* du porte-charbon supérieur, laquelle glisse librement dans toute sa longueur. Toutefois, une sorte de collier *h* l'enserre un peu au-dessous du noyau magnétique, et il se trouve tellement disposé que, quand il appuie sur une traverse *h* faisant partie d'un système fixe adapté au bras *b*, il abandonne à elle-même la tige *ff* qui pourrait alors tomber sous l'influence de son propre poids. Par conséquent, le collier en question ne soutient cette tige que quand il est soulevé lui-même, et ce soulèvement a lieu presque constamment pendant le fonctionnement de l'appareil, car un crochet *e* adapté au noyau magnétique *d* le soutient par le dessous; mais il ne peut dépasser dans son soulèvement une certaine limite qui peut d'ailleurs être réglée, car une vis *x* a une tête suffisamment large pour le retenir par son bord supérieur.

Le noyau magnétique lui-même est maintenu soulevé par une traverse sur laquelle réagissent deux ressorts à boudin *e, e*, dont les tiges servent en même temps de guides au système. Les porte-charbons n'ont rien de particulier; l'un est adapté à la tige *ff*, l'autre à un bras adapté à la colonne-support, et celui-ci est disposé de manière à pouvoir être plus ou moins élevé quand l'usure du charbon inférieur le nécessite; car dans ce système le point lumineux se déplace à mesure que les charbons s'usent, et c'est le charbon supérieur seul dont la marche est régularisée électro-magnétiquement, comme dans le régulateur primitif d'Archereau. Disons enfin que la bobine A est composée de deux hélices qu'on peut disposer en tension ou en quantité, suivant les conditions de l'expérience, au moyen du commutateur que l'on aperçoit au haut de la bobine.

Le jeu de l'appareil est facile à comprendre : quand l'appareil ne fonctionne pas, les deux charbons *k k* sont en contact, et le courant peut passer au travers, aussitôt que les deux porte-charbons sont mis en rapport avec le générateur électrique. Sous l'influence de ce courant dont l'intensité est alors maximum, le noyau magnétique *d* est soulevé, entraînant avec lui, par le crochet qu'il porte, le collier *h ;* la tige *ff* se trouve alors soulevée et les deux charbons disjoints ; l'arc voltaïque se produit, et, tant que l'action électrique se maintient entre des limites convenables, l'appareil reste dans les conditions qu'a entraînées le soulèvement du noyau *d* ; mais aussitôt que l'usure des charbons devient assez grande pour affaiblir notablement l'intensité du courant, le noyau *d* retombe et avec lui la tige de fer *ff* et le collier *h*. Si cet abaissement n'est pas complet, les charbons ne se rapprochent que de la hauteur dont s'est abaissé le noyau *d* ; mais s'il est assez prononcé pour que le collier *h* s'appuie sur la traverse *h*, la tige *ff* devient libre et descend par son propre poids, jusqu'à ce que ce rapprochement des charbons soit assez grand pour provoquer une nouvelle ascension du noyau *d*.

Lampe Rapieff. — Ce système n'est qu'une extension de celui de M. de Bailhache dans lequel les charbons conservent toujours le même écartement respectif, malgré leur usure, par l'effet d'un ressort qui presse sur eux à la manière des ressorts des bougies de lanternes de voiture. Dans ce système, les charbons étaient maintenus à distance convenable, pour la formation de l'arc, par deux cônes creux de magnésie calcinée dans lesquels était engagée leur extrémité antérieure, et qui formaient en quelque sorte un collier d'arrêt. A mesure que leur extrémité brûlait, les charbons étaient poussés en avant par les ressorts, et comme ils ne s'amincissaient en brûlant que par le bout, ils se trouvaient toujours retenus par leur partie froide engagée à l'intérieur du cône

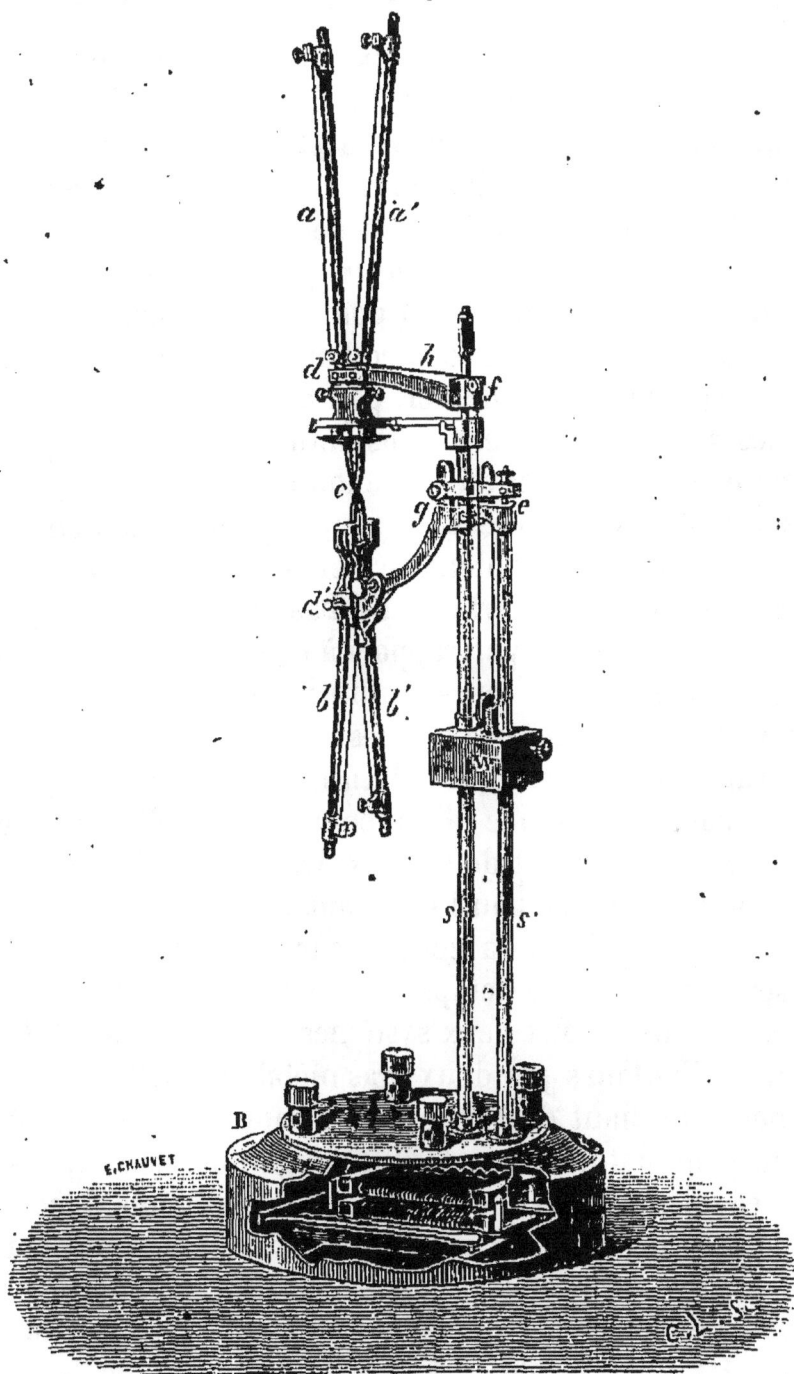

Fig. 41.

réfractaire. Dans le système de M. Rapieff, le même effet

se produit, mais il n'y a pas de cônes réfractaires, et pour les remplacer, on emploie quatre baguettes de charbon dont les bouts sont réunis, deux par deux, sous un angle aigu, et qui sont disposées les unes au-dessus des autres de manière à constituer deux systèmes angulaires dont les plans sont perpendiculaires entre eux, et dont les points de croisement, qui constituent les électrodes, sont éloignés de la distance voulue pour constituer l'arc voltaïque. Des contre-poids à poulies de renvoi réagissent pour pousser l'une contre l'autre les baguettes de chaque système, et celles-ci, par conséquent, à mesure qu'elles s'usent, avancent constamment vers leur point commun de croisement qui reste toujours à la même place.

La fig. 41 représente ce système régulateur dont les charbons a,a', b,b' semblent former un X, avec cette différence que les deux charbons du bas sont placés dans un plan perpendiculaire par rapport à celui des charbons du haut, et c'est entre leurs pointes que se forme en c l'arc voltaïque. A mesure que les charbons se consument, ils se rapprochent lentement l'un de l'autre dans chaque couple, sous l'influence d'un contre-poids W qui, sous l'action de cordons et de poulies W$fhda'aegd'b'b$, pousse les baguettes de charbon l'une contre l'autre. Ce contre-poids est guidé dans sa course par deux colonnes S, S' qui servent en même temps de conducteurs pour transmettre le courant aux deux systèmes d'électrodes aa', bb', soutenus d'ailleurs par deux bras métalliques dh, $d'g$. Les charbons du haut devant être en rapport avec le pôle positif, sont naturellement plus longs que ceux du bas. Enfin ce dispositif est complété par un système électromagnétique logé dans le socle de l'appareil et qui a pour fonction, quand le courant passe et que les quatre baguettes de charbon ont été mises en contact, de faire écarter les deux systèmes formant électrodes de la distance nécessaire à la formation de l'arc. Cet effet est obtenu à l'aide d'une corde fixée à l'armature électro-ma-

gnétique, laquelle, passant à l'intérieur de la colonne S',
réagit sur le bras d'g. Un réflecteur en forme de coupe,
soit en cuivre argenté, soit en porcelaine, est fixé un peu
au-dessus du point de rencontre des charbons, et des vis
de réglage permettent de diriger le faisceau lumineux
dans telle direction que l'on veut.

Avec des charbons de 20 pouces de longueur et de
5 millimètres de diamètre, la lumière fournie par cette
lampe peut, suivant M. Rapieff, durer sept ou huit heures;
mais avec un diamètre de 6 millimètres, ces charbons
peuvent la faire durer deux heures de plus. Cette lumière
peut être évaluée à 100 ou 120 becs de gaz, ou à 1000
candles; mais avec les petits modèles de M. Rapieff, on
peut en obtenir une qui ne dépasse pas cinq becs de gaz.
L'auteur a fait aussi des modèles dans lesquels la disposition précédente est renversée, pour permettre de les
suspendre à des plafonds. S'il faut en croire l'auteur, la
résistance de l'arc ne dépasse pas 3 ohms, soit 300 mètres.

Dans une autre disposition, M. Rapieff a joint à l'action
de l'arc voltaïque l'éclat lumineux d'un morceau de
kaolin placé au-dessus de l'arc. Les quatre charbons
sont alors disposés de manière à former les quatre arêtes
d'une pyramide interrompue à son sommet, et c'est au-
dessus de cette pyramide qu'est fixée, comme un capuchon
de lampe, une sorte de cloche de kaolin qui, en rougissant,
augmenterait, suivant l'auteur, de 40 p. 100 le pouvoir
lumineux de l'arc. Les charbons employés sont ceux de
M. Carré, et c'est une machine de Gramme qui sert de
générateur. Avec cette machine, on peut allumer jusqu'à 10 lampes du premier modèle que nous avons décrit, en les plaçant dans le même circuit, mais on n'en
emploie que 6 pour l'éclairage des bureaux du *Times* à
Londres où ce mode d'éclairage est appliqué depuis quelque temps.

D'après le *Telegraphic Journal* du 1er novembre 1878,
le système d'éclairage électrique de M. Rapieff introduit

en Angleterre par M. E. J. Reed, sous la direction de
M. Applegarth, aurait donné d'excellents résultats dans
les essais qui ont été faits dans Middle street à Smithfield
, et dans l'établissement du journal anglais le *Times*. Il y
aurait maintenant 18 lampes Rapieff qui éclaireraient les
ateliers de composition, et 6 qui seraient affectées à l'éclairage des bureaux. « Le grand avantage de cette lampe,
dit-il, serait qu'elle peut travailler au besoin toute une
nuit sans qu'il soit nécessaire de renouveler les charbons ;
son intensité est toujours constante, quand bien même les
charbons seraient brûlés très bas, et à ce point de vue,
cette lampe l'emporterait sur la bougie Jablochkoff, car
dans celle-ci le courant augmente d'énergie à mesure
qu'elle brûle, par suite de l'amoindrissement de longueur
des charbons à travers lesquels le courant est obligé de
passer, tandis que dans la lampe Rapieff, cette longueur
est toujours la même. »

Pour que l'extinction d'une lampe n'entraîne pas celle
des autres lampes, M. Rapieff dispose l'électro-aimant
appelé à séparer les charbons de manière à réagir sur un
commutateur. Quand le courant passe à travers l'électro-
aimant, le commutateur n'est pas mis en action, et le circuit est complété par la lampe ; mais quand celle-ci
s'éteint ou qu'on la retire du circuit, l'électro-aimant en
question devenant inactif, fait passer le courant par une
dérivation dans laquelle est introduite une résistance
égale à celle du circuit de la lampe, et le circuit des autres lampes n'est pas pour cela interrompu. Cet effet est
obtenu au moyen d'une seconde armature qui, étant attirée,
agit comme culasse quand le courant passe, pour renforcer l'action électro-magnétique exercée sur la lampe, et
qui actionne le commutateur quand le courant ne passant
plus, la fait céder à l'action antagoniste.

Dans un récent modèle, M. Rapieff a remplacé les charbons du haut du régulateur que nous avons décrit, par un
morceau de charbon massif, qui, comme dans la lampe

Werdermann, ne brûle pas. Ce dispositif avait du reste été indiqué par lui dans son brevet de 1877, de sorte qu'on ne peut l'accuser d'avoir, dans ce nouveau système, imité M. Werdermann.

Lampe de M. Baro. — Cet appareil se compose simplement de deux tubes métalliques disposés verticalement l'un à côté de l'autre et dans lesquels glissent librement deux baguettes de charbons qui appuient sur un bloc de magnésie. Ces tubes sont séparés par une matière isolante, mais une vis permet de régler l'écartement des charbons à leur bout en contact avec la magnésie; de sorte que l'arc peut se produire, à ce point de contact, dans les conditions voulues, et même s'y maintenir malgré l'usure des charbons, puisque ceux-ci tendent sans cesse à se rapprocher du bloc de magnésie par leur propre poids.

Lampe de MM. E. Houston et E. Thomson. — Comme disposition, la lampe de MM. Houston et Thomson se rapproche des appareils ordinaires; seulement le charbon du bas, au lieu de correspondre à un mécanisme d'horlogerie, est soutenu par un bras adapté à une forte lame de ressort. Ce bras porte l'armature d'un électro-aimant qui est placé au-dessous de lui, et il se trouve isolé métalliquement du porte-charbon supérieur que l'on met en communication avec le pôle positif du générateur électrique. L'électro-aimant est mis en communication métallique avec le charbon inférieur et le pôle négatif du générateur; de sorte que le courant qui passe au travers est complété par le bras élastique du porte-charbon inférieur et les deux charbons; l'armature électro-magnétique constitue par conséquent un trembleur, comme dans une sonnerie électrique, et il en résulte entre les deux charbons une série d'interruptions de courants très rapides qui provoquent des étincelles multi-

pliées, et, par suite, une lumière continue, en raison
de leur superposition sur l'organe de la vue. Pour éviter
que l'action se continue entre les porte-charbons quand
ceux-ci sont usés, le porte-charbon supérieur porte
une tête qui, en rencontrant un disjoncteur de courant, coupe le circuit à travers l'appareil. Dans ces
conditions, l'étincelle de l'extra-courant du système électro-magnétique se joint à celle du générateur, et en augmente l'éclat.

Naturellement, MM. Houston et Thomson ne donnent
ce régulateur que comme applicable aux faibles courants
et pour fournir de faibles lumières. C'était le même but
que s'était proposé M. Maiche. M. Lemolt employait
également ce moyen pour déterminer l'arc voltaïque
lui-même avec les générateurs puissants; seulement
c'était un mécanisme d'horlogerie qui fournissait les
mouvements vibratoires des charbons.

Lampes de divers systèmes. — Il nous reste, pour
compléter notre monographie des lampes à arcs voltaïques, à parler de différents systèmes qui, n'ayant pas
fourni de résultats pratiques très importants, présentent un caractère d'originalité qui mérite d'être exposé.
De ce nombre, est la lampe de M. Girouard, qui est un
régulateur à mouvement d'horlogerie assez analogue à
celui de MM. Foucault ou Serrin, mais qui fonctionne
sous l'influence d'une sorte de régulateur-relais qui permet par conséquent de le diriger à distance. Le système
comporte donc deux appareils : 1° un système électro-
magnétique à gros fil, à travers lequel passe le courant
du générateur, et qui réagit sur un double contact ; 2° une
lampe à double mouvement d'horlogerie sur laquelle réagissent deux électro-aimants à fil fin animés par le courant d'une pile de très faible intensité. Le courant du générateur, après avoir traversé l'électro-aimant du régulateur-relais, passe donc directement à travers les charbons

de la lampe, et leur écart est réglé par un système indépendant, qui fonctionne sous l'influence des deux contacts du relais régulateur. Quand le courant a toute son
intensité, le mécanisme qui commande l'écart des charbons est actionné, et quand au contraire le courant est
trop affaibli, c'est le second mécanisme d'horlogerie qui est
alors dégagé, et qui rapproche les charbons. Pour obtenir cette double action en sens inverse, M. Girouard a
employé un barillet à double mouvement. On pourra
trouver la description complète de ce système dans le
tome V de mon *Exposé des applications de l'électricité*,
p. 495.

Pour augmenter la durée des charbons excitateurs de
l'arc voltaïque, on a eu l'idée d'employer des charbons
circulaires. C'est même dans ce système qu'a été construite, en 1845, la première lampe électrique, par M. Thomas Wright. Plus tard, en 1849, M. Lemolt reprenant
l'idée de Thomas Wright, construisit un appareil mieux
défini dans ses fonctions, et dans lequel les deux disques
de charbon supportés par deux leviers recourbés et articulés, se trouvaient mis en mouvement par un double système de poulies qu'animait un même mécanisme d'horlogerie. Un ressort à boudin reliant les deux leviers courbes,
faisait appuyer l'un contre l'autre les deux disques de
charbon qui se trouvaient éloignés à des intervalles très-
rapprochés par l'action d'une excentrique, mise en mouvement par le mécanisme d'horlogerie, et il en résultait
une série d'étincelles se succédant assez rapidement pour
fournir à la vue l'effet d'une lumière continue. Après ce
système, est venu celui de M. Harisson, dans lequel un
des charbons était remplacé par un cylindre de charbon
mobile sur son axe pour en rendre l'usure moins prompte ;
mais le charbon supérieur était actionné par un système
électro-magnétique qui déterminait la formation de l'arc
et le maintenait constant par des moyens analogues à ceux
employés dans les autres régulateurs (voir la note E).

Enfin est venu le système de M. E. Reynier, le plus complet de tous, dans lequel chacun des disques de charbon était mis en mouvement séparément par un mécanisme d'horlogerie particulier, et dont la séparation, nécessaire pour le développement de l'arc voltaïque, était obtenue par un système électro-magnétique agissant sur l'un des porte-charbons, ce qui produisait des effets analogues à ceux des autres régulateurs de ce genre (voir mon *Exposé*, t. V, p. 502).

En outre des appareils dont nous venons de parler, il existe une catégorie de lampes électriques auxquelles j'ai donné, dans mon ouvrage sur les applications de l'électricité, le nom de régulateurs à réactions hydrostatiques, et qui, s'ils ne sont pas très pratiques, sont du moins intéressants. Ils ont pour organes régulateurs des liquides, et réagissent, soit à la manière des vases communiquants, soit en servant de véhicule à la décharge sous certaines conditions, soit en provoquant un effet analogue à celui produit dans les lampes à modérateur. Les principaux modèles de cette catégorie sont ceux de MM. Lacassagne et Thiers, de M. Pascal de Lyon, de MM. Marçais et Duboscq, et de M. Way.

Dans l'appareil Lacassagne et Thiers, imaginé en 1856, le charbon inférieur seul est mobile, et se trouve dirigé par un flotteur adapté dans un long cylindre rempli de mercure, lequel est mis en communication, par un tube, avec un réservoir rempli de ce liquide, et celui-ci est fixé à la colonne de soutien du porte-charbon supérieur. Le tube qui établit la communication entre les deux vases, se replie à travers l'un des pôles d'un fort électro-aimant, de manière à présenter sa courbure au-dessous de l'armature de celui-ci, et il résulte de cette disposition, que l'armature appuyant sur cette partie du tube quand le courant a toute son intensité, joue le rôle d'un véritable bouchon. Conséquemment, tant que le courant conserve toute sa force, le niveau reste constant dans les deux vases, et le charbon inférieur reste immobile; mais, quand il vient à faiblir par suite de l'accroissement de la longueur de l'arc, le tube se trouve un peu dégagé, et un peu de liquide passe du réservoir dans le tube, ce qui fait monter le charbon jusqu'à ce que le courant ayant repris son intensité primitive ait de nouveau provoqué l'obstruction du tube. L'action du ressort antagoniste de l'électro-aimant se trouve d'ailleurs régularisée par un second électro-aimant interposé dans une dérivation très résistante du circuit, et qui agit dans le même sens que lui sur l'armature du gros électro-aimant qui se trouve prolongée à cet effet au delà de son point d'articulation.

Le régulateur de MM. Marçais et Duboscq est une sorte de lampe à modérateur, dont la crémaillère du piston réagit sur les deux porte-charbons par l'intermédiaire d'une double grenouillette, et dans laquelle le mouvement de ce piston dépend de l'écoulement plus ou moins prompt de l'huile qui se trouve au-dessous. A cet effet, les parties supérieure et inférieure du corps de la lampe sont mises en communication par un tube, en l'un des points duquel se trouve une ouverture circulaire bouchée par une membrane extensible; et au-dessus de cette membrane est appliqué une sorte de tampon articulé, commandé par l'armature d'un électro-aimant qui, comme dans le système précédent, arrête ou provoque l'écoulement du liquide suivant l'intensité plus ou moins grande du courant.

Enfin, dans la lampe de M. Way, dont on a beaucoup parlé en 1856, et qui a même occasionné la mort de son auteur, les charbons entre lesquels se produit ordinairement l'arc voltaïque, étaient remplacés par un mince filet de mercure sortant d'un petit entonnoir et reçu dans une cuvette en fer renfermant aussi du mercure. Les deux pôles du générateur étant mis en communication, l'un avec l'entonnoir, l'autre avec la cuvette, il se produisait entre les globules successifs de la veine discontinue,

une série d'arcs voltaïques dont la réunion formait un
foyer lumineux assez intense et assez régulier. La veine
lumineuse était d'ailleurs placée dans un manchon de
verre d'assez petit diamètre pour s'échauffer de manière
à ne pas laisser condenser le mercure sur ses parois ; et
comme la combustion se faisait hors du contact de l'oxygène, le mercure n'était pas oxydé. M. Way a modifié, il
est vrai, cette première disposition, en employant deux
jets de mercure au lieu d'un seul, et ces jets étaient disposés de manière à se rencontrer en un point, d'où ils s'é-
coulaient ensuite en gouttes. D'un autre côté, il fermait
et interrompait continuellement le circuit électrique, au
moyen d'un petit électro-moteur mû par la pile, et qui
actionnait la pompe à mercure fournissant les jets. Mais
malgré ces perfectionnements, cet appareil dut être
abandonné à cause des vapeurs mercurielles qui s'en
échappaient, et qui finirent par tuer l'inventeur. La
lumière fournie n'atteignait d'ailleurs guère que le tiers
de celle engendrée avec le même courant entre deux
pointes de charbon.

Pour terminer avec les lampes à arcs voltaïques, je
dois dire quelques mots du régulateur de M. J. Van Malderen
fondé sur les répulsions des éléments contigus d'un même
courant. C'est une sorte de compas suspendu, dont les
branches articulées portent à leur extrémité les porte-
charbons qui se trouvent, par conséquent, placés l'un vis-
à-vis de l'autre horizontalement. Ces deux branches du
compas, isolées l'une de l'autre et très mobiles, sont
mises en rapport avec les deux branches du circuit, et quand
les charbons sont arrivés en contact sous l'influence de la
tendance des porte-charbons à se placer verticalement, le
passage du courant qui a alors lieu, détermine une répul-
sion qui, en provoquant l'écart des charbons, engendre
l'arc voltaïque. Il s'établit alors entre cette force répul-
sive et l'action résultant de la pesanteur un état d'équilibre stable suffisant pour entretenir une fixité relative

de l'arc. Mais ce système ne peut s'appliquer qu'à des forces électriques peu intenses, et ne peut être considéré comme d'un usage pratique. Il en est de même de celui de M. Fernet, qui est disposé d'après le même principe.

LAMPES A INCANDESCENCE

Les essais intéressants entrepris par MM. Lodyguine et Kosloff ont engagé plusieurs inventeurs, entre autres MM. Konn, Bouliguine, Sawyer-man, Reynier et Werdermann, etc., à imaginer des lampes pour obtenir la lumière électrique par l'incandescence des charbons. Il paraît du reste, d'après M. Fontaine, que ce serait M. King qui, dès l'année 1845, aurait conçu la première lampe de ce genre [1].

Lampes de M. King et de M. Lodyguine. —La lampe de M. King consiste dans un mince crayon de charbon de cornue fixé par ses extrémités dans deux cubes de charbon et soutenu par une potence à deux branches en porcelaine. Le tout est renfermé dans un tube fermé privé d'air, et les conducteurs rigides traversant ce tube interposent le petit crayon de charbon dans le circuit du générateur électrique, ce qui le fait rougir assez pour fournir une lumière éclatante. C'est, comme on le voit, un système assez analogue à celui de MM. Lodyguine et Kosloff dont nous avons parlé p. 139.

Cette idée fut reprise en 1846 par MM. Greener et Staite, et en 1849 par M. Petrie. « L'éclairage par incandescence, dit M. Fontaine, et le principe de sa production,

---

[1] On prétend que cette lampe aurait été inventée par M. J. W. Starr. (Voir le *Telegraphic Journal* du 1er janvier 1879, p. 7 et 15.)

étaient depuis longtemps tombés dans l'oubli, lorsqu'en 1873 un physicien russe, M. Lodyguine, ressuscita l'un et l'autre, et créa une petite lampe qui fut depuis perfectionnée par MM. Konn et Bouliguine. »

Dans sa lampe, M. Lodyguine employait des crayons d'une seule pièce en diminuant leur section à l'endroit du foyer lumineux, et il plaçait deux charbons dans un même appareil avec un petit commutateur extérieur, pour faire passer le courant dans le deuxième charbon quand le premier était usé. M. Kosloff, qui vint en France dans l'espoir d'exploiter le brevet Lodyguine, perfectionna un peu cette lampe sans aboutir cependant à quelque chose de passable. Un des parents de M. Truc, lampiste à Paris, chez lequel les expériences de M. Kosloff furent faites, y travailla également avec beaucoup d'ardeur sans y apporter des améliorations bien notables, et ce n'est que quand M. Konn eut imaginé en 1875 sa lampe qu'on put entreprendre des expériences assez sérieuses pour faire penser un moment que les lampes de cette espèce pouvaient avoir quelques avantages pratiques. C'est M. Duboscq qui construisit pour la première fois en France cette lampe.

Lampe de M. Konn. — Dans cet appareil, que nous réprésentons fig. 42, chaque foyer, au lieu de n'avoir qu'un seul charbon, était muni de quatre à cinq, et tous ces charbons A,B, disposés verticalement et circulairement, étaient terminés par de petits cylindres de charbon sur lesquels étaient incrustées, supérieurement, des tiges de cuivre A,B, de longueur successivement décroissante. Leur partie inférieure communiquait à l'une des branches du circuit, et leur partie supérieure n'était mise en rapport avec l'autre branche de ce circuit que par l'intermédiaire d'une sorte de couvercle métallique articulé qui appuyait sur eux par son propre poids. Toutefois, comme leur hauteur était différente, ce couvercle ne pouvait en toucher qu'un à la fois, et c'était le plus long.

Or, il résultait de cette disposition que, si celui-ci venait à
se rompre ou à s'user complètement, le couvercle tom-

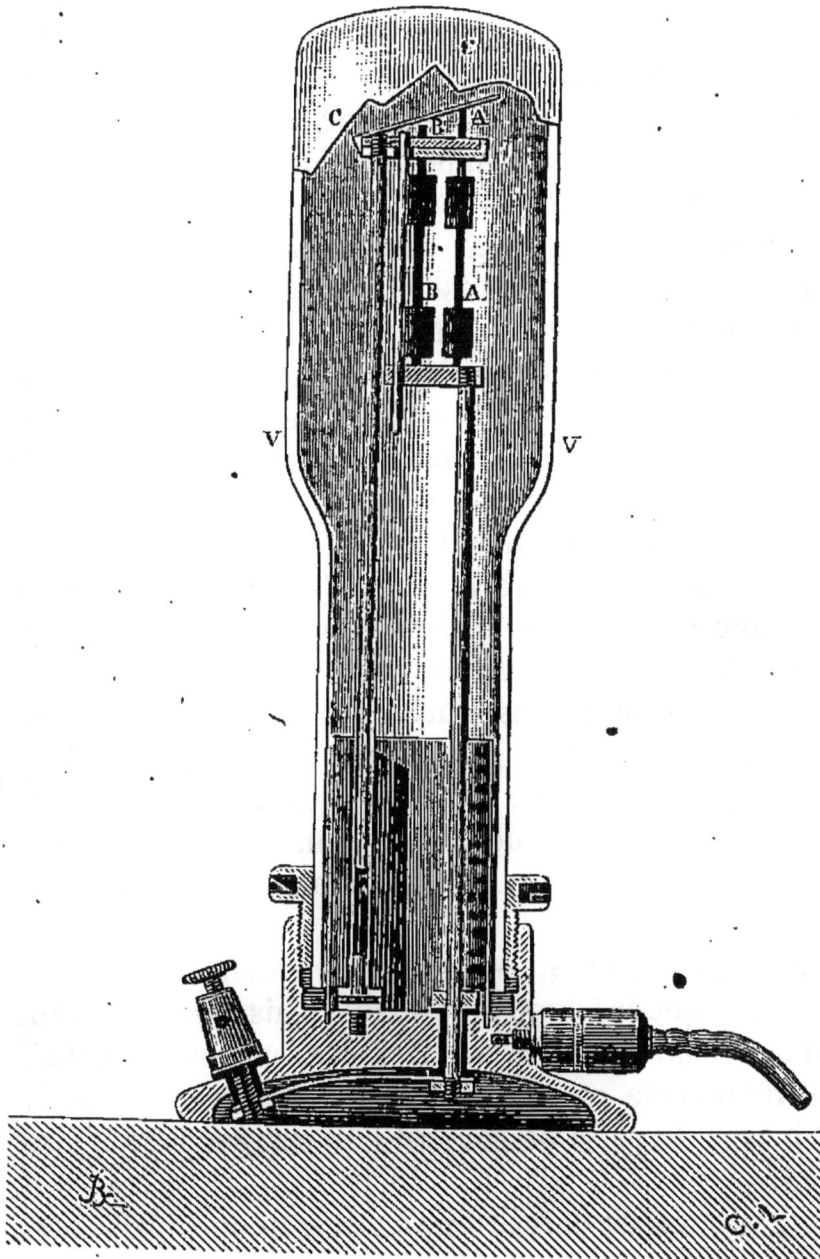

Fig. 42.

bait avec lui et, en rencontrant dans sa chute le charbon
le plus long après lui, faisait passer le courant à travers ce

nouveau charbon qui s'illuminait instantanément. Celui-ci venant de nouveau à se rompre, le couvercle transportait le courant dans un troisième charbon, et ainsi de suite jusqu'au dernier. L'expérience avait montré que cinq charbons ainsi disposés étaient bien suffisants pour une soirée d'éclairage, et pendant les expériences auxquelles j'ai assisté j'ai pu voir la lampe fonctionner deux fois au moment de la rupture de deux d'entre eux.

Naturellement chacun de ces systèmes quintuples de charbons était renfermé dans un récipient W hermétiquement fermé ou privé d'air, et leur différence de hauteur était calculée pour que la courbure résultant de l'influence de la chaleur excessive à laquelle ils étaient successivement portés ne donnât pas lieu à une division du courant.

Quand tous les charbons d'une même lampe étaient usés, le couvercle en rencontrant une tige de cuivre continuait le circuit; de sorte que, s'il y avait plusieurs lampes interposées dans le même circuit, l'extinction de l'une n'entraînait pas celle des autres.

D'après les expériences faites chez M. Florent, à Saint-Pétersbourg, où trois de ces lampes sont installées, chacune d'elles fournit une lumière équivalente à 20 becs Carcel, et elles fonctionnent sous l'influence de courants produits par une machine de la compagnie l'*Alliance*.

Lampe Bouliguine. — Cette lampe atteint à peu près le même but que la lampe précédente, mais en n'employant qu'un seul charbon. Elle se compose, comme la précédente, d'un socle en cuivre, de deux tiges verticales, de deux barres de prise de courant et d'une soupape d'évacuation.

Une des tiges est percée d'un petit trou de haut en bas, et possède sur presque toute sa longueur une fente permettant le passage de deux petites oreilles latérales. Le charbon est introduit dans cette tige comme la mine d'un porte-crayon ordinaire, et il est sollicité à monter par des

contre-poids reliés, au moyen de deux câbles microscopiques, aux oreilles du support en croix sur lequel repose
le charbon. La partie du charbon qui doit entrer en incandescence est retenue entre les lèvres de deux blocs
coniques en charbon de. cornue. Une vis placée sous le
socle permet d'augmenter ou de diminuer la longueur
de la tige qui porte le bloc conique supérieur et, par
suite, de donner à la partie lumineuse une plus ou moins
grande longueur. La fermeture du globe est obtenue,
comme dans l'appareil précédent, par la pression latérale
de plusieurs rondelles de caoutchouc.

Lorsque la lampe est placée dans un circuit, la baguette
de charbon rougit et s'illumine jusqu'à ce qu'elle vienne
à se rompre. A ce moment, un petit mécanisme commandé
par un électro-aimant ouvre les lèvres des porte-charbons ;
le contre-poids du haut chasse les fragments qui pourraient rester dans l'entaille, et les contre-poids du bas
relèvent la tige en charbon, laquelle pénètre dans le bloc
supérieur et établit le courant. Le mécanisme commandé
par l'électro-aimant agit de nouveau, mais en sens inverse
de sa première manœuvre, les porte-crayons se resserrent
et la lumière renaît.

Ce système, suivant M. Fontaine, ne fournit pas toujours de bons résultats, à cause de la multiplicité des
organes, mais, quand par hasard il fonctionne régulièrement, la lumière fournie est plus intense que celle de la
lampe Konn.

Lampe de M. Sawyer-Man. — Cette lampe n'est pas
autre chose que la lampe King ou Lodyguine dans toute
sa simplicité, sauf quelques dispositions insignifiantes
introduites pour diminuer le rayonnement calorifique,
et nous sommes étonné des longues réclames que nous
lisons dans les journaux anglais, au sujet de cette lampe,
qui ne vaut probablement pas mieux que ses aînées. Dans
ce système, le récipient où se trouve le charbon incan-

descent est rempli de nitrogène, afin d'éviter la combustion et les dépôts gazeux sur les parois du récipient, et le charbon lui-même a une longueur assez réduite; sa résistance ne dépasse pas 0,95 ohm, et chaque bec est muni d'une dérivation, afin de ne pas changer les conditions de distribution du courant quand l'une ou l'autre de ces lampes est éteinte. Le commutateur appelé à allumer ou à éteindre la lampe est d'ailleurs disposé de manière à ne lui faire parvenir le courant dans toute son intensité que successivement et après avoir passé par des résistances de moins en moins accentuées. C'est, suivant l'auteur, au défaut de cette précaution, que les charbons des lampes à incandescence doivent de s'altérer promptement. Enfin, un enregistreur électro-magnétique est disposé dans le circuit de manière à fournir les effets des compteurs à gaz.

Nous ne parlerons pas du système de distribution du courant à travers toutes ces lampes, car il est fondé sur le système des dérivations, et il est identique à celui de M. Werdermann, que nous étudierons plus loin. On pourra du reste voir une description détaillée de cette lampe dans le *Telegraphic Journal* du 1er janvier 1879. Nous ne croyons pas devoir en parler davantage, nous étonnant du peu de souci que les inventeurs anglais et américains prennent des inventions antérieures.

Lampe de M. E. Reynier. — Nous avons vu p. 142 sur quel principe était fondée cette lampe, qui est la plus importante de toutes celles que nous étudions en ce moment, et qui pourra peut-être un jour, sous une forme ou sous une autre, réaliser le problème de la divisibilité de la lumière électrique. Nous représentons, fig. 43, le dernier modèle auquel l'auteur s'est arrêté. Elle se compose, comme on le voit, d'une longue et mince baguette de charbon CC, de deux millimètres de diamètre, soutenue par un porte-charbon pesant A, qui glisse dans une colonne creuse D, entre quatre galets. Cette baguette ap-

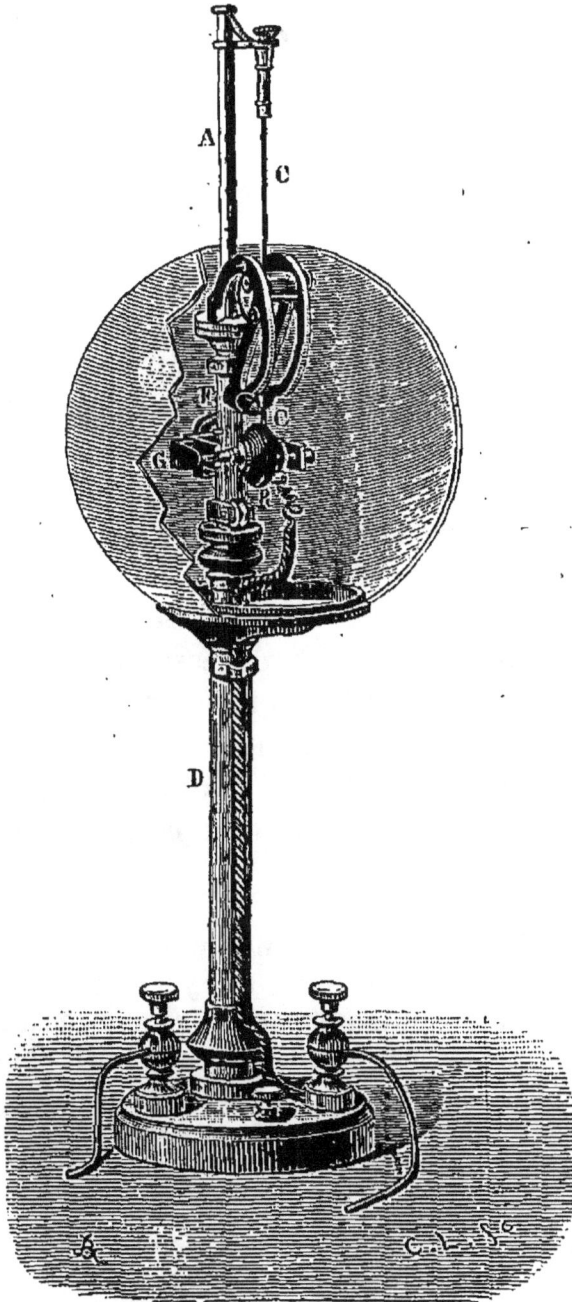

FIG. 43.

puie sur un cylindre de charbon R, pivotant sur un bras
horizontal G adapté à la colonne. Un guide muni d'un

frein.F enserre la baguette de charbon à une petite distance (6 millimètres environ) du cylindre de charbon, et lui amène en même temps le courant positif qui retourne au générateur par le cylindre de charbon et son support. Le point de contact de la baguette de charbon avec le cylindre est placé un peu excentriquement, par rapport à la verticale passant par l'axe du cylindre, afin qu'à chaque abaissement du système résultant de l'usure de la baguette une petite impulsion tangentielle soit communiquée au cylindre et lui fasse accomplir un petit mouvement capable de faire tomber les cendres accumulées au point de contact. Sans cette précaution, ces cendres pourraient altérer les conditions d'éclat de la lumière produite, du moins avec les charbons impurs dont on se sert actuellement.

Le problème que s'était proposé M. Reynier était, comme on le voit, de faire progresser d'une manière continue et insensible une longue et fine baguette de charbon, incandescente seulement vers son extrémité, et s'usant par le bout. La fig. 44 empruntée au brevet français du 19 février 1878 explique nettement les données de ce problème.

« Une baguette de charbon cylindrique ou prismatique C, dit M. Reynier[1], est traversée entre i et j par un courant continu ou alternatif, assez intense pour la rendre incandescente dans cette portion. Le courant entre ou sort par le contact l, et il sort ou entre par le contact B. Le contact l, qui est élastique, presse la baguette latéralement; le contact B la touche *en bout*. Dans ces conditions, le charbon s'use à son extrémité j plus vite qu'en toute autre place, et tend à se raccourcir. Par conséquent, si le charbon C est poussé continuellement dans le sens de la flèche de manière à buter sans cesse sur le contact en bout B, il avancera graduellement à mesure qu'il s'usera, en glissant dans le contact latéral l. La chaleur déve-

---

[1] Voir le compte rendu des séances de la Société de Physique d'avril-juillet 1878, p. 96.

loppée par le passage du courant dans la baguette est grandement accrue par la combustion du carbone.

« Dans la pratique, je remplace le contact fixe par un contact
tournant B fig. 45, qui entraine les cendres du charbon. La rotation du contact en bout est rendue solidaire du mouvement
de progression de la baguette de charbon, de sorte que la
position de celle-ci sur le contact en bout fait frein sur le
mécanisme moteur.

« Le principe de ce nouveau système de lampe étant établi,
il était aisé d'imaginer des dispositifs plus simples pour le
réaliser. Les spécimens que j'ai l'honneur de mettre sous les
yeux de la Société s'expliquent d'eux-mêmes à première in-

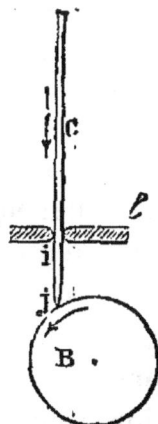

Fig. 44.   Fig. 45.

spection. La progression du charbon C et la rotation du contact
en bout B sont obtenues par la descente de la tige pesante du
porte-charbon[1]. Pour remonter la lampe il suffit de soulever
cette tige. La baguette de charbon est mise en place sans ajustement. Il n'y a point de réglage. »

Avant le modèle que nous avons décrit en commençant,
M. Reynier en avait combiné un plus compliqué, dans
lequel le cylindre de charbon était sollicité par un mécanisme d'horlogerie qui était embridé par la pression de
la baguette de charbon, dont le bout formait frein, et

---

[1] Il résulte d'expériences comparatives faites par M. Reynier que
le renouvellement du contact en bout est indispensable pour obtenir
un fonctionnement un peu prolongé avec les charbons ordinaires du
commerce.

qui ne fonctionnait qu'au fur et à mesure de l'usure de ce charbon, mais il s'aperçut bientôt que le problème pouvait être résolu plus simplement par le dispositif décrit précédemment.

Nous donnons ces détails à cause des prétentions élevées dernièrement par M. Werdermam, et qui tendraient à enlever au physicien français l'originalité et le mérite de son invention. On a été jusqu'à prétendre que la lampe en question n'était qu'une reproduction de la lampe Harrison, imaginée dès 1858; mais, pour peu qu'on étudie cette dernière lampe, il est facile de voir que le principe en est complètement différent. Celle-ci, en effet, n'est autre chose qu'un régulateur électro-magnétique qui ne diffère des autres lampes électriques de ce genre qu'en ce que l'un des charbons est remplacé par un cylindre de charbon tournant, afin de rendre moins prompte l'usure du système. L'antériorité la plus sérieuse qu'on pourrait opposer à M. Reynier est la description d'une lampe de ce genre qu'on trouve dans un brevet de M. Varley pris en 1876. (Voir la note E à la fin du volume.)

M. Reynier a encore combiné un autre dispositif fonctionnant sous l'influence de ressorts, afin de pouvoir marcher dans toutes les positions que l'on veut donner à la lampe, condition indispensable pour les applications que l'on peut en faire à la marine et aux chemins de fer.

Des expériences exécutées chez MM. Sautter et Lemonnier, avec dix lampes Reynier et une machine Gramme, tournant avec une vitesse de 930 tours, ont donné les résultats suivants, sur un circuit représenté par 100 mètres de fil de cuivre de trois millimètres, soit de 30 mètres de fil télégraphique :

nombre de lampes et tension.	Indications du galvanomètre.	Intensité lumineuse de chaque lampe.	Rendement lumineux total
5	25°	15 becs	75 becs.
6	22°	15 —	78 —
7	20°	10 —	70 —
10	15°	5 —	50 —

Le régulateur de M. Serrin donnait dans les mêmes circonstances, avec une déviation de 21°, une intensité lumineuse de 320 becs.

Comme intensité lumineuse totale, l'emploi des lampes à incandescence est donc moins avantageux que les lampes à arcs voltaïques; mais avec les premières on a l'avantage de la division de la lumière et la possibilité de l'obtenir avec des forces électriques relativement faibles. Elles usent environ 10 centimètres de charbon par heure; mais en prenant les charbons plus gros et en disposant le générateur en quantité, cette usure pourrait être beaucoup moindre. Dans les expériences faites à la Société d'encouragement, six lampes ont pu être allumées avec le courant de 25 doubles éléments Bunsen. Leur lumière était douce à travers des globes en verre dépoli, et paraissait être équivalente à celle de deux ou trois becs de gaz. On a pu les éteindre et les rallumer à volonté.

Lampe de M. Werdermann. — La lampe de M. Werdermann n'est, en principe, que la lampe de M. Reynier renversée; mais cette disposition, qui est assez pratique pour l'éclairage public auquel elle est spécialement destinée, avait été indiquée dans le brevet original de M. Reynier; nous la représentons fig. 46.

Ce système consiste essentiellement dans un charbon délié b, mobile à l'intérieur d'un tube métallique T qui lui sert de guide et en même temps de communicateur du courant. Un collier adapté à la partie inférieure le relie, par deux cordons qui ressortent du tube par deux rainures et qui passent au-dessus de deux poulies, à un contre-poids P qui tend à soulever continuellement le charbon, et à le faire adhérer légèrement contre un large disque de charbon C de deux pouces de diamètre, maintenu dans une position fixe par un support vertical D. Ce support est adapté à une sorte d'enveloppe en entonnoir S qui reçoit les cendres de la combustion et permet d'adapter à la lampe un globe de verre.

Le disque de charbon supérieur est mis en rapport avec le pôle négatif du générateur, et le guide métallique T du crayon de charbon correspond au pôle positif, de sorte qu'il n'y a de portée à l'incandescence que la partie du crayon de charbon (3/4 de pouce à peu près), comprise entre le tube métallique qui lui sert de support et le charbon supérieur. Cette incandescence est augmentée de l'action du petit arc voltaïque qui, comme nous l'avons dit, se forme au point de contact des deux charbons, et de la combustion du charbon délié. Le charbon supérieur, en raison de sa grande masse, ne brûle pas ni même ne subit aucune altération. L'action du contre-poids est d'ailleurs réglée au moyen d'un ressort R muni d'une vis de réglage qui, en appuyant plus ou moins sur la partie du tube emboîtée sur le charbon, forme frein.

Les expériences récentes faites en Angleterre avec une machine Gramme disposée pour la galvanoplastie et fonctionnant sous l'influence d'une machine à vapeur de deux chevaux de force, dit-on[1], ont fourni, suivant M. Werdermann, les résultats suivants :

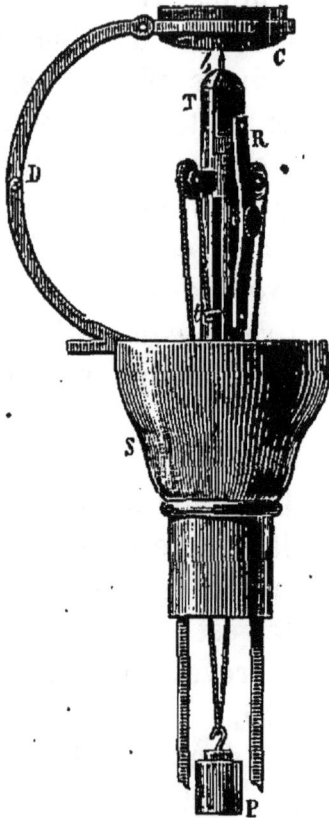

Fig. 46.

« 1° Quand le courant de la machine était distribué entre

[1] D'après des renseignements qui m'ont été transmis, cette force serait infiniment plus grande.

deux lampes, l'éclat de la lumière équivalait à celui de 360 candles.

Cette lumière était blanche et semblait dépouillée des rayons bleus et rouges qui se voient si souvent dans la lumière résultant de l'arc voltaïque. Elle était de plus parfaitement constante.

« 2° En établissant sur le circuit 10 dérivations correspondant chacune à une lampe, comme on le voit fig. 47, on peut obtenir 10 foyers lumineux représentant chacun environ 40 candles. Pour régulariser l'action, on interpose dans chaque dérivation des bobines de faible résistance a, a, a. Dans ces conditions, la résistance de chaque lampe était de $0^{ohm},392$ et, par conséquent, la résistance totale du circuit n'était que de $0^{ohm},037$.

« 3° L'usure des charbons des lampes du petit modèle ne dépassait pas 2 pouces par heure, et, pour les lampes grand modèle, cette usure atteignait à peine trois pouces dans le même espace de temps. On pouvait d'ailleurs les employer sur une longueur d'un mètre. C'étaient des charbons de M. Carré. »

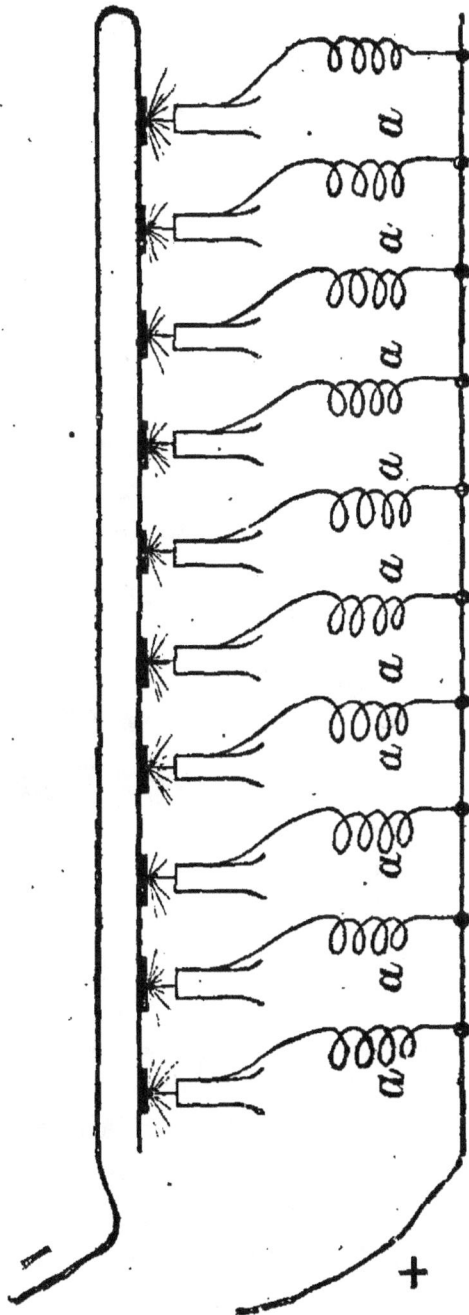

FIG. 47.

S'il faut en croire certains témoins oculaires, ces

renseignements seraient loin d'être exacts, et nous
verrons d'ailleurs plus loin qu'il est bien difficile d'obtenir sur des circuits dérivés une égalité de résistance
assez parfaite pour pouvoir maintenir longtemps allumés
des becs lumineux disposés de cette manière. Il paraît
toutefois que des expériences pratiques viennent d'être
entreprises à Londres et qu'elles ont bien réussi.

Avec ce système, comme du reste avec celui de M. E.
Reynier, toutes les lampes peuvent être allumées ou
éteintes d'un seul coup ou successivement, et comme
leur éclat peut ne pas être très grand, au lieu d'employer des globes en verre dépoli, on peut avoir recours
à des globes transparents.

La fig. 48 représente les commutateurs établis sur

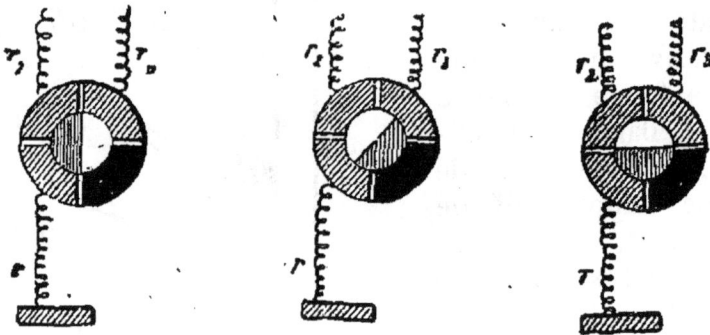

Fig. 48.

chaque dérivation, pour l'intercalation de la résistance a,
pour l'interruption du circuit et la transmission directe ;
ce sont des anneaux métalliques fendus en 4 parties égales, et à l'intérieur desquels on introduit un bouchon
moitié métallique, moitié isolant. Les deux parties supé-
rieures de chaque anneau sont mises en rapport, l'une
avec le charbon inférieur de la lampe, l'autre avec le
charbon supérieur ; mais sur la liaison effectuée dans ce
dernier cas est interposée une résistance égale à celle de
la lampe, soit 0,392 ohm. La partie inférieure de gauche
est reliée au fil positif, et la partie inférieure de droite

est constituée par de l'ébonite. Quand le bouchon est dans la première position indiquée sur la figure, le courant traverse directement la lampe, parce que la communication est établie par la partie métallique entre les deux secteurs métalliques de gauche ; quand il est dans la 2ᵉ position, le courant ne passe plus à travers les charbons, mais à travers la bobine de résistance, et comme celle-ci est équivalente à celle de la lampe, rien n'est changé dans la distribution électrique. Enfin, quand le bouchon est dans la 3ᵉ position, le circuit est interrompu, et les autres lampes bénéficient de la portion de courant qui passait à travers la lampe.

En outre des résistances dont il vient d'être question, il en est d'autres placées sur le trajet du fil positif de chaque dérivation, qui sont indiquées fig. 47 et qui servent à faire varier l'éclat de telle ou telle lampe.

Lampe Reynier, modèle Trouvé. — M. Trouvé vient de donner à la lampe Reynier une nouvelle disposition qui se rapproche un peu de celle de M. Werdermann et qui est à la fois plus pratique et plus économique. La fig. 49 peut en donner une idée exacte. Le petit charbon B qui fournit l'incandescence est logé dans un long tube fendu d'une rainure dans sa longueur qui permet à un bras adapté à un piston mobile D de pousser, sous l'influence d'un contre-poids P, muni de galets, le charbon fin contre le cylindre massif C. Ce charbon fin est pris entre deux galets à ressort g, qui lui amènent en même temps le courant. Enfin le cylindre de charbon C se présente devant l'autre de manière à pouvoir tourner sous l'influence d'une pression tangentielle exercée contre lui, au fur et à mesure de l'usure de la baguette illuminée BB. Cette lampe fonctionne bien et peut dès maintenant être appliquée à l'éclairage privé sous l'influence du courant d'une pile de 6 éléments Bunsen. La baguette

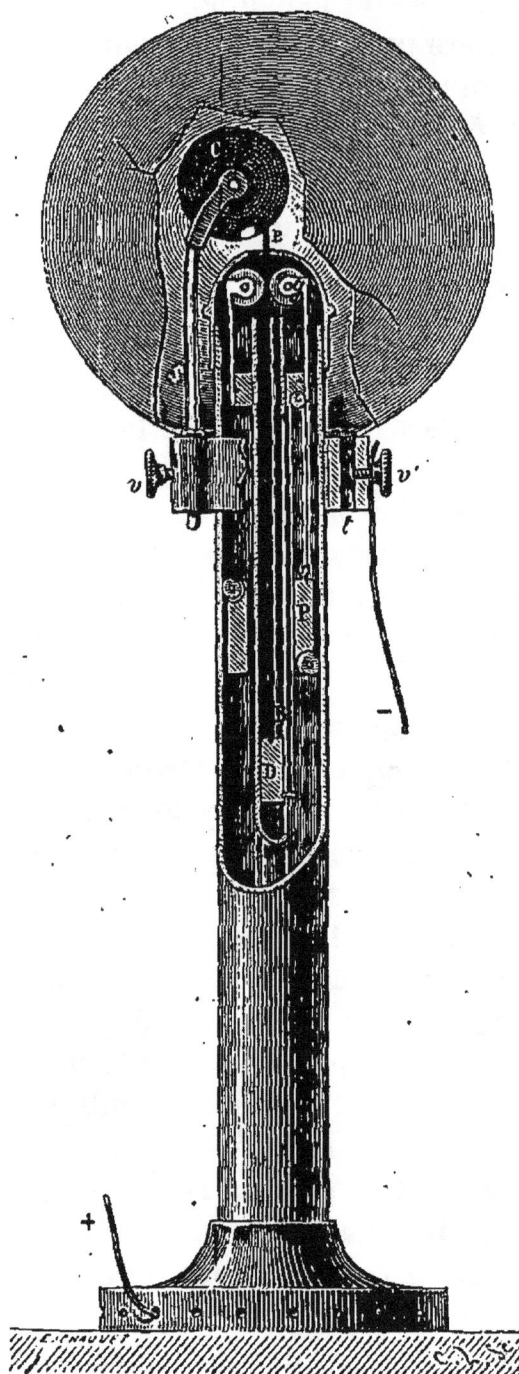

Fig. 49.

de charbon est d'un plus faible diamètre que celles employées par M. Reynier.

Lampe Reynier, modèle Ducretet. — Une disposition du genre de celle que nous venons de décrire a encore été donnée à la lampe Reynier par M. Ducretet. Dans ce modèle, représenté fig. 50, la baguette de charbon L, au lieu d'être poussée par un contre-poids, est soumise à l'action compressive d'une colonne de mercure dans laquelle elle est plongée, et qui remplit un long tube de fer T constituant le corps de la lampe. Un couvercle et un collier élastique G guident la baguette et lui communiquent ainsi que le mercure la polarité positive; enfin un cylindre de charbon H porté par un bras métallique coudé S mobile dans une douille *i* à vis de réglage permet de donner à la partie de la baguette qui doit rougir la longueur voulue. Le courant arrive à l'appareil par la borne B et l'interrupteur B'. Ce système, par sa simplicité, permet de fournir cette lampe à très bon marché. Il avait été, du reste, déjà combiné par M. Reynier, qui l'avait indiqué dans son brevet parmi les dispositions qu'on pouvait donner à son appareil (*Voir les appendices* note E).

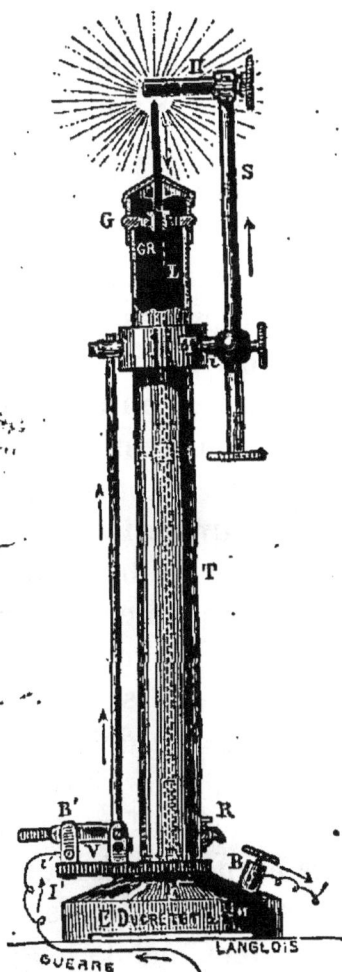

FIG. 50.

Lampe de M. Edison. — On ne connaît encore que très imparfaitement cette lampe, et M. Edison semble prendre un malin plaisir à faire attendre les curieux, sous prétexte de perfectionnements importants qu'il est toujours sur le point de réaliser, mais que nous croyons n'exister que dans son imagination. En atten-

dant, MM. les reporters américains donnent un libre cours
à leurs réclames bruyantes, qui n'ont d'autre effet, aujour-
d'hui, que de discréditer les découvertes du nouveau
monde. Aussi les actions des compagnies de gaz, qui
avaient, dans un premier moment, subi le contre-coup de
toutes ces annonces pompeuses, remontent-elles tous les
jours depuis qu'on a vu que tout ce tapage n'avait pas sa
raison d'être. S'il faut en croire certaines personnes, il paraîtrait même que le système de M. Edison présente si
peu de nouveauté qu'on aurait refusé en Angleterre et
en Amérique de lui conférer un brevet. Quoi qu'il en soit,
voici comment les journaux rendent compte de ce
système (voir les notes et appendices note D) :

En principe, cette lampe est fondée sur l'incandescence
d'une spirale constituée par un fil de platine allié à de l'iridium, et pour empêcher que cette spirale brûle lorsque sa
température dépasse un certain degré, M. Edison place
à l'intérieur de la spirale une tige métallique qui, en se
dilatant, vient buter contre une pièce de contact précisément au moment où la chaleur est sur le point d'atteindre ce degré. Alors le courant se dérive par ce
contact et abaisse immédiatement la température de la
spirale, ce qui détermine une disjonction de la dérivation et arrête le refroidissement. La spirale commence
alors à s'échauffer de nouveau et se trouve ainsi main
tenue à une température qui ne peut varier qu'entre des
limites plus ou moins rapprochées qui peuvent d'ailleurs
être réglées, par l'éloignement plus ou moins grand de
la pièce de contact de la dérivation, par la résistance
de celle-ci, et par un régulateur à résistance variable
avec la pression, fondé sur le principe que M. Edison a
appliqué aux transmetteurs téléphoniques.

Une spirale de platine peut-elle, par ce moyen, atteindre une température suffisamment intense pour produire
de la lumière?... Cela paraît d'autant plus douteux que
M. de Changy avait, lui aussi, construit dans des condi-

tions analogues un régulateur fort ingénieux qui n'a pas
empêché ses spirales de se volatiliser quand on les
chauffait au point de les rendre lumineuses.[1]

Si l'invention de M. Edison n'est pas autre chose que
cela, nous sommes étonné du bruit qui a été fait autour
d'elle. C'est la montagne qui est accouchée d'une souris.

BOUGIES ÉLECTRIQUES.

Les bougies électriques de M. Jablochkoff, dont on a
tant parlé dans ces derniers temps, ne sont certainement
pas l'idéal du luminaire électrique ; mais, en raison de
l'absence de tout mécanisme et de la régularité relative
de leur action, elles ont pu être appliquées à l'éclairage
public, ce qui, bien certainement n'aurait pu être fait
avec les lampes électriques jusque-là imaginées. C'est
grâce à elles et à la puissante compagnie qui s'est organisée pour exploiter cette invention qu'on a pu entreprendre ces belles expériences et ces éclairages splendides de
l'avenue de l'Opéra, de l'arc de triomphe de l'Étoile, de
la Chambre des députés, des magasins du Louvre, du
théâtre du Châtelet, etc., qui ont émerveillé tous les étrangers qui sont venus à Paris lors de l'exposition de 1878,
et ont démontré que l'éclairage électrique n'était pas une
chimère comme avaient voulu le prétendre les intéressés
des compagnies du gaz. Enfin ce sont elles qui ont provoqué cet engouement général de tous les pays pour
l'éclairage électrique, qui amènera fatalement d'ici à peu
de temps la substitution au moins partielle de l'éclairage
électrique à l'éclairage au gaz. Elles sont d'ailleurs assez
répandues, et il s'en brûle aujourd'hui quotidiennement

---

[1] Voir la description de ce système dans notre *Exposé des applications de l'électricité*, 2ᵉ édit., t. IV, p. 501.

dans huit cents foyers ; nous devrons, en conséquence, leur consacrer un long chapitre dans notre ouvrage.

Si l'on place parallèlement, l'un à côté de l'autre, deux charbons bien droits en les séparant par une lamelle isolante susceptible de se volatiliser ou de se fondre sous l'influence du passage du courant électrique entre les deux charbons, on peut obtenir une lampe électrique sans aucun mécanisme, et éclairant à la manière d'une bougie, c'est-à-dire en s'usant successivement jusqu'à ce que les deux charbons aient été entièrement consumés. Tel est le principe de la bougie Jablochkoff, que nous représentons fig. 51.

De nombreuses expériences ont été faites pour reconnaître quelle était la meilleure substance isolante à introduire entre les charbons, quels étaient le meilleur diamètre et la longueur à donner aux charbons, et après bien des essais on s'en est tenu au plâtre comme isolant et à des charbons de M. Carré de 25 centimètres de longueur sur 4 millimètres de diamètre. Ces bougies, pour une illumination variant de 25 à 40 becs de gaz, peuvent durer une heure et demie, mais nous verrons à l'instant que, par un dispositif très simple, on peut faire durer aussi longtemps que l'on veut l'éclairage fondé sur ce système. Une bougie Jablochkoff se compose donc de deux charbons isolés c, d, de M. Carré, de 25 centimètres de longueur, légèrement taillés en pointe à leur extrémité supérieure, et séparés par l'isolant dont nous avons parlé, qui présente à son bout supérieur, pour l'allumage de la bougie, une légère couche plombaginée servant de sillon conducteur. Cette couche se compose de plombagine mêlée à de la gomme, et pour en imprégner la bougie, il suffit d'en tremper le bout dans le mélange. Dans l'origine, les deux charbons

FIG. 51

étaient réunis par une aiguille de plombagine a, retenue par une bande de papier d'amiante ab; mais le procédé précédent est beaucoup plus simple. A leur partie inférieure, les charbons sont pourvus d'une sorte de tube de cuivre qui leur sert de plaque de communication pour les mettre en rapport avec le circuit quand la bougie est placée dans le chandelier, et une ligature M faite avec une pâte solide à base de silicate de potasse ou autre substance agglomérante enveloppe la partie supérieure des deux tubes et relie le tout de manière à empêcher les charbons de se séparer de leur cloison isolante. Une pareille bougie, à l'époque où la fabrication des charbons de M. Carré n'était pas encore montée sur une grande échelle, revenait à un prix assez élevé ($0^f,75$); mais, aujourd'hui que ces charbons ont diminué considérablement de valeur, les bougies pourront être livrées à bien meilleur marché, peut-être même, un jour, pourra-t-on les avoir à 20 centimes; il n'est plus possible d'établir les prix de revient de la lumière électrique d'après les données qui ont servi de base aux devis des premières expériences[1].

La fabrication de ces bougies, qui s'effectue sur une grande échelle avenue de Villiers, n° 64[2], est réellement très intéressante, surtout la manière dont on façonne les isolants. Sur une table de marbre, légèrement huilée, on répand, à l'aide d'un gabarit composé d'une lame de zinc dentelée, adaptée à un manche à glissière, une légère couche de plâtre de sculpteur, mêlé à du sulfate de baryte et gâché de manière à ne pas prendre promptement. Ce plâtre est placé devant le gabarit, et en promenant celui-ci, on l'étale sur le marbre de manière à former des rainures et des languettes de deux mètres environ de longueur. Quand on a passé plusieurs fois de suite le gabarit, on place devant celui-ci une nouvelle quantité

---

[1] Déjà la Compagnie vend ces bougies aux particuliers 0^f60^c.
[2] On en fabrique de six à huit mille par jour.

de plâtre qui augmente l'épaisseur des languettes, et au bout de cinq ou six opérations de ce genre les languettes ont exactement l'épaisseur des dents du gabaril et, par conséquent, celle qui convient à l'isolant. Les côtés de cet isolant sont naturellement légèrement concaves pour pouvoir emboîter les charbons qui sont cylindriques. Ordinairement l'épaisseur de cet isolant entre les charbons est de 3 millimètres et, dans l'autre sens, de 2 millimètres seulement.

Nous représentons fig. 52 les chandeliers employés par M. Jablochkoff pour soutenir ses bougies. Ils sont au nombre de 4 dans cette figure, mais ils peuvent s'y trouver en beaucoup plus grand nombre, et dans les lanternes de la place de l'Opéra on a pu en loger 12. Ils consistent dans deux supports verticaux de laiton, dont un, AC, est doublement articulé à moitié de

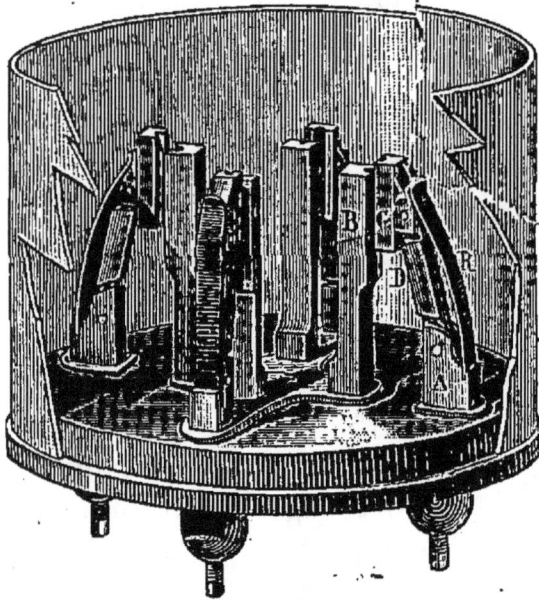

Fig. 52.

sa hauteur, et se termine par un genoux C qui peut s'appliquer exactement sur le corps introduit entre lui et le support B. Un fort ressort R appuie sur la partie supérieure du support CA et détermine un serrage convenable de la part du genoux C. Enfin les deux pièces B et C sont munies de rainures cylindriques qui emboîtent la bougie par les deux bagues métalliques qui la terminent, et comme ces pièces sont isolées électriquement l'une de l'autre et pourvues de boutons d'attache, on peut facilement mettre les deux charbons en rapport avec le circuit.

Pour obtenir la continuité de l'éclairage, on peut employer plusieurs systèmes : le plus simple et le plus pratique est de relier l'un des boutons de chaque chandelier à un commutateur qui permet, après la combustion d'une bougie, de faire passer le courant dans la bougie voisine par un simple mouvement donné à une mannette. Ce commutateur, dans les appareils de l'avenue de l'Opéra, est placé à l'intérieur du pied du candélabre, et un surveillant vient toutes les heures et demie tourner la mannette. Quelquefois le commutateur est double pour faire une double permutation : c'est quand deux bougies brûlent à la fois dans la même lanterne, comme cela a lieu dans les candélabres de la place de l'Opéra. La disposition de ces appareils ne présente du reste rien de difficile ; c'est un disque de bois sur lequel se trouvent fixées circulairement autant de plaques métalliques qu'il y a de bougies, et une mannette à ressort pivotant sur une colonne métallique placée au centre de ces plaques permet, en établissant le contact de la colonne avec telle ou telle de ces plaques, de faire passer le courant à travers telle ou telle bougie.

En dehors de ce système, on avait imaginé plusieurs dispositifs à l'aide desquels la commutation pouvait se faire automatiquement ; mais ils n'ont pas été jusqu'ici introduits généralement dans la pratique, car on est toujours resté aux commutateurs dont nous venons de parler. L'un de ces dispositifs, représenté fig. 53, consistait dans un levier coudé MO*m*, articulé en O, comme un compas de sonnette qui portait, d'un côté, un fil de platine *f*, appuyé contre l'isolant de la bougie A'B', et, de l'autre, un contact métallique M qui pouvait, en rencontrant un autre P, placé au-dessous de lui, fermer le courant à travers la bougie voisine AB. Une lame de ressort *r*, pressant contre l'un des bras O*m* de ce levier, maintenait le fil *f* appuyé contre la bougie, et alors l'autre bras OM

du levier ne déterminait aucun contact ; mais, quand la
bougie venait à être usée au-dessous du fil de platine,
celui-ci n'étant plus soutenu, le levier tombait sur le
contact P du commutateur qui transportait le courant de

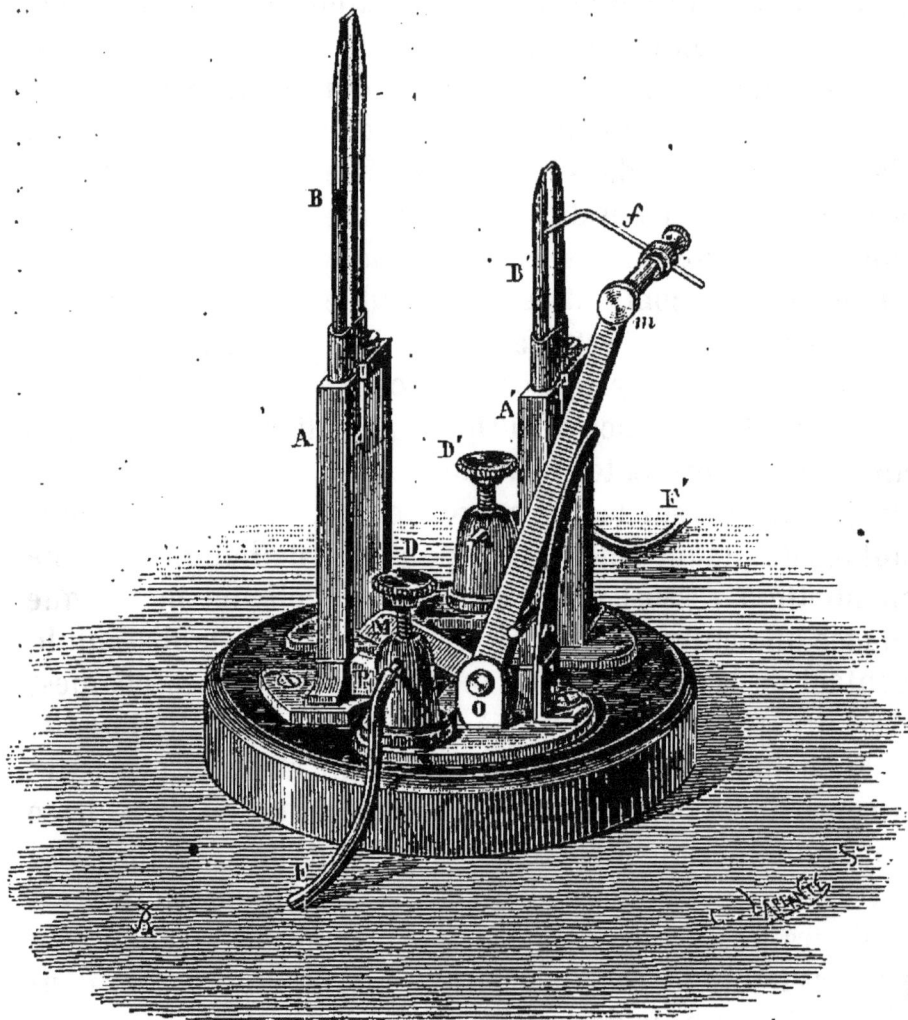

Fig. 55.

la bougie usée dans la bougie voisine. Comme toutes les
bougies étaient pourvues d'un dispositif du même genre,
le courant se trouvait ainsi transmis successivement
d'une bougie à l'autre sans aucune intervention humaine.

Dans un autre système, la permutation s'effectuait par

l'intermédiaire d'un échappement électro-magnétique à
mécanisme d'horlogerie qui fonctionnait toutes les fois que
le courant était interrompu par suite de l'extinction de l'une
ou l'autre des bougies ou par l'effet d'une action mécanique opérée par l'agent chargé de l'allumage.

La lumière fournie par les bougies Jablochkoff présente peu de variations dans son éclat, du moins quand
les machines Gramme qui l'alimentent fonctionnent régulièrement. Elle peut être d'une couleur plus ou moins
blanche, suivant la nature de l'isolant intermédiaire entre
les charbons. Si cet isolant est du kaolin, elle est un peu
bleuâtre; s'il est constitué par du plâtre, la teinte est
plus rosée et plus agréable.

La fixité relative du point lumineux, dans les bougies
Jablochkoff, tient à ce que les charbons se trouvent maintenus toujours à la même distance sans aucun mouvement,
et à la petite dérivation que présente au courant l'isolant
fondu qui se trouve interposé entre les charbons et qui
établit la stabilité de l'arc. Par suite de cette dérivation,
le courant électrique se trouve moins affaibli à travers
le circuit qu'avec les charbons séparés par l'air, et il en
résulte qu'on peut interposer dans un même circuit un
plus grand nombre de foyers lumineux. Il paraît aussi que
la lumière fournie, à cause de la flamme qui l'accompagne
et qui agrandit le point lumineux, est plus diffuse et projette moins d'ombre que la lumière des régulateurs. Quant à
son intensité, les avis sont très contradictoires, généralement on croit que, à intensité électrique égale, la lumière
de la bougie électrique est notablement plus faible que
celle d'une lampe électrique; mais M. Jablochkoff prétend
qu'il n'en est pas ainsi, et que, si dans les expériences
comparatives qui ont été faites on est arrivé à cette conclusion, c'est que l'arc voltaïque était placé dans de
moins bonnes conditions pour la bougie que pour la
lampe qui règle elle-même sa meilleure disposition. Il cite
à l'appui de son dire les expériences faites par l'un des

membres du jury de l'Exposition, M. Fichet, qui, pour dissiper ses doutes, a procédé de la manière suivante : ayant mesuré le pouvoir éclairant d'une bougie faite avec des charbons de 10 millimètres de diamètre, il a pris les mêmes charbons et les a placés dans un régulateur Serrin, réglé de manière à présenter la même longueur d'arc ; de cette manière, les conditions étaient les mêmes dans les deux cas, et il a trouvé que l'intensité lumineuse était également la même ; il a de plus remarqué que la chaleur employée pour la volatilisation de l'isolant n'était pas dépensée en pure perte, comme on le croit généralement. Avec certains isolateurs et notamment le kaolin, il peut bien, suivant M. Jablochkoff, y avoir affaiblissement de lumière, à cause de la dérivation assez notable du courant par la partie fondue de l'isolateur, mais avec les isolateurs en plâtre, cet inconvénient n'existe pas, et il s'y produit une flamme qui s'élève au-dessus de la bougie et que M. Jablochkoff regarde comme utile. Quoi qu'il en soit, les bougies électriques ne sont pas seules à entraîner des déperditions d'effets électriques : dans les régulateurs de lumière électrique on a bien aussi une perte de courant qui est la conséquence de l'interposition d'une hélice électro-magnétique plus ou moins résistante dans le circuit ; mais nous avons vu qu'avec le système Lontin, par dérivation, on pouvait en grande partie éviter cet inconvénient.

Les bougies Jablochkoff exigent, pour fonctionner, des courants alternativement renversés, et nous avons vu que, pour y appliquer les machines Gramme, il avait fallu combiner une machine particulière qui permettait en même temps la répartition de l'action inductrice entre plusieurs circuits. La nécessité de ces courants renversés est facile à comprendre, si l'on réfléchit qu'avec des courants redressés, l'un des charbons de la bougie (le positif) s'usant plus promptement que l'autre, l'intervalle entre les charbons augmenterait successivement et devien

drait bientôt tel qu'une extinction de lumière en serait
la conséquence; M. Jablochkoff prétend cependant qu'on
pourrait empêcher cet effet en augmentant suffisamment
le diamètre du charbon positif, pour qu'il brûlât deux
fois plus lentement que l'autre. Mais l'on n'a pas jusqu'à
présent eu recours à ce procédé.

Nous avons vu que, pour allumer les bougies Jablochkoff, il fallait faire d'abord passer le courant à travers
un conducteur secondaire, pour provoquer la première
action calorifique et exciter la décharge. Une fois l'arc
formé, ce conducteur secondaire est volatilisé, et il ne
reste plus rien dans la bougie qui permettrait un rallumage, si les bougies venaient à s'éteindre. Ce serait un
inconvénient, si on n'avait pas à sa disposition des bougies de rechange et un commutateur; mais, grâce à ce système supplémentaire, on n'a pas à craindre les effets de
ces extinctions; d'ailleurs M. Jablochkoff a combiné un
dispositif qui permet d'obtenir toujours l'interposition
d'un conducteur secondaire entre les charbons, après
l'extinction de l'arc. Ce dispositif consiste à introduire
dans le plâtre de l'isolant interposé entre les charbons de
la limaille de cuivre très-fine. Sous l'influence de la volatilisation de l'isolant, les particules de cuivre se vapori-
sent, et, après l'extinction, elles viennent se déposer sur
l'isolant en formant une couche semi-conductrice suffisante pour le rallumage.

Dans leur application à l'éclairage public, les bougies
Jablochkoff mettent à contribution un globe en verre
émaillé et l'appareil se présente alors comme l'indique la
fig. 54 qui le montre moitié en coupe, moitié en élévation.
Toutefois, une grande perte de lumière résulte de cette
disposition : car 40 pour 100 de cette lumière se trouve emprisonné à l'intérieur du globe. Il est vrai que la lumière
ainsi diffusée est favorable à l'éclairage, mais on pourrait satisfaire à ces conditions contraires en employant,
au lieu de globes sphériques émaillés, des appareils à

doubles réflecteurs, par exemple, une sorte d'entonnoir

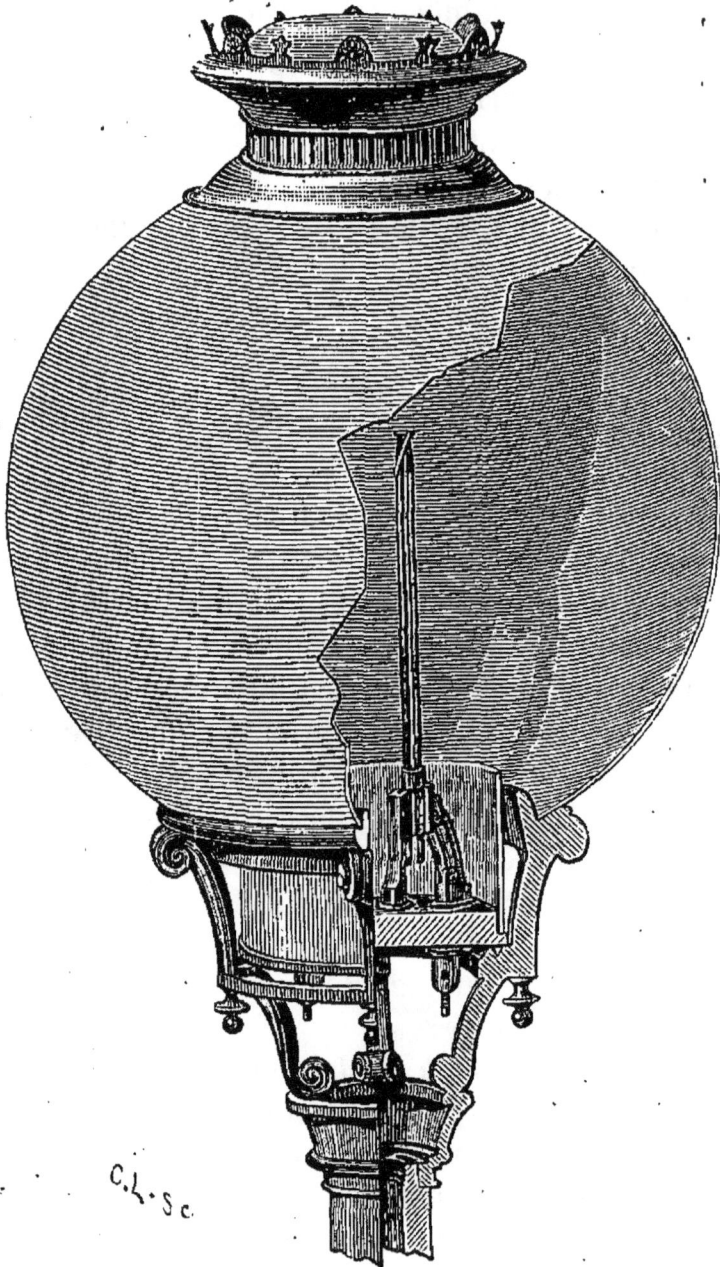

Fig. 54.

en verre dépoli qui envelopperait par le dessous les bougies, et qui serait recouvert supérieurement par un demi-

globe en verre translucide ; au-dessus de celui-ci serait
alors placé un abat-jour en verre émaillé ou en porcelaine qui rabattrait les rayons lumineux réfléchis par les
parois internes de l'entonnoir.

Pour augmenter la puissance d'éclairage des bougies
électriques, M. Jablochkoff a eu l'idée d'employer des condensateurs de grande surface, lesquels ont pour effet
d'accroître la tension aussi bien que la quantité des courants alternatifs. A cet effet, il fait partir du générateur un
conducteur qui est mis en communication avec les armatures homologues d'une série de condensateurs dont les
autres armatures correspondent collectivement ou séparément aux différentes bougies mises, d'autre part, en
communication avec le générateur ou la terre. Dans les
deux cas, les effets sont supérieurs, sous le rapport de la
tension et de la quantité, à ceux résultant de l'action propre
du générateur, et on peut s'en assurer de la manière suivante.

Par exemple, si sur le trajet du courant d'une machine
à courants alternatifs, susceptible seulement de donner
une étincelle d'arrachement équivalente à celle de six à
huit éléments Bunsen, on interpose une série de condensateurs dont la surface représente à peu près 500 mètres
carrés, on peut produire alors un arc voltaïque de 15 à
20 millimètres ; et des charbons de 4 millimètres rougissent sur une longueur de 6 à 10 millimètres à partir
de leur extrémité. D'un autre côté, si, sur le courant d'une
bobine d'induction alimentée par un courant alternatif
et donnant une étincelle de 5 millimètres, on interpose
de la même façon un condensateur d'environ 20 mètres
carrés de surface, on produit un arc voltaïque de 30 millimètres, et, dans ce cas, des charbons de 4 millimètres de
diamètre rougissent aussi sur une longueur de 6 à 10
millimètres à leur extrémité. Enfin, si, étant donné un certain nombre de condensateurs, on réunit les secondes
surfaces d'un ou de plusieurs d'entre eux avec le second

inducteur de la machine ou la terre, on obtient entre les appareils, disposés comme précédemment et l'autre conducteur de la machine des effets qui se rapprochent beaucoup des effets statiques.

Ces effets n'ont du reste rien que de très naturel, et c'est par un moyen analogue que M. Planté, avec sa machine rhéostatique, est parvenu à transformer les courants voltaïques en courants d'électricité statique capables de fournir des étincelles de 4 centimètres de longueur.

Le système des condensateurs de M. Jablochkoff permet, d'un autre côté, d'obtenir de la manière la plus simple les effets d'amoindrissement et d'augmentation de la lumière des bougies dans telle proportion que l'on veut et pendant leur fonctionnement; il suffit pour cela d'un commutateur qui interpose dans le circuit une plus ou moins grande surface de ces condensateurs.

Dans leur application à l'éclairage public, chacun de ces condensateurs, composé de 25 pièces séparées ou éléments, doit correspondre à chaque groupe de quatre bougies; conséquemment, ces quatre bougies sont disposées sur l'un des fils partant d'une des armatures, et leur circuit est, naturellement, interrompu sur le condensateur. On peut en conclure que le courant qui alimente les bougies n'est qu'un courant de décharge en retour, qui résulte de la condensation, et qui par conséquent doit présenter les effets des décharges statiques. C'est pour cette raison qu'au lieu de quatre bougies que l'on peut introduire sur chacun des quatre circuits des machines Gramme à division on peut en introduire huit; mais il faut que le condensateur affecté à chaque groupe de quatre bougies soit disposé en surface, et, à cet effet, chaque élément se compose de 32 feuilles d'étain des plus grandes dimensions que l'on rencontre dans le commerce. Dans ces conditions, il paraît que la lumière de chaque bougie n'est pas diminuée en intensité. Reste à savoir si le générateur ne dépense pas une plus grande force, ce qui pourrait être ; mais on n'a fait jusqu'ici aucune expérience à cet égard.

D'après M. Jablochkoff, l'emploi de ces condensateurs qu'il appelle, d'après M. Waren de la Rue, *excitateurs*, serait indispensable pour obtenir des becs de lumière électrique par dérivation du courant. Quand on fait l'expérience sans ces organes, celui des becs qui présente le moins de résistance absorbe le courant dans une si grande proportion, qu'au bout de peu d'instants les autres becs finissent par s'éteindre. Si les circuits avaient une résistance parfaitement uniforme, on pourrait peut-être obtenir de cette manière des résultats satisfaisants, mais il existe tant de causes de variations de résistance dans les circuits, qu'il est impossible de compter sur une pareille uniformité pendant un temps un peu long, et il n'y a qu'avec les condensateurs que le problème a pu être résolu, du moins avec les bougies électriques.

Les condensateurs employés par M. Jablochkoff sont de très grande dimension, et occupent une place relativement considérable. Pour une série de quatre bougies ils constituent, comme on l'a vu, une pile de 25 éléments d'environ 75 centimètres de hauteur sur 80 centimètres de longueur et 50 de largeur ; mais ils n'exigent pas une position déterminée, et peuvent être placés en tel endroit qu'il convient. Ils sont d'ailleurs constitués par des lames de papier d'étain, séparées par une légère couche de cire à bouteilles, ou par du taffetas gommé, ou par du papier enduit de paraffine.

Autres systèmes de bougies électriques. — Pour éviter les déperditions de chaleur dues à la fusion de l'isolant, que plusieurs personnes croient inutiles au développement de la lumière, plusieurs inventeurs, entre autres, MM. Rapieff, Siemens, de Méritens, Thurston, Wilde, etc., ont combiné des bougies électriques dans lesquelles le corps isolant est remplacé par une simple

couche d'air. Dans le système de M. Wilde, breveté récemment, et que nous représentons fig. 55, les deux charbons sont fixés verticalement l'un à côté de l'autre dans
des supports métalliques; mais l'un deux est légère-

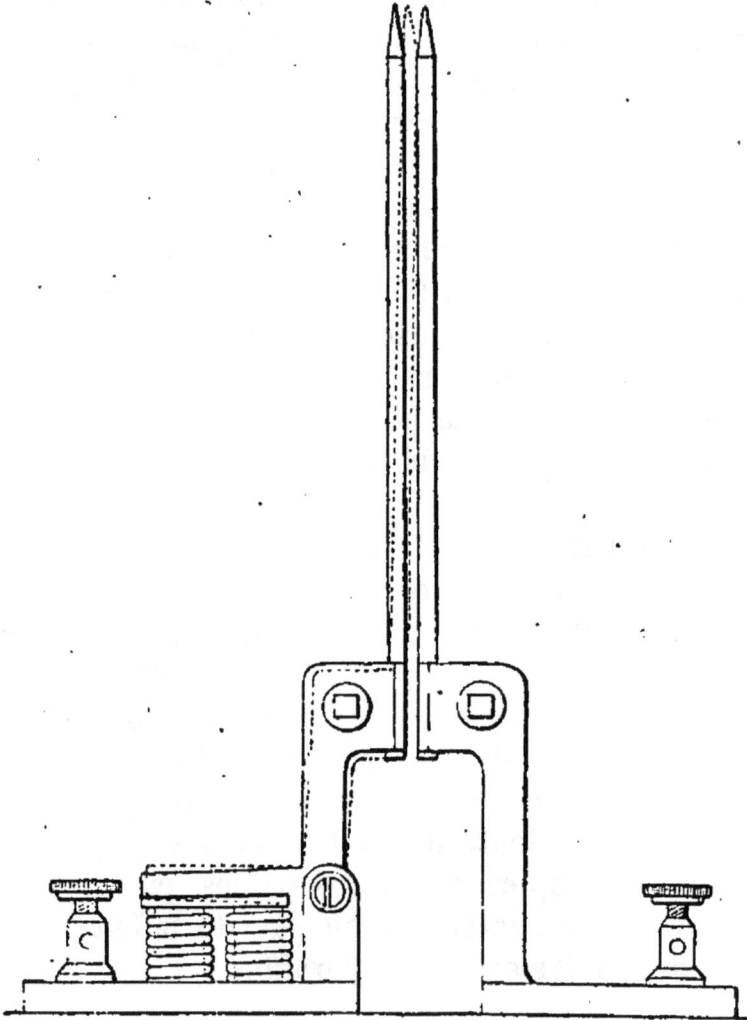

Fig. 55.

ment incliné sur l'autre, et son support articulé sur une
pièce fixe est muni latéralement d'une palette de fer qui
constitue l'armature d'un électro-aimant. Le ressort
antagoniste de cette armature est réglé de manière que
l'action électro-magnétique ne soit prépondérante que

quand les charbons viennent à se toucher, et il en résulte alors un écart plus ou moins grand des charbons qui peut se maintenir : car le charbon mobile est soumis pendant tout le temps de sa combustion à deux effets contraires, qui le maintiennent toujours dans une position plus ou moins voisine du charbon fixe, mais qui ne peut varier que d'une très petite quantité. Ce système paraît être exactement le même que celui de M. Rapieff décrit dans le *Télégraphic Journal* des 15 décembre 1878 et 1er février 1879. Reste à savoir à qui la priorité. Quant au système Méritens, il se compose de trois charbons parallèles sans contact les uns avec les autres. Le courant passe dans les charbons extrêmes, et celui du milieu n'agit que comme un intermédiaire favorisant et régularisant la décharge. L'important pour tous ces systèmes est que les deux charbons ne puissent jamais prendre une position tout à fait parallèle, car alors le point lumineux pourrait se déplacer et courir d'un bout à l'autre des charbons.

Dans l'un des systèmes de ce genre qui ont été proposés, les charbons étant inclinés et appuyés l'un sur l'autre s'allument par une séparation mécanique effectuée par une tige en matière réfractaire qui est commandée par une action électro-magnétique, et qui s'introduit entre eux.

Nous avons vu, p. 134, que M. A. Ikelmer avait cherché à diminuer la résistance des bougies électriques en introduisant entre les parois de l'isolant et les charbons des lames métalliques. Or, l'introduction de ces lames présente encore, suivant lui, l'avantage très grand de permettre le rallumage automatique de la bougie; mais il faut alors que l'isolant soit composé d'une matière médiocrement conductrice, dont la résistance est calculée en conséquence. Cette disposition permet, d'ailleurs, au courant de se dériver quand la lumière s'éteint, et empêche la machine génératrice de *s'emporter*, comme cela arrive quand la résistance qui est opposée à son fonctionnement vient à être supprimée subitement par suite de la rupture du circuit. Nous avons vu que M. Jablochkoff avait employé un procédé analogue pour le rallumage de ses bougies; et ce procédé a été breveté, m'a-t-on assuré, un an avant celui dont nous parlons en ce moment.

Pour maintenir fixe le point lumineux avec les bougies électriques, M. l'abbé Lavaud de Lestrade a imaginé un système de porte-bougie, dans lequel la bougie est fixée dans une sorte de chandelier soutenu par une pièce disposée pour former un flotteur. A cet effet, ce chandelier est fixé à trois tiges verticales, dont deux se terminent par deux ampoules cylindro-coniques immergées dans deux tubes remplis de mercure. La troisième sert de guide au système, et une vis à crémaillère permet de disposer les tubes à mercure à telle hauteur qu'il convient. Les ampoules ont pour effet de soutenir à une hauteur donnée la bougie électrique, et leur capacité ainsi que le volume des tiges qui les supportent sont calculés en conséquence. Cette hauteur peut, il est vrai, être modifiée au moyen de la vis de la crémaillère, mais l'équilibre entre le poids de la bougie et la tendance des ampoules à se soulever étant toujours le même tant que la bougie conserve son poids, la profondeur d'immersion des ampoules reste la même, quelle que soit la position du système qui porte la bougie. Il n'y a que quand elle vient à s'user que cet équilibre est détruit et que la bougie tend à monter; elle s'élève alors d'une quantité qui est représentée par le rapport qui existe entre le volume des charbons consumés et celui d'un cylindre de mercure ayant, pour diamètre, celui de la tige des ampoules, et pour poids celui des charbons usés. Si les tiges correspondantes aux ampoules ont un diamètre calculé pour que le poids du mercure qu'elles déplacent corresponde précisément au poids des charbons usés, et que la hauteur dont elles émergent du mercure soit exactement la même que celle dont les charbons se raccourcissent par le fait de la combustion, le point lumineux déterminé entre les deux charbons restera toujours à la même hauteur, et la bougie électrique pourra de cette manière être employée avec les appareils à projection, comme les lampes électriques à mouvement d'horlogerie. M. Lavaud de l'Estrade indique encore un autre dispositif pour obtenir les mêmes effets avec la bougie de M. Wilde, mais ces appareils ne sont pas encore assez pratiques pour que nous nous y arrêtions davantage.

On a encore proposé bien d'autres systèmes de luminaires électriques, et nous n'en finirions pas, si nous nous arrêtions à toutes les conceptions plus ou moins fantastisques qui ont été mises au jour; il nous suffira, pour qu'on puisse se faire une idée de leur valeur, de rappeler ce moyen mentionné dans certains journaux, de peindre les papiers des appartements avec des substances fluorescentes et phosphorescentes, qui emmagasineraient, suivant eux, dans la journée, la lumière qui servirait à les éclairer le soir. Nous nous en tiendrons à ce simple aperçu pour montrer jusqu'à quel point peut aller l'imagination, quand elle n'est pas tempérée par une sage théorie.

PRIX DE REVIENT DE L'ÉCLAIRAGE ÉLECTRIQUE.

Les dépenses qui incombent à l'éclairage électrique sont de diverse nature et se rapportent, indépendamment des frais d'acquisition des appareils, 1° à la production du courant électrique qui doit le fournir; 2° à la combustion des charbons qui servent d'organes excitateurs. On n'avait prêté, il est vrai, pendant longtemps, que peu d'attention à cette dernière dépense, parce qu'elle s'effaçait devant l'autre; mais aujourd'hui que, grâce aux machines d'induction; la production de l'électricité peut se faire dans des conditions assez économiques, elle est devenue une question importante, et c'est elle qui paraît atteindre, surtout avec les bougies électriques, le chiffre le plus élevé.

Plusieurs recherches importantes ont été entreprises à diverses époques sur le prix de revient de l'arc voltaïque, soit avec les piles, soit avec les machines d'induction, et nous allons les résumer le plus brièvement possible, bien qu'à vrai dire elles ne soient pas encore assez concluantes pour qu'on puisse s'y fier aveuglément.

Prix de la lumière électrique avec les piles. — Dans un intéressant rapport fait à la Société d'encouragement en 1856, M. Ed. Becquerel annonce qu'une pile de Bunsen de 60 éléments, appliquée à la production d'un arc voltaïque et dont les zincs avaient 20 centimètres de hauteur sur 8,5 cent. de diamètre, et les vases poreux 20 cent. sur 6,5, avait dépensé, en zinc, en 3 heures de temps, 0 ^{kil}, 956 ^{gram}., et en acide sulfurique 1 ^{kil}, 464 ^{gram}. Ce qui fait une dépense, par heure, d'environ 1 fr. En estimant la dépense de l'acide nitrique à un équivalent d'acide nitrique par équivalent de zinc, comme l'expérience le lui avait indiqué, M. Ed. Becquerel a calculé que la dépense de ce liquide pouvait être estimée à 1 ^{fr}, 46^c, ce qui fournirait une dépense totale de 2 ^{fr}, 46^c. Mais, comme il le fait observer, la dépense réelle est supérieure à ce nombre, car, si le zinc qui reste peut servir pour des opérations ultérieures, l'acide nitrique, dont le degré aréométrique est abaissé de 36° à 25°, ne donne plus aux couples une action assez énergique pour obtenir l'arc voltaïque lumineux dans de bonnes conditions. Il faut, en outre, avoir égard à la perte du mercure, à la consommation un peu plus grande de zinc que la théorie ne l'indique, et à la consommation des conducteurs de charbon entre lesquels l'arc se produit, et dont le mètre courant valait alors 2 ᶠʳ, 50ᶜ. « L'on arrive alors, dit M. Becquerel, à une dépense de 3 fr. par heure pour les 60 éléments, c'est-à-dire à environ 5 cent. par heure et par élément. Du reste, la dépense pour une intensité lumineuse donnée n'est pas la même au commencement et à la fin d'une expérience ; cela résulte de la diminution dans l'intensité électrique des couples, c'est-à-dire du changement dans la composition des liquides qu'ils renferment. Il est toutefois un résultat qui doit être mentionné et qui facilite l'examen du prix de revient d'une pile Bunsen, c'est que, si dans cette pile il est usé pour 1 fr. de zinc, les autres matières employées peuvent être évaluées à 1 fʳ, 50ᶜ, de sorte que la dépense totale ne peut être moindre que de 2 fʳ, 50ᶜ. »

Une remarque curieuse faite par M. Becquerel, c'est que l'intensité lumineuse diminue beaucoup plus rapidement que l'intensité du courant, ce qui tient à ce que l'intensité lumineuse, étant fonction de la quantité de chaleur dégagée, doit varier, ainsi que celle-ci, comme le carré de la quantité d'électricité qui passe à travers le circuit dans un temps donné ; c'est ce qu'indique la loi de Joule (v. p. 7).

« On voit, conclut M. Becquerel, d'après les déterminations que j'ai données, qu'en n'ayant égard qu'au prix de revient des matières consommées et sans y comprendre la main-d'œuvre, l'éclairage électrique, à égalité de lumière, serait quatre fois plus cher que l'éclairage au gaz, au prix de vente du gaz à la Ville de Paris, seulement le double du prix, quand on considère le prix de vente aux particuliers. Il serait le même que celui de l'éclairage à l'huile et le quart de celui de l'éclairage aux bougies ; mais, si l'on estimait la main-d'œuvre nécessaire pour surveiller les appareils, les préparer et renouveler les piles, etc., le prix augmenterait au moins de moitié du nombre indiqué plus haut. »

D'après les expériences faites à Lyon pendant 100 heures par MM. Lacassagne et Thiers, pour l'éclairage de la rue Impériale, et qui nécessitait une pile de 60 éléments Bunsen, la dépense revenait à 3 fr. par heure pour obtenir une lumière équivalente à environ 50 becs Carcel, en moyenne (75 au commencement, 30 à la fin), et cette dépense était établie de la manière suivante :

Substances.	Consommation en 101 h.	Prix partiel.	Prix total.	Prix par heure.	Prix actuel.
Zinc	72^k,00	104^f les 100 k	74^f,95	0^f,75	80^f les 100 k
Acide sulfurique.	154 ,00	24 —	56 ,95	0 ,57	12 —
Acide nitrique. .	247 ,00	70 —	173 ,25	1 ,73	56 —
Mercure.	9 ,00	550 —	49 ,75	0 ,50	650 —
Carbone purifié.	6^m,61	3 le m	19 ,85	0 ,20	2^f,50 le m
		Totaux.	354^f,75	3^f,55	

Ce prix de 3 fr, 55 ^{c}. par heure est à peu près celui indiqué par M. Becquerel, en tenant compte des prix actuels.

Prix de la lumière électrique avec les machines d'induction. — Nous avons vu que, d'après les expériences de MM. Jamin et Roger, la force électro-motrice du courant issu d'une machine magnéto-électrique de l'*Alliance*, à 6 disques, dont les bobines étaient disposées en tension et dont la vitesse de rotation était de 200 tours par minute, était équivalente à celle de 226 éléments Bunsen, et seulement de 38 quand les bobines étaient disposées en quantité. Nous avons également vu que la résistance du générateur devait être considérée fictivement, eu égard aux conditions d'application des formules de Ohm, comme équivalente à celle de 665 éléments Bunsen dans le premier cas, et à celle de 18 dans le second. Dans la disposition que ces appareils avaient reçue dans l'origine pour l'éclairage des phares, la lumière produite par cette machine était équivalente à celle qui serait fournie par 230 becs Carcel, et le prix de revient du courant produisant cette

lumière était, d'après les calculs de M. Reynaud, inspecteur des phares, 1 fr, 10 c. par heure[1]. Si on compare ce prix à celui du courant d'une pile de Bunsen de
même puissance, calculée d'après les bases établies par
M. E. Becquerel, on réaliserait, en employant ces machines,
une économie dans le rapport de 1 fr, 10 c. à 11 fr, 30 c.,
c'est-à-dire de plus du décuple, et le prix de la lumière
fournie, comparé à celui de la lumière à l'huile ordinaire,
dans une lampe Carcel, serait environ sept fois moindre ;
mais remarquons qu'il n'a pas été question des charbons
de la lampe.

D'après les recherches de M. Le Roux, le prix de la
lumière électrique produite par les machines de l'*Alliance*
serait, dans le cas le plus favorable, de 0f,024, et dans le
cas le plus défavorable, de 0f,034 par heure et par bec
Carcel, ce qui correspondrait à peu près à la dépense oc-
casionnée par le gaz d'éclairage pour les abonnés, d'une
part, et à celle pour la municipalité de Paris, d'autre
part.

Avec les machines nouvelles, la dépense est de beaucoup réduite, et on peut s'en faire une idée d'après les
chiffres donnés par différents ingénieurs pour la machine
Gramme. Si cette machine n'est employée que dans le cas
où il y a un grand espace à éclairer et où on a un moteur.
suffisamment puissant pour que l'addition d'une ou de
plusieurs machines n'entrave en rien la marche régulière

---

[1] Cette dépense était répartie de la manière suivante :

Intérêts et amortissement du capital dépensé pour l'achat des machines	0f,28
Charbon pour la machine à vapeur	0 ,40
Salaire du mécanicien	0 ,35
Graissage des machines et entretien	0 ,07
Total	1f,10

On pourra avoir des données complètes sur cette question dans le
rapport de M. Le Roux (*Bulletin de la Société d'encouragement*,
t. XIV, p. 776), et dans le Mémoire de M. Reynaud sur l'éclairage
et le balisage des côtes de France (Paris, Imprimerie nationale, 1864).

de l'usine, le prix de la lumière électrique revient à un bon marché surprenant.

« Dans ces conditions, dit M. Fontaine, une machine Gramme montée sur socle coûte 1600 francs, un régulateur Serrin 450 francs, et les prix des câbles, suivant leur longueur, varient de 1 à 2 francs le mètre. Les crayons du régulateur coûtent environ 2 francs le mètre, et leur usure est de $0^m,08$ par heure. Or, avec 500 heures de veillées par an et 4 appareils dans le même établissement, les dépenses annuelles, si l'on emploie une machine à vapeur, sont :

4000 kilog. de charbon à 35 fr. la tonne. . . .	140 fr.
166 mètres de crayons de cornue.	320
Entretien des appareils à $0^f,50$ par heure . . .	250
Amortissement de 10 000 fr. à 10 pour 100 par an.	1100
Total.	1810 fr.

« Si l'on dispose d'une force hydraulique, ces dépenses sont réduites à 1570 francs.

« Pour un foyer unique, il faut compter 0 f, 30° d'entretien par heure, ce qui augmente un peu le prix proportionnel. Par contre, pour 8 foyers, l'entretien ne dépasse pas 0 f, 75°, et le prix proportionnel est réduit. En prenant pour base 525 francs par appareil et par an, pour 500 heures de veillées, on pourra être certain de ne pas éprouver de mécompte.

« Avec les nouvelles machines Gramme (type de 1877) et les charbons Gauduin, le prix de l'unité de lumière par heure est réduit de 40 pour 100.

« Ces chiffres sont le résultat de la pratique, et jamais nous n'avons constaté qu'ils aient été trop forts ; au contraire, dans beaucoup d'applications, il a été reconnu que la dépense par bec Carcel était plus faible que celle que nous indiquons. »

D'après les tableaux que donne M. Fontaine dans son ouvrage, p. 200 et 201, il paraîtrait que, pour une même intensité lumineuse, la machine Gramme, dans le cas le plus défavorable, procurerait une lumière

75 fois	moins	chère qu'avec	la bougie de cire.
55	—	—	la bougie stéarique.
16	—	—	l'huile de colza.
11	—	•	du gaz à $0^f,30$ le mètre cube.
$6^{1/2}$	—	—	du gaz à $0^f,15$ le mètre cube.

Dans les conditions les plus favorables, cette lumière serait

300 fois moins chère	—	que celle de	la bougie de cire.
220	—	—	la bougie stéarique.
63	—	—	l'huile de colza.
40	—	—	du gaz à 0ᶠ,30 le mètre cube.
22	—	—	du gaz à 0ᶠ,15 le mètre cube.

Si l'on cherche à se rendre compte de l'économie que peut réaliser l'installation des machines Gramme dans une filature de 800 métiers, on arrive à conclure que, comparativement à une installation au gaz, on réalise une économie de 33 pour 100 dans le prix de l'éclairage, et on a 6 fois plus de lumière.

Nous extrayons maintenant d'une notice intéressante que vient de publier M. R. V. Picou, ingénieur des arts et manufactures, les renseignements suivants, qui semblent dégagés de toute exagération en plus ou en moins et qui indiquent le prix de *un franc* comme représentant la dépense d'un bec de lumière électrique par heure.

Suivant M. Picou, un bec de lumière électrique alimenté par une machine Gramme ordinaire pourrait éclairer de 250 à 500 mètres carrés d'un atelier où se feraient des travaux minutieux, 500 ou 1000 mètres carrés des ateliers d'ajustage et de mécanique, 2000 mètres carrés d'un chantier de travaux. La dépense d'installation serait :

Machine Gramme.	1500 fr.
Lampe Serrin	400
Accessoires de la dite	50
Fils de communication	50
Transmission.	150
Transport, emballage	50
Imprévu.	100
Total.	2300 fr.

et la dépense courante serait par heure :

Charbon de cornue 0ᶠ,21
Charbon pour force motrice. . . . . 0 ,15
Entretien et surveillance. . . . . 0 ,10
Amortissement de 2300 fr. répartis sur 500 heures
     d'éclairage annuel . . . . 0 ,46
                        Total. 0ᶠ,92

Si l'on éclaire toutes les nuits, c'est-à-dire 4000 heures par an, le prix tombe à 0ᶠ,53.

Avec un moteur hydraulique, les prix sont 0ᶠ,77 pour un éclairage de 500 heures, et 0ᶠ,38 pour un éclairage de 4000 heures.

Pour un atelier de 20 mètres sur 60, il faudra deux foyers de lumière électrique qui entraîneront une dépense de 1ᶠ,77 par heure au lieu de 3ᶠ,50 que coûterait un éclairage au gaz de 100 becs qui devraient être employés dans ce cas, et qui donneraient une lumière cinq ou six fois moindre en intensité totale.

Si l'atelier travaille toute la nuit, la dépense par heure devient 0ᶠ,97 avec la lumière électrique, et 3ᶠ,07 pour la lumière au gaz.

A côté de ces indications, nous croyons intéressant de donner les conclusions qui ont été émises en Angleterre, à la suite des expériences de Trinity-House, et nous les résumons d'après un travail lu à la Société des ingénieurs civils de Londres, par MM. Higgs et Brittle, et intitulé : *On some recent improvements in Dynamo-electric apparatus.*

« Quoique sous certains rapports, disent MM. Higgs et Brittle, le gaz et l'électricité puissent rivaliser, ces deux modes d'éclairage ont cependant des applications qui leur sont propres. Si le gaz a été généralement employé jusqu'ici pour éclairer de grands et de petits espaces, parce qu'aucune autre source de lumière ne pouvait lui être opposée avantageusement, il est certains cas où une autre source de lumière pourrait être préférée. Ainsi, par exemple, si pour éclairer un grand espace où la lumière du gaz serait évidemment préférable on

était obligé de créer exprès une usine à gaz, il est certain que
le prix de l'éclairage atteindrait un chiffre infiniment supérieur à celui de la lumière électrique ; par conséquent, pour
l'éclairage de travaux occupant une certaine étendue de terrain,
l'éclairage électrique serait préférable. Si on considère le
pouvoir lumineux comme proportionnel à la force motrice, on
pourrait admettre que 100 chevaux-vapeur pourraient donner une lumière de 150 000 candles, et si une pareille lumière
devait être distribuée sur trois points différents, la dépense de
chaque lampe serait, par heure, de 7 schellings et 6 pences, soit
1 livre 2 schellings 6 pences pour les trois foyers. Chacun de ces
centres lumineux pourrait donner une clarté suffisante pour
que des caractères d'imprimerie assez petits pussent être lus à
un quart de mille de ces foyers. Or voyons maintenant ce que
coûterait un pareil éclairage au gaz. Chaque bec donnant une
lumière de 20 candles et brûlant 6 pieds cubes de gaz par
heure, l'éclairage précédent équivaudrait à 7500 becs, et la
dépense par heure s'élèverait à 45 000 pieds cubes de gaz,
soit 4 livres 5 schellings (à raison de 2 schellings par mille
pieds cubes). On aurait donc un bénéfice en faveur de la
lumière électrique dans le rapport de 4 à 1. On pourrait donc
en conclure que la lumière électrique serait généralement le
plus économique des modes d'éclairage ; mais l'importance de
cette économie est très-variable selon le prix du gaz et celui du
moteur employé. Pour de grands espaces, la dépense de la
lumière électrique est, comme on vient de le voir, un quart ou
un cinquième de celle du gaz, du moins en supposant que la
vapeur est employée comme force motrice et que l'on tient
compte de l'usure et des détériorations des machines ; mais, si
on emploie un moteur à gaz, l'économie n'est plus que dans
le rapport de 3 à 1. C'est avec un moteur hydraulique que les
avantages sont les plus importants.

« Dans la fabrique de M. Dieu à Davour, la dépense par heure
avec le gaz était de 2 sch. 0,632 d., et celle de la lumière
électrique n'était que de 1 sch. 7,2 d. M. Ducommun trouve
qu'en tenant compte de l'usure, de la détérioration et de l'intérêt, le gaz coûte 2,25 fois plus que la lumière électrique,
et 7,15 fois, quand on met de côté les dépenses d'usure, de détérioration, etc. A la fabrique des télégraphes de M. Siemens,
les locaux affectés à la construction des câbles sont imparfaitement illuminés avec 120 becs de gaz, brûlant chacun 6 pieds
cubes de gaz par heure, et ne donnant qu'une lumière à peine

équivalente à 2400 candles. Or, en employant trois machines avec lampes électriques, on a obtenu un meilleur éclairage, et les frais des deux éclairages ont été dans le rapport de 2 à 1, l'avantage restant à la lumière électrique [1], et on évitait en même temps les inconvénients de la fumée et du brouillard qui altéraient beaucoup la lumière des becs de gaz.

« Si on ne prenait en considération que les effets physiques produits par les deux systèmes d'éclairage, les avantages seraient encore bien plus grands, et on pourrait les calculer dans le rapport de 20 à 1.

« On peut donc établir comme étant un fait d'expérience que, pour éclairer de larges espaces pas trop subdivisés, l'avantage est grandement en faveur de la lumière électrique, mais que, s'il est nécessaire d'avoir un grand nombre de centres lumineux de faible intensité, ou bien que l'espace soit trop subdivisé, l'avantage revient au gaz. Encore même sous ce rapport, cet avantage n'existera plus quand on aura trouvé un système pratique de subdiviser la lumière électrique.

« Dans les endroits où des cloisons opaques ou des corps avancés ne feraient que détourner la lumière sans la cacher complétement, on pourrait à l'aide de réflecteurs éclairer les endroits dans l'ombre, et la lumière électrique serait alors préférable à toute autre lumière; et nous ne doutons pas que, quand la lumière électrique pourra être fractionnée, elle ne puisse soutenir avantageusement la concurrence avec le gaz, surtout quand les frais d'établissement d'une usine dépasseraient

---

[1] Voici comment M. Siemens établit ces frais pour 120 becs de gaz :

	Pour 1000 heures par an
Intérêt à 15 pour cent pour l'établissement de tuyaux, becs et robinets, y compris l'usure, les détériorations et les renouvellements se montant à 60 livres.	9 l. 0 s. 0 d.
Dépense de gaz consumé.	135 0 0
Total	144 l. 0 s. 0 d.
Pour lumière électrique :	
Intérêt à 15 pour cent pour l'établissement de machines, lampes, fils conducteurs, montage, entretien, se montant à 250 livres.	37 l. 10 s. 0 d.
Charbon pour les lampes, suveillant, huile, etc.	35 4 0
Total	72 l. 14 s. 0 d.

ceux qui seraient nécessaires pour fournir la lumière électrique
dans tout un district.

« La scintillation de la lumière électrique, qui pourrait être
dangereuse pour la vue, peut d'ailleurs être prévenue par des
réflecteurs opalins qui, en projetant les rayons sur d'autres
réflecteurs ou sur des plafonds disposés en conséquence, pourraient fournir de la lumière diffuse donnant à l'espace éclairé
l'aspect d'un éclairement à la lumière du jour. »

APPLICATIONS DE LA LUMIÈRE ÉLECTRIQUE.

Le bon marché relatif de la lumière électrique et sa
puissance de concentration ont fait naître depuis longtemps
l'idée de l'appliquer dans un grand nombre de cas particuliers, et, dans ces derniers temps, on a même conçu
l'espérance de l'employer comme moyen d'éclairage public; mais, sans parler de cette application qui n'est pas
encore complètement résolue, comme nous allons le voir
à l'instant, il est une foule de cas où cet éclairage peut
être employé dès aujourd'hui dans de bonnes conditions,
entre autres pour l'éclairage des grands ateliers, des grands
magasins, des travaux de nuit, des gares de bagages aux
chemins de fer, des galeries minières, etc., etc. Il est même
des applications pour lesquelles nul autre système d'éclairage ne pourrait fournir des effets aussi avantageux et
aussi complets. De ce nombre sont les applications qu'on
en a faites aux phares, aux opérations militaires, à la navi-
gation, aux travaux sous-marins, aux projections d'expé-

riences de physique, aux représentations théâtrales, aux
fêtes publiques, aux signaux maritimes, etc., etc. C'est de
ces applications que nous allons maintenant nous occuper, et nous commencerons par l'application la plus générale, savoir l'éclairage public.

Application à l'éclairage public. — Depuis la découverte par Davy du merveilleux pouvoir éclairant de l'étincelle électrique échangée entre deux charbons, on a fait
bien des essais pour l'appliquer à l'éclairage public ; mais
ces essais n'avaient fourni que des résultats très-peu
satisfaisants, et il devait en être ainsi, car, outre le prix
de cet éclairage, qui était fort élevé, ce n'était pas une
lumière intense et concentrée qu'on devait rechercher
pour cette application ; une pareille lumière, en effet, est
insupportable à la vue quand on s'en rapproche, et elle
ne peut éclairer une assez grande étendue autour d'elle
pour présenter un réel avantage sur les lumières disséminées en grand nombre sur des points différents. On a
pu se convaincre de cette vérité lors des expériences qui
ont été tentées il y a une vingtaine d'années sur la place
du Carrousel, non, il est vrai, avec de la lumière électrique, mais avec une lumière également très-intense, qui
projetait autour d'elle une belle sphère lumineuse. On a
reconnu finalement que ce bec unique était loin de fournir
les mêmes avantages que les becs de gaz ordinaires qui
s'y trouvaient placés auparavant. Or, si l'on considère que
le caractère propre de la lumière électrique est précisément sa puissance de concentration, on arriverait à conclure que, si cette lumière avait dû rester dans les conditions où elle se trouvait, il y a peu d'années encore, ce
n'était pas à elle qu'on devait demander l'éclairage public.
Toutefois, l'abaissement considérable du prix de cette lumière et les moyens qu'on a trouvés récemment de la
diviser dans d'assez bonnes conditions ont fait changer la
question de face, et les importants essais entrepris cette

année par la compagnie Jablochkoff ont fait naître des idées nouvelles qui, étant partagées en ce moment dans presque tous les pays civilisés, promettent d'aboutir à un résultat important ; il n'est donc pas étonnant que les compagnies de gaz s'en soient émues, et que leurs actions aient subi une dépréciation. Toutefois nous croyons cette dépréciation exagérée, car, comme nous le disions en commençant, il nous est difficile de croire que le gaz n'ait pas toujours son emploi, et un emploi d'autant plus important, qu'il peut être appliqué à une foule d'industries.

Nous avons expliqué comment, grâce aux machines d'induction à bobines fixes, aux bougies Jablochkoff, aux lampes Lontin, Reynier, Werdermann, etc., la lumière électrique peut être suffisamment divisée pour les besoins de l'éclairage public ; mais il ne faudrait pas croire que cette idée fût nouvelle. Depuis longtemps la divisibilité de la lumière électrique est cherchée, et plusieurs systèmes ont été proposés ; de ce nombre sont ceux de MM. Wartmann, Quirini, Liais, Deleuil, Ronalds, Lacassagne et Thiers, Martin de Brettes, que nous avons décrits dans notre *Exposé des applications de l'électricité* (t. V, p. 550) ; mais ces systèmes basés, soit sur des dérivations du courant, soit dans une permutation successive et rapide du courant à travers un certain nombre de circuits isolés, soit sur une projection tournante d'un faisceau lumineux, n'avaient pas d'organes excitateurs assez énergiques et assez bien combinés pour résoudre le problème, et ce n'est que quand MM. Lontin, Lodyguine et Jablochkoff eurent fait leurs premières expériences, qu'on pût quelque peu croire à la divisibilité de la lumière électrique. Toutefois un grand doute subsistait encore, c'était sur la possibilité de pouvoir éclairer un espace étendu en longueur. On croyait que la perte d'intensité électrique résultant de la longueur des conducteurs absorberait toute la puissance du générateur et qu'il ne resterait plus assez de force électrique pour allumer plusieurs becs de lumière : or les expériences de M. Jablochkoff faites sur toute la longueur de l'avenue de l'Opéra, avec une machine seulement pour chaque côté de la rue, ont levé tous les doutes à cet égard, et c'est, comme nous l'avons déjà dit, à partir de ce moment que le problème de l'application de l'électricité à l'éclairage public a été mis à l'ordre du jour chez toutes les nations. Nous devrons, en conséquence, consacrer quelques lignes à ces remarquables expériences qui, du reste, durent encore à l'heure où nous écrivons ces lignes, et qui vont s'étendre à d'autres voies importantes de Paris.

Les candélabres à lumière électrique qui éclairent l'avenue de l'Opéra depuis la place du Théâtre-Français sont au nombre de trente-deux, seize de chaque côté de la rue. Ce sont les candélabres ordinaires de la ville de Paris soutenus sur des piédestaux circulaires en bois de chêne de $1^m,5$ de hauteur, et terminés par des lanternes semblables à celle de la fig. 54. Chaque lanterne contient six bougies, et sept fils leur arrivent par l'intérieur du candélabre, après avoir traversé un commutateur à six contacts qui se trouve logé dans chaque piédestal. Les machines qui actionnent ces différents candélabres sont logées dans deux caves au milieu de la rue, et les fils se divisent par conséquent en deux faisceaux pour chaque machine ; deux de ces faisceaux vont en amont de la rue sur chaque côté, et les deux autres vont en aval ; ils sont enfouis en terre au-dessous des trottoirs et sont protégés, outre leur couverture isolante en gutta-percha et en toile goudronnée, par des tuyaux de drainage en terre bien emboîtés les uns dans les autres. Des regards sont placés devant chaque candélabre, et c'est là qu'est effectué le raccordement des fils de chaque candélabre avec les fils du circuit. Naturellement les sept fils n'existent qu'entre le commutateur et les bougies ; partout ailleurs il n'y en a que deux pour chaque série de quatre candélabres.

Il paraît qu'on dépense entre les deux machines trente-six chevaux de force pour allumer les trente-deux candélabres des deux côtés de la rue, ce qui entraîne pour la production de lumière de chaque candélabre la force de $1^{ch}, 12$; mais il faut remarquer que dans cette valeur est comprise la force nécessaire pour vaincre la résistance des conducteurs, laquelle ne laisse pas que d'être considérable, si l'on considère qu'elle est, du fait seul des conducteurs, de près de 1000 mètres de fil pour les circuits les plus éloignés des machines.

M. Jablochkoff prétend que la lumière de chacun des candélabres représente de vingt-cinq à trente becs de gaz ; mais M. F. Leblanc assure qu'elle ne dépasse pas douze becs, et c'est sur cette indication que le dernier marché stipulé entre la Compagnie Jablochkoff et la ville de Paris a été conclu. Toutefois il faut considérer que près de 40 à 45 pour cent de lumière sont absorbés par les verres émaillés des globes ; de sorte que, par le fait, chaque bec pourrait bien représenter une lumière de 50 à 60 Carcel, suivant M. Jablochkoff, ou de 22 à 24 Carcel suivant M. Leblanc. Quant au prix de revient, il était, d'après le marché passé primitivement entre la ville de Paris et la compagnie Jablochkoff, six fois supérieur, pour la Ville, à celui du gaz ; mais il est aujourd'hui considérablement réduit, et si la Compagnie n'est pas en perte dans le nouveau marché qu'elle a passé avec la ville de Paris, on pourrait dire qu'il n'est pas éloigné actuellement de celui du gaz, car il est quatre fois moins élevé que dans le premier marché.

Les discussions qui ont eu lieu au conseil municipal de Paris, lors du renouvellement des marchés dont nous venons de parler, peuvent jeter quelque jour sur le prix de revient de ce système de lumière. En effet, l'éclairage de l'avenue de l'Opéra, joint à celui de la place de l'Opéra, de la place du Théâtre-Français et de la façade du Corps Législatif, coûtait dans l'origine, par bec et par heure.

1^f,25 : or, suivant M. Mallet, on pourrait avoir pour cette somme soixante-huit becs de gaz, ce qui constituerait, lumière pour lumière, un désavantage pour l'éclairage électrique dans le rapport de 1 à 6 ; mais ce chiffre de 1^f,25 s'est trouvé réduit à 0^f,30 dans la dernière délibération du Conseil, et nous ne voyons pas que la Compagnie Jablochkoff l'ait refusé, puisque l'éclairage électrique continue. Nous croyons toutefois que, dans ces conditions, la Compagnie doit être en perte, car, d'après les calculs du rapporteur du Conseil municipal, les frais devraient s'élever à 0^f,73.

Comme cette question présente un certain intérêt en raison des difficultés qu'on rencontre à obtenir des renseignements exacts, il nous semble utile de résumer ce qui a été dit à ce sujet au Conseil municipal.

D'après le rapport de M. Cernesson, le prix de revient de chaque bec de lumière électrique, par heure, peut être déduit de la liste suivante des frais occasionnés pour l'allumage de soixante-deux becs pendant une heure :

Force motrice (frais divers)................	3 fr.	20
Charbon pour alimenter les moteurs.........	6	64
Huile pour le graissage des machines........	1	23
Salaire du surveillant préposé à l'allumage et aux rallumages périodiques................	3	20
62 bougies à 50 centimes l'une.............	31	00
Total....... fr.	45 fr.	27

Ce qui donne par bougie 0^f,73.

Toutefois la Compagnie se contentait de 0^f,60 et demandait au Conseil de passer le marché à ce taux ; mais les conclusions du rapport n'ont pas été conformes à ce désir, et il a été admis, en principe, que la Compagnie de la lumière électrique serait payée en proportion de la quantité de lumière fournie.

« Chacune des lanternes électriques, dit le rapport, ayant été considérée comme donnant autant de lumière que onze becs de gaz débitant 140 litres à l'heure et coûtant chacun environ 2 centimes 1/2, la commission demande qu'il soit attribué à la Compagnie une somme de 30 centimes par lanterne et par heure. D'après l'échelle précédente, la Compagnie n'aurait droit qu'à 27 centimes.

Quant au projet proposé par la Compagnie d'éclairage électrique de prendre l'entreprise pour trois ans de l'éclairage des principales voies de Paris, la commission a refusé nettement de se lier d'une manière définitive ; elle a décidé que, dans l'état actuel des choses, l'électricité, représentée par la bougie Jablochkoff, ne pouvait être considérée comme arrivée à un degré de perfection qui lui permît de supplanter le gaz, mais que les progrès accomplis étaient assez sérieux et assez importants, pour qu'il y ait lieu de continuer les expériences sur une plus vaste échelle. En conséquence, elle pense que l'avenue de l'Opéra devra continuer à être éclairée comme par le passé pendant une année à partir du 15 janvier, et que la Compagnie de l'éclairage électrique pourra encore appliquer son système sur deux nouveaux points de Paris, la place de la Bastille et l'un des pavillons des Halles centrales (Voir le journal l'*Électricité* des 5 et 20 janvier).

L'éclairage de l'avenue de l'Opéra et de la place du Théâtre-Français ne comporte qu'une bougie par candélabre, et il y a en tout quarante-huit foyers lumineux. Sur la place de l'Opéra il n'y a que huit candélabres, mais deux bougies brûlent ensemble dans chacun d'eux ; les deux triples lanternes placées des deux côtés de la façade de l'Opéra n'ont que des bougies simples. Ces deux derniers candélabres sont alimentés par deux machines de l'*Alliance*, mais ceux de la place de l'Opéra sont actionnés par une machine Gramme à division, ce qui entraîne pour l'ensemble de l'éclairage électrique de cette partie de Paris l'emploi de quatre machines employant chacune de seize à dix-huit chevaux de force. La place de la Bastille et le pavillon des Halles centrales seront éclairés, chacun de leur côté, par seize candélabres.

Malgré la guerre acharnée que les Compagnies de gaz ont faite, dans les journaux, à ces essais d'éclairage électrique, tous les pays civilisés sont en ce moment en train d'établir la lumière électrique chez eux. Les villes de Stockholm, de Saint-Pétersbourg, d'Amsterdam, ont passé déjà des marchés dans ce but. La ville de Londres s'occupe dès maintenant de réaliser cette belle application, et les nouveaux quais de cette capitale sont aujourd'hui ainsi éclairés. Enfin, l'Amérique elle-même fait essais sur essais pour arriver à une solution immédiate. Aurons-nous le triste courage de n'adopter chez nous cette belle application qu'après tous les autres pays, comme nous l'avons déjà fait pour la télégraphie électrique, les chemins de fer, etc.?... Ce serait dur après avoir fait les premières expériences !!

Jusqu'à présent nous ne nous sommes occupé que de la lumière fournie par les bougies Jablochkoff, mais ce système n'est pas le seul qui puisse être appliqué à l'éclairage public, et ce n'est peut-être même pas le plus économique au point de vue de la lumière produite. Les globes en verre émaillé sont, d'un autre côté, une mauvaise disposition qui empêche de profiter de tout le pouvoir éclairant de la lampe. Déjà on essaye en ce moment les globes de M. Clémandot, qui sont constitués par deux surfaces sphériques de verre transparent entre lesquelles se trouve introduite de la ouate de verre. Ce système, essayé aux magasins du Louvre, n'absorbe, dit-on, que 24 pour cent de lumière au lieu de 40. Avec les systèmes Reynier et Werdermann appliqués aux candélabres actuels, on aurait évidemment, à égalité d'intensité électrique, une plus grande division de la lumière et probablement une moins grande dépense de charbons. Ceux-ci étant logés dans l'intérieur de la colonne du candélabre, ce qui serait facile avec la disposition Werdermann, pourraient brûler toute une nuit sans qu'on ait à s'en occuper. D'un autre côté, avec les machines de M. de Méritens, il serait peut-être possible qu'on pût réduire dans un rapport assez élevé la dépense de la force motrice, de sorte que le prix élevé de la lumière électrique qui, dans les conditions actuelles, est le grand cheval de bataille des partisans quand même du gaz, pourrait être assez abaissé pour lutter victorieusement, même à ce point de vue, avec le gaz. Pour l'éclairage local, le problème est, comme on l'a vu, résolu depuis longtemps, et il n'est pas dit qu'en augmentant beaucoup la section des conducteurs et en dépensant pour eux autant qu'on le fait pour les conduites de gaz on ne placerait pas l'éclairage public dans les mêmes conditions d'économie que l'éclairage local. Nous ne voyons donc aucune raison pour que le prix de revient de l'éclairage électrique n'arrive pas à être au-dessous de celui de l'éclairage au gaz ; c'est une question de temps, et le point important était de démontrer que le problème de l'éclairage public par la lumière électrique n'était pas matériellement impossible : or nous savons aujourd'hui à quoi nous en tenir à cet égard.

On a prétendu que la lumière électrique était un éclairage dangereux pour la vue, désagréable d'aspect et susceptible de faire peur aux chevaux. Les expériences faites depuis six mois ne m'ont pas laissé cette impression, et quand, en se plaçant au coin de la rue de la Paix et de l'avenue de l'Opéra, on compare, le soir, l'éclairage des deux voies et surtout des maisons qui les bordent, on croit que l'une est dans l'obscurité. Certainement, quand l'éclairage électrique de l'avenue de l'Opéra cessera, le public éprouvera une grande déception et aura de la peine à s'habituer aux luminaires gazeux qui ne l'éclairent actuellement que la nuit, et pourtant ces luminaires comportent trois becs de gaz là où il n'y en avait qu'un seul il y a peu de temps encore.

Quant à l'aspect blafard de la lumière électrique, il ne paraît froid que parce que nous sommes habitués aux lumières rouges ; mais si on tenait absolument à cette teinte rougeâtre, il ne serait pas difficile de la donner en introduisant dans la composition des charbons certains sels colorants ; mais en vérité il m'est difficile de croire que cette idée soit sérieuse, car une lumière blanche qui est très-analogue à celle du soleil et qui ne dénature pas les couleurs à la vue est, ce me semble, préférable à une lumière qui enveloppe tous les objets d'une teinte fausse. Il est évident que les personnes qui critiquent à ce point de vue la lumière électrique sont ennemies de ces beaux effets de clair de lune si vantés par les poètes et les artistes.

Quand il ne s'agit que d'éclairer une portion de l'espace dans une direction donnée et sous un angle ne dépassant pas 180 degrés, on peut employer avec avantage les projecteurs à diffusion imaginés par M. J. Van Malderen ; ce sont des espèces de miroirs paraboliques dont le foyer de lumière électrique occupe le centre, et dont la partie antérieure est fermée, à une petite distance de ce foyer, par un verre dépoli qui, en recevant le faisceau de rayons parallèles renvoyés par le miroir, les diffuse et élargit le faisceau dans des proportions telles qu'il éclaire alors tout l'espace en face de lui. On a prétendu que l'intensité de l'éclairage se trouve de cette manière grandement accrue.

Au sujet de la divisibilité de la lumière électrique dont on a tant parlé dans ces derniers temps, et qu'on a posée comme une découverte nouvelle sans tenir compte des travaux antérieurs de MM. Wartmann, Quirini, etc., je crois intéressant de reproduire ici une lettre que M. Lontin a adressée au journal l'*Électricité* et qui a paru dans son numéro du 5 novembre 1878 :

« Permettez-moi de vous rappeler qu'il y a deux ans environ, j'ai pris un brevet pour |des régulateurs photo-électriques qui divisent parfaitement le courant qu'on leur fournit.

« La machine magnéto-électrique de l'*Alliance* qui fonctionnait à l'Exposition avait alimenté, il est vrai, 4 bougies Jablochkoff ; mais cette même machine, sans y apporter aucun changement, a fait fonctionner 12 de mes régulateurs. Voilà, je crois, véritablement la divisibilité de la lumière électrique, divisibilité d'autant plus réelle que chacun de mes régulateurs donnait comme pouvoir éclairant une intensité lumineuse de 19 becs Carcel. Cette puissance lumineuse peut d'ailleurs être encore abaissée, puisque j'ai obtenu des intensités de 4 Carcels seulement. Je crois pouvoir conclure de ces expériences que la machine de l'*Alliance* ou l'une de mes machines dynamo-électriques, disposée convenablement dans ce but, pourrait facilement alimenter 50 régulateurs. .

« L'éclairage de la gare des chemins de fer de Lyon, l'année dernière, a été obtenu avec un de mes générateurs électriques donnant 12 courants, et chaque courant alimentait deux ou trois lampes. La nouvelle installation que j'organise en ce moment permettra d'interposer quatre lampes par courant.

« A la gare Saint-Lazare, chaque courant entretient deux et quatre lampes dont l'intensité est mise en rapport avec les besoins du service. »

Application à l'éclairage des phares. — Nous ne sommes plus maintenant dans le domaine des hypothèses, l'application de la lumière électrique aux phares est un fait accompli depuis près de 15 ans (1864), et je ne sache pas qu'aucun accident sérieux soit venu interrompre les expériences. La plupart des phares importants des côtes de France, de Russie et d'Angleterre, sont ainsi éclairés, et c'est à la courageuse initiative de la compagnie l'*Alliance* et de son intelligent directeur M. Berlioz, que le monde civilisé doit cette belle application qui a évidemment prévenu bien des sinistres maritimes. Il est vrai que M. Berlioz s'est trouvé puissamment aidé dans ses expériences par l'administration des phares et entre autres par MM. Reynaud et Degrand qui, après de nombreuses et intelligentes expériences, disposèrent vers

1863 les phares de la Hève dans ce nouveau système. Quelque temps après, l'Angleterre nous·imita et employa, comme machines magnéto-électriques, celles de M. Holmes, qui n'étaient qu'une copie imparfaite de celles de l'Alliance. M. Le Roux a publié dans le *Bulletin de la Société d'encouragement* sur ce genre d'application une très-intéressante étude que nous aurions eu un grand plaisir à reproduire ici, si l'espace ne nous avait manqué, mais que nous devrons simplement résumer, renvoyant le lecteur au tome XIV du bulletin de la Société, p. 762.

Aujourd'hui, ce sont les machines dynamo-électriques qui·semblent être préférées, et le *Telegraphic Journal*, dans son numéro du 1er décembre 1877, donne beaucoup de détails sur la manière dont le système est installé aux phares du ·cap Lizard ; cette installation aurait été intéressante à décrire, mais, faute d'espace, nous nous contenterons, en ce moment, d'étudier la manière dont la lumière électrique est organisée au sommet des phares.

La partie éclairante des phares se compose, comme on le voit fig. 56, d'une cage de verre constituée par un certain nombre de lentilles à échelons de Fresnel et au centre de laquelle se trouve le foye lumineux. Cette cage de verre tourne sous l'influence d'un fort mouvement d'horlogerie, et c'est le passage des zones de séparation des diverses parties lenticulaires qui détermine ces éclipses qui distinguent les feux des phares des feux ordinaires. *Plus le point lumineux est petit, plus son effet est amplifié par les lentilles,* et le point·capital pour avoir une lumière qui soit aperçue de loin est que la lampe qui fournit cette lumière ait un foyer lumineux le plus vif et le plus restreint possible. Or la lumière électrique résout ce double problème, et c'est pour cette raison qu'elle semble faite tout exprès pour les phares. Toutefois, comme les régulateurs de lumière électrique sont quelquefois sujets à des extinctions et qu'une extinction prolongée pourrait causer de graves sinistres, les régulateurs de lu-

mière électrique (qui sont le plus souvent du système
Serrin ou du système Siemens) sont disposés en double

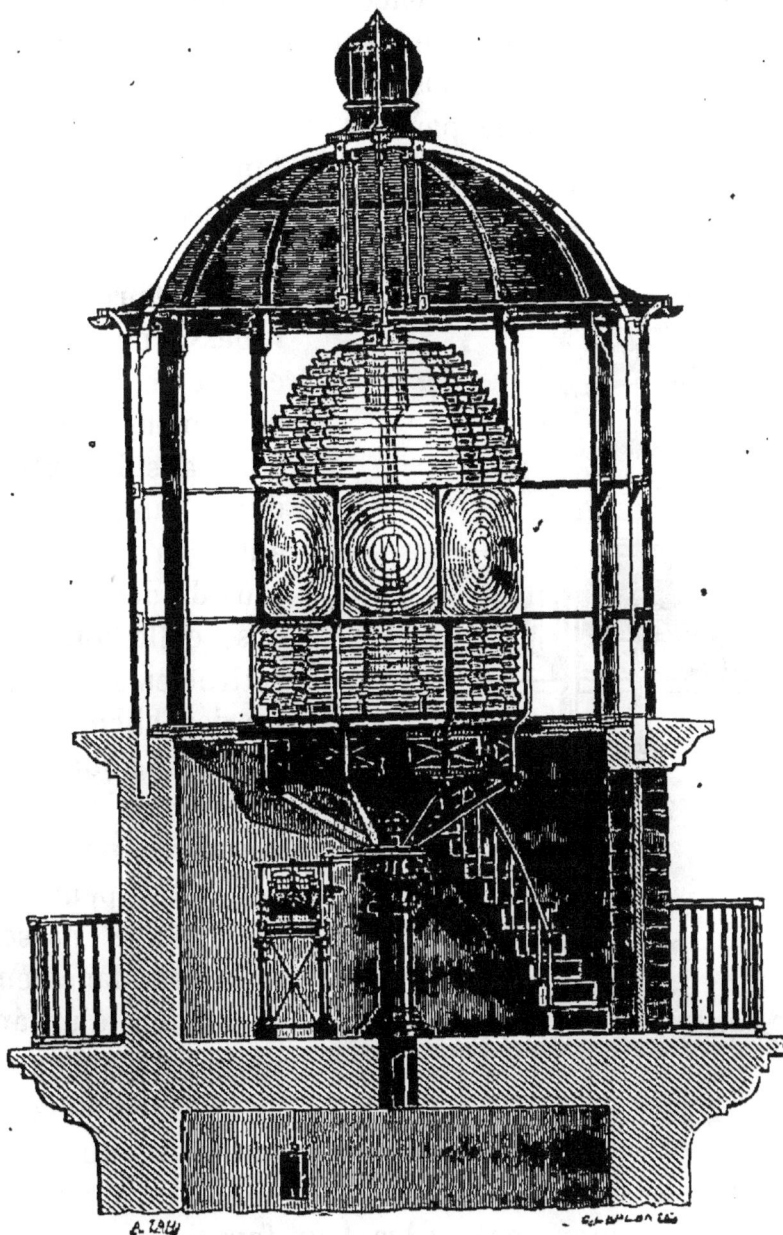

FIG. 56.

pour chaque appareil lenticulaire ; ils y entrent en glissant sur de petits rails ménagés à la surface d'une table

en fonte, comme on le voit fig. 57 ; un arrêt les fixe au foyer de l'appareil ; ils s'y allument d'eux-mêmes instantanément, et c'est là encore un des grands avantages que présente la lumière électrique, surtout avec les régulateurs dont nous avons parlé. La communication électrique s'établit d'une part au moyen de la table de fonte, de l'autre par l'intermédiaire d'un ressort métallique qui vient presser sur le dessus de la lampe en un point convenablement disposé. La substitution d'une lampe à une autre n'exige pas plus de deux secondes, celle que l'on retire s'en allant par un des chemins de fer, tandis que celle qui doit la remplacer arrive par le second. On peut encore faire passer plus instantanément la lumière d'un appareil dans l'autre au moyen d'un commutateur qui leur transmet successivement le courant ; mais il y a plus de difficultés pour bien centrer les deux foyers.

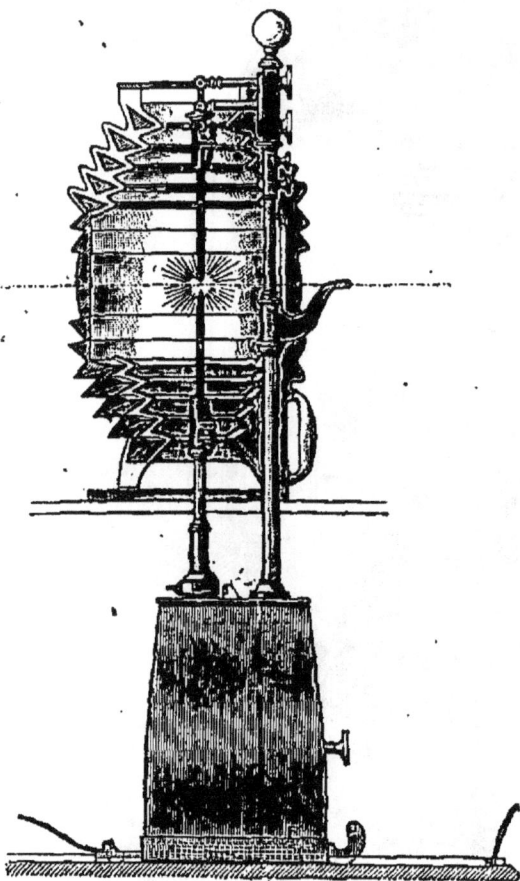

Fig. 57.

Les charbons employés pour les phares ont 7 millimètres de côté et 27 centimètres de longueur, et leur consommation peut être évaluée à 5 centimètres par pôle et par heure, du moins avec les machines à courants alter-

natifs. Malgré cette usure égale, il y a pourtant une petite
différence, et le charbon du haut s'use un peu plus vite
que le charbon du bas, dans le rapport de 108 à 100. On a
bien réglé en conséquence les régulateurs, mais, comme
il est important que la variation du point lumineux soit
au-dessous de 8 millimètres, sans quoi aucun rayon ne
serait renvoyé à la limite de l'horizon, il importe que
cette lumière soit toujours l'objet d'une surveillance at-
tentive. Pour permettre aux gardiens de suivre sans fatigue la marche des charbons, on projette sur le mur, au
moyen d'une petite lentille à court foyer, l'image des
charbons ; un trait horizontal est tracé sur le mur, et les
charbons doivent se trouver à égale distance de ce trait.
Comme une déviation de 1 millimètre est représentée par
une déviation de 22 millimètres sur le mur, on aperçoit
aisément les défauts de réglage.

Cette installation a commencé à fonctionner au phare
sud du cap de la Hève le 26 décembre 1863, et c'est
après 15 mois d'expériences qu'on a décidé d'appliquer
le même système d'éclairage au second phare. Depuis
cette époque l'éclairage électrique y a été définitivement
établi.

Quant aux machines qui, comme les régulateurs, sont
installées en double, elles sont généralement placées au
bas de la tour du phare avec les machines à vapeur des-
tinées à les faire marcher, et ce sont des câbles bien isolés et d'un assez fort diamètre qui conduisent le courant
électrique aux régulateurs, comme il a été dit plus haut.

D'après le travail de M. Le Roux, il paraîtrait que, même
avec les machines de l'*Alliance* à 4 disques, le prix de
l'unité de lumière coûte en moyenne sept fois moins avec
la lumière électrique qu'avec l'huile.

Dans l'état naturel de l'atmosphère, les machines de
l'*Alliance* à 4 disques donnent une portée de 38 kilomètres et celles à 6 disques une portée de 50 kilomètres ;
mais une chose curieuse à constater, c'est que, en temps

de brouillard, la lumière électrique n'éclaire pas à une distance plus grande que la lumière des lampes.

Aujourd'hui un certain nombre de phares électriques existent en France, en Angleterre, en Russie, en Autriche, en Suède et même en Egypte. Partout on est satisfait de leur fonctionnement.

Application à l'éclairage des navires. — L'une des plus importantes applications de la lumière électrique est celle qu'on en a faite aux navires pour éclairer leur marche, éviter les abordages et éclairer assez les passes des ports pour pouvoir y aborder de nuit. Les premiers essais ont été faits avec les machines magnéto-électriques de la compagnie l'*Alliance*, et, bien que les résultats n'aient pas entièrement satisfait la marine, ils étaient pourtant déjà assez complets pour faire entrevoir dans un avenir peu éloigné la solution de ce grand problème[1]. Les inconvénients qu'on reprochait à ce système pouvaient se résumer ainsi : la lumière électrique développe autour d'elle un nuage blanchâtre qui fatigue la vue, nuit aux observations; le feu fixe électrique, par sa grande intensité, fait disparaître les feux réglementaires vert et rouge, ce qui constitue un vrai danger; près des côtes les bâtiments

---

[1] Les premiers essais de la compagnie l'*Alliance*, alors dirigée par M. Berlioz, avaient été faits dès 1855 à bord du *Jérôme Napoléon* dont le commandant, M. Georgette Dubuisson, se montrait fort partisan du système. On les répéta ensuite à bord du *Saint-Laurent*, du *Forfait*, du *d'Estrée*, de l'*Héroïne*, du *Coligny* et de la *France*, et l'on peut voir par les rapports qui ont été réproduits dans le journal les *Mondes*, t. XVIII, p. 51, 325, 458, 593, 637, t. XVI, p. 488, 594, t. XIII, p. 177, 405, 493, t. VIII, p. 592, que, si la marine en général attachait peu d'importance à cette application, plusieurs officiers distingués en appréciaient toute la valeur. A cette époque, il est vrai, on n'avait pas encore organisé sur les navires les phares électriques qui ont donné de si bons résultats à bord de l'*Amérique*, mais un fanal de lumière électrique très ingénieusement combiné était installé au mât de misaine, et annihilait par là l'une des principales objections que l'on avait soulevées.

peuvent prendre le fanal électrique pour un phare et faire fausse route; enfin les appareils sont encombrants et leur prix d'installation trop considérable eu égard aux services rendus.

Dans ces derniers temps, on a fait en grande partie disparaître ces inconvénients, en élevant le fanal lumineux à une certaine hauteur, en rendant la lumière intermittente et en employant les machines Gramme, qui sont d'un petit volume et d'un prix peu élevé. C'est à bord du paquebot transatlantique l'*Amérique* et d'après les instructions du commandant Pouzolz que cette nouvelle organisation a été pour la première fois installée, et il paraît qu'elle a parfaitement réussi.

Voici les détails que donne M. Fontaine sur cette installation :

« Le fanal est placé à la partie supérieure d'une tourelle dans laquelle on monte par des échelons intérieurs sans qu'il soit nécessaire de passer sur le pont, car la tourelle surmonte le capot d'un escalier de service. Cette disposition est très-avantageuse, surtout pendant les gros temps où l'avant des navires est difficilement accessible par le pont. La tourelle avait primitivement 7 mètres de hauteur, mais M. Pouzolz l'a fait diminuer de 2 mètres pour lui donner plus de stabilité et pour abaisser le niveau de la tranche lumineuse; de sorte que cette tourelle est aujourd'hui de 5 mètres au-dessus du pont. Son diamètre est de 1 mètre et elle est fixée à l'avant du paquebot à 15 mètres de l'étrave.

« Le fanal proprement dit est à verres prismatiques; il peut éclairer un arc de 225° en laissant le paquebot presque entièrement dans l'ombre. Le régulateur, qui est du système Serrin, est suspendu à la cardan. Un petit siège ménagé dans le haut de la tourelle permet au surveillant chargé du service de régler la lampe sur place. La tranche lumineuse a environ $0^m,80$ d'épaisseur.

« La machine Gramme qui alimente le foyer lumineux a une puissance de 200 becs Carcel et est mise en marche par un moteur à 3 cylindres du système Brotherhood, ce qui réduit l'espace occupé par les deux machines à $1^m,20$ de longueur sur

0ᵐ,65 et 0ᵐ,60 de largeur et de hauteur. Ces deux machines sont placées sur un faux plancher dans la chambre de la machine motrice à 40 mètres environ du fanal.

« Tous les fils passent par la cabine du commandant, lequel a sous la main des commutateurs lui permettant de faire naître ou d'interrompre, à volonté, la lumière dans chacune des lampes, alternativement ou simultanément et sans que la machine Gramme l'arrête.

«. La nouveauté de l'installation de l'*Amérique* réside dans l'intermittence automatique de la lumière du fanal. Cette intermittence est obtenue par un commutateur très-simple fixé à l'extrémité de l'arbre de la machine Gramme et qui a pour effet d'envoyer alternativement le courant dans la lampe et dans un faisceau métallique fermé, de même résistance que l'arc voltaïque, lequel faisceau s'échauffe et se refroidit alternativement. Cette disposition a été prise pour laisser la machine Gramme, qui fonctionne toujours avec une vitesse de 850 tours, dans les mêmes conditions par rapport au circuit extérieur. D'après les calculs de M. Pouzolz, la meilleure relation entre les éclipses et les apparitions de la lumière serait celle que produirait une lumière de 20 secondes et une éclipse de 100 secondes.

« La hauteur du foyer lumineux est de 10 mètres au-dessus de l'eau, et la portée possible de la lumière, eu égard à la dépression de l'horizon, est de 10 milles marins (18520ᵐ) pour un observateur ayant l'œil à 6 mètres au-dessus de l'eau.

« Dans le but d'éclairer les huniers et les perroquets, tout en laissant les basses voiles dans l'obscurité, M. Pouzolz a fait construire un tronc de cône en fer-blanc, et l'a placé sur la lampe mobile, la large ouverture en l'air. De cette façon l'*Amérique* était vue de fort loin par les bâtiments et les sémaphores, quand il convenait au commandant de laisser la lumière électrique en fonction continue pendant toute la nuit. »

Comme on le voit par cette description, toutes les objections opposées à l'emploi de la lumière électrique à bord des navires ont été levées par cette nouvelle organisation de lumière électrique, et M. Pouzolz répond à celles qu'on pourrait faire sur l'emploi d'une lumière intermittente, en disant que *la lumière faite par courts éclats n'a jamais gêné la vue d'aucun officier de quart, ni des hommes de veille au bossoir, et que l'éclat des feux de côté, verts et rouges, n'est en rien diminué par l'usage du phare de l'avant.*

Du reste, depuis les affreux abordages qui ont eu lieu il y a quatre ans, on se montre maintenant plus disposé à revenir à l'éclairage électrique des navires, et nous voyons d'après le livre de M. Fontaine que, en 1877, un certain nombre de machines Gramme ont été installées à bord de plusieurs navires de guerre français, danois, russes, anglais et espagnols, parmi lesquels nous citerons : le *Livadia* et le *Pierre-le-Grand* de la marine russe, le *Richelieu* et le *Suffren* de la marine française, le *Rumancia* et le *Victoria* de la marine espagnole.

Il nous reste à parler du projecteur de la lumière électrique qui, en raison du faible espace sur lequel doit être projetée la lumière, doit être différent de l'appareil lenticulaire des phares. Cet appareil ne diffère pas essentiellement de celui qui avait été établi à bord du *Jérôme-Napoléon*. Celui-ci en effet se composait surtout d'un réflecteur parabolique au foyer duquel était maintenu l'arc voltaïque produit par un régulateur Serrin. Ce réflecteur un peu prolongé en avant était fermé par une lentille de Fresnel, pour transformer le faisceau divergent en faisceau parallèle. Enfin, derrière le régulateur et le réflecteur se trouvait adapté un petit réflecteur sphérique. Le tout était monté dans une chambre mobile sur un pivot qui permettait, au moyen d'un levier et d'une plate-forme tournante, d'orienter le faisceau lumineux dans toutes les directions. De plus, une lunette marine adaptée à l'appareil permettait de distinguer les points de l'horizon que le faisceau éclairait. En plaçant devant ce faisceau des verres colorés, on pouvait teinter en vert ou en rouge la lumière envoyée et la rendre ainsi propre aux signaux maritimes.

Dans le projecteur de MM. Sautter et Lemonier, que nous représentons fig. 58, les réflecteurs paraboliques et sphériques n'existent pas, et c'est une lentille de Fresnel, composée de 3 éléments dioptriques et de 6 éléments

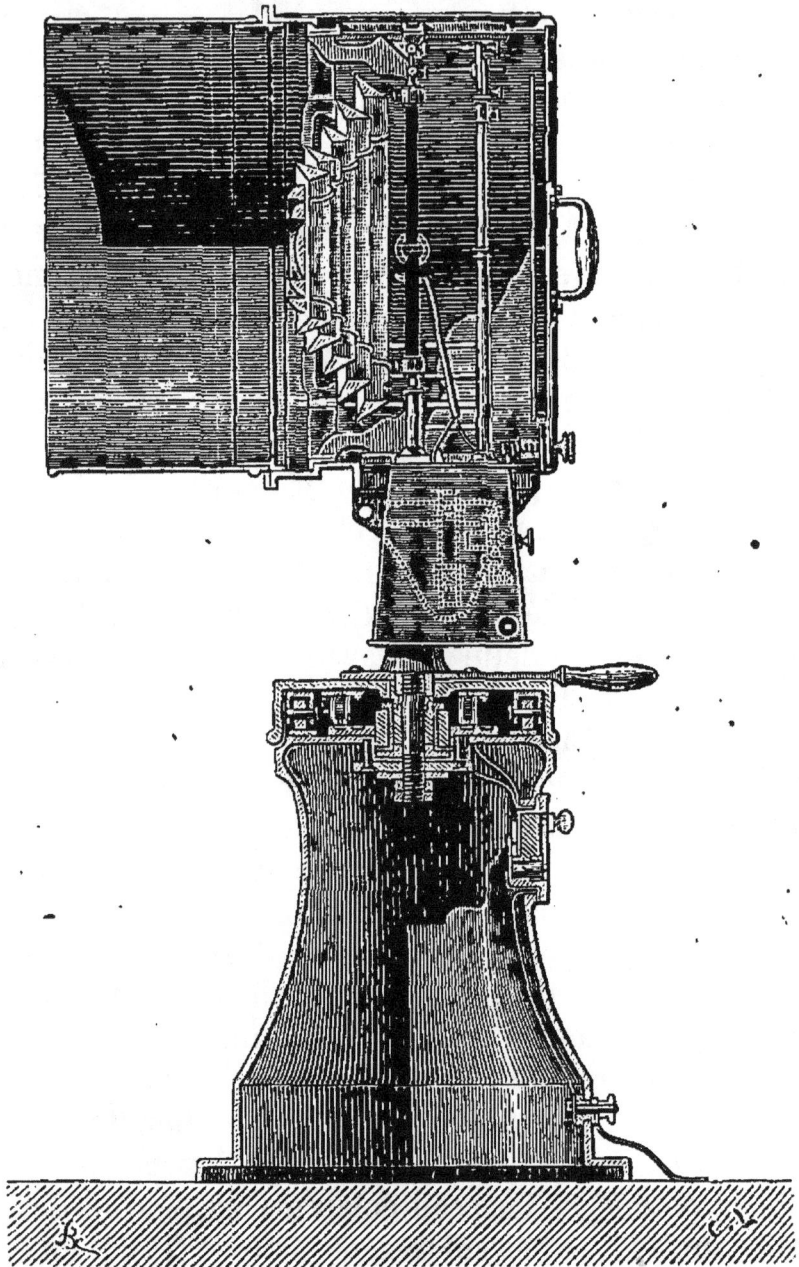

FIG. 58.

catadioptriques, qui constitue entièrement le projecteur ; cette lentille est renfermée dans un large tube cylindrique qui, étant supporté avec tout le système électrique sur un pivot, peut être orienté comme on le désire.

Dans le projecteur de M. Siemens représenté fig. 59 le réflecteur parabolique est placé derrière la lampe, et celle-ci est munie en outre de deux appareils lenticulaires pour la projection des charbons sur un écran et pour rendre ainsi le réglage plus facile.

Application aux signaux nautiques de grande portée. — Les signaux de nuit échangés entre les différents navires d'une escadre sont le plus souvent insuffisants à cause de la faiblesse de leur intensité lumineuse, et on pouvait désirer que ces signaux fussent plus nets et visibles de plus loin. Pour résoudre ce problème M. de Mersanne a combiné un système de régulateur de lumière électrique particulier, qui pût non-seulement être gouverné à distance, mais encore être réglé sans exiger la présence d'un surveillant auprès de l'instrument.

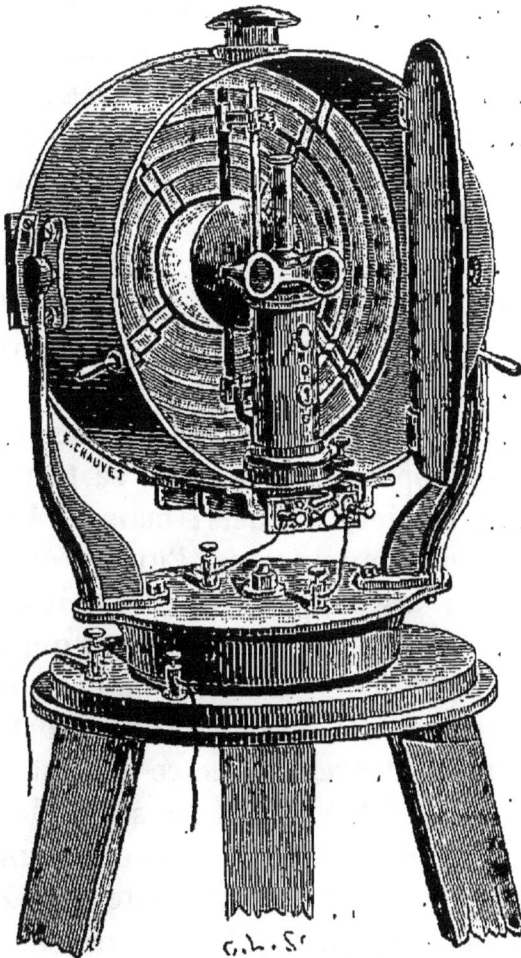

Fig. 59.

Ce régulateur a ses porte-charbons montés sur deux

tiges verticales munies d'un pas de vis, et susceptibles
de tourner sur elles-mêmes sous l'influence d'un mécanisme électro-magnétique gouverné par un commutateur.
L'appareil est renfermé dans une grande lanterne munie
dans sa partie centrale d'un système cylindrique de lentilles à échelons au foyer desquelles est fixé le point lumineux, et qui est disposé de manière à diriger la lumière
suivant la hauteur à laquelle la nappe lumineuse doit
atteindre. Or, c'est pour toujours placer exactement ce
point lumineux qu'a été adapté le mécanisme électro-
magnétique dont nous avons parlé et qui se compose
de deux électro-aimants droits et de deux électro-aimants en fer à cheval disposés entre eux suivant deux
lignes perpendiculaires dans un plan vertical. Au centre
de ces quatre organes électro-magnétiques est disposé,
sur une armature en fourchette, un levier muni d'une
dent d'acier qui se trouve interposée entre deux rochets
disposés parallèlement et d'une manière inverse à l'extrémité inférieure des deux tiges des porte-charbons du
régulateur. Quand aucun courant ne passe dans les
organes magnétiques de l'appareil, cette dent se trouve
placée exactement entre les deux rochets ; mais, si l'on
anime d'abord, au moyen du commutateur, l'un des électro-aimants droits, celui de dessus, par exemple, le levier
dont il a été question se trouve soulevé, et la dent qui le
termine se place entre deux dents du rochet supérieur,
sans produire toutefois aucun effet, et ce n'est que quand
on a fait passer le courant à travers l'électro-aimant de
droite que celui-ci fait pivoter le levier et pousse la dent
d'un cran. La tige à vis du régulateur tourne donc d'une
quantité en rapport avec l'échappement de cette dent et
abaisse le porte-charbon correspondant. Si maintenant
on anime l'électro-aimant droit du dessous, la dent du
levier engrène avec le rochet inférieur de la tige du
régulateur, et, quand on vient à lancer le courant dans
l'électro-aimant de gauche, la tige en question tourne de

l'intervalle d'une dent du rochet, mais en sens contraire
du mouvement précédent, ce qui fait relever le charbon
d'abord abaissé. Le même effet pouvant être produit de la
même manière sur le second charbon, on peut de cette
façon placer le point lumineux où l'on veut, à quelque
distance que l'on soit du régulateur, et agir au besoin
séparément ou en même temps sur les deux charbons.

Quant aux signaux, on peut procéder de deux manières,
soit en éteignant au moyen du commutateur la lumière
dans ceux des systèmes qui constituent l'appareil aux
signaux, soit en masquant celui ou ceux des foyers lumineux qui doivent être éteints, au moyen d'un obturateur
que l'on fait descendre électriquement devant les foyers.
Les appareils comportent alors l'adjonction de nouveaux
systèmes électro-magnétiques au moyen desquels cette
fonction s'exécute facilement. M. de Mersanne en a combiné plusieurs modèles qui peuvent d'ailleurs s'appliquer
à tout autre système de régulateur; le problème ne
comporte aucune difficulté.

L'appareil à signaux précédemment décrit a été construit pour marcher à la main, mais l'on conçoit que, pour
ce qui est de la régularisation de la lumière, on peut l'obtenir automatiquement d'une façon très simple, en faisant
réagir un mécanisme mis en rapport avec le courant de
lumière sur le commutateur dont il a été déjà question.

Il est un petit détail dans la construction du commutateur qui a son importance. C'est un fil de platine qui
rougit toutes les fois que la lampe elle-même est allumée
et qui s'éteint avec elle. Celui qui envoie les signaux est
donc averti, lors même qu'il ne voit pas la lampe, que
cette dernière est bien allumée.

Application aux arts militaires. — L'intensité
prodigieuse de la lumière électrique et la facilité qu'elle
donne de pouvoir la faire apparaître ou disparaître instantanément à distance suivant la volonté l'ont rendue

susceptible d'une application sérieuse dans les opérations militaires, soit pour fournir des signaux, soit comme moyen d'éclairer à longue distance un point qu'on a besoin de reconnaître pendant la nuit, soit pour éclairer les travaux des assaillants dans les sièges. M. Martin de Brettes a publié, il y a quelque vingt ans, sur cette question, un travail intéressant que nous avons reproduit en entier dans la seconde édition de notre *Exposé des applications de l'électricité*, tome III, p. 258, et dont nous ne pourrons citer ici que quelques extraits, en raison de l'exiguïté de l'espace qui nous est réservé.

« Les signaux dans la guerre de campagne ou celle de siège, dit M. Martin de Brettes, ont pour objet principal la transmission d'ordres ou de dépêches urgentes. D'après cela, il est clair que le meilleur système de signaux lumineux sera celui dont chaque feu se produira avec le plus de simplicité, sera vu de plus loin et donnera le plus de régularité à l'apparition des feux combinés, pour créer les signes nécessaires à une correspondance télégraphique.

« D'après la propriété que possède la lumière électrique de pouvoir être aperçue à une distance considérable, on ne peut contester sa supériorité pour créer un bon système de signaux. Toutefois les fusées pourront, en général et dans les circonstances ordinaires, être employées avantageusement à cause de leur simplicité, du peu d'embarras qu'offre leur transport et de la facilité de leur emploi. Mais, quand on aura besoin d'un puissant signal lumineux permanent, la lumière électrique sera d'un secours immense et pourra éviter en campagne l'emploi du ballon captif.

« D'un autre côté, il se présente à la guerre des circonstances où l'on a le besoin d'un éclairage d'une durée plus ou moins longue, par exemple :

« Pour reconnaître une fortification, l'assiégeant a besoin de produire un éclairage momentané suffisant à ses projets et pas assez long pour éveiller l'attention de l'assiégé.

« Pour diriger le tir d'une batterie sur un but déterminé, il faut que ce but soit éclairé assez longtemps pour permettre un bon pointage

« Pour n'être pas surpris lors de l'ouverture de la tranchée, l'assiégé doit éclairer d'une manière continue le terrain où cette opération a des chances d'être exécutée.

« L'éclairage d'un champ de bataille, d'une brèche, lors de l'assaut, demandent aussi un éclairage d'une durée indéfinie.

« Ainsi, à la guerre on peut avoir besoin de produire ou un éclairage momentané, ou un éclairage de longue durée dont la limite est celle de la nuit. Nous avons vu précédemment que l'on pouvait produire, sans difficulté et à volonté, ces deux éclairages avec la lumière électrique, en fermant ou en interrompant le circuit voltaïque. »

M. Martin développe ensuite les conditions d'application de la lumière électrique pour obtenir les différents effets que nous venons d'énumérer. Toutefois, à l'époque où il a fait son travail, les machines magnéto-électriques ne pouvaient fournir de lumière, et c'est avec le matériel encombrant d'une pile qu'il aurait fallu réagir, ce qui rendait la solution du problème beaucoup plus difficile. Aujourd'hui que, grâce aux petites dimensions des machines magnéto-électriques, on peut obtenir des intensités lumineuses très-considérables, ce genre d'application de la lumière devient très-facile. On peut, en effet, disposer à demeure sur une *locomobile* la machine magnéto-électrique, et la meilleure pour cet usage est celle de M. Gramme : or, cette locomobile peut être transportée aussi facilement que des canons sur les points nécessaires. Le système préconisé en France est celui qui est actionné par une machine à trois cylindres du système Brotherhood. Les électro-aimants de la machine Gramme sont alors plats et très-larges, la bobine possède deux collecteurs de courants, et un commutateur monté sur les armatures permet d'accoupler la machine en tension ou en quantité. Ce système que nous représentons fig. 60 a du reste été adopté par la *France*, la *Russie* et la *Norvège*.

D'après M. Fontaine, il résulte d'expériences faites au Mont-Valérien avec une machine ainsi disposée qu'un observateur placé à côté des appareils peut voir des objets placés à 6600 mètres de distance, et distinguer nettement des détails de construction à 5200 mètres. Pour obtenir ces résultats, il faut que la machine Gramme ait une puissance de 2500 becs, et que le projecteur la concentre par réflexion et réfraction, comme dans les pro-

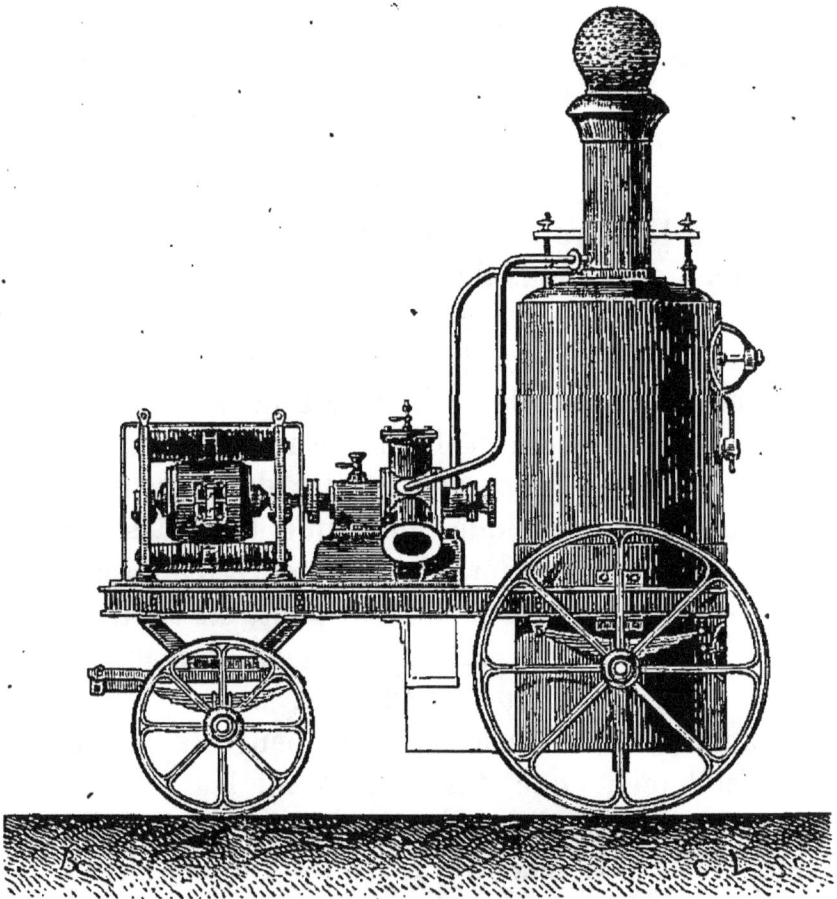

Fig. 60.

jecteurs, dont nous avons parlé pour l'éclairage des navires en mer.

Quand la machine a ses organes électro-magnétiques accouplés en quantité, elle tourne à raison de 600 tours par minute et dépense 4 chevaux de force ; la lumière produite varie de 1000 à 1200 becs. Dans le second cas, elle tourne à 1200 tours, dépense 8 chevaux et donne de 2000 à 2500 becs. Quand le temps est clair, on opère avec la machine accouplée en quantité, et la dépense de vapeur est alors faible, la conduite facile, et les crayons se consument lentement. Quand le temps est brumeux ou très-obscur, on dispose la machine en tension ; la dépense de vapeur augmente, mais la conduite demande un peu plus de soin, et les crayons s'usent plus vite. Avec le moteur Brotherhood le changement de puissance s'effectue instantanément.

Pour les signaux de guerre, M. Gramme a combiné une machine de petites dimensions qu'on peut faire mouvoir à bras d'homme. Cette machine actionnée par 4 hommes produit une lumière équivalente à 50 Carcel. Le gouvernement français l'a mise en essai dernièrement.

Des expériences avec des machines disposées à peu près de la même manière ont été faites à Berlin en 1875. La lumière engendrée par la machine était assez intense pour permettre de lire à une mille de distance de l'écriture ordinaire, et comme un miroir placé en avant du régulateur était incliné sur l'horizon de manière à réfléchir vers le ciel les rayons lumineux, on a pu projeter sur les nuages une traînée lumineuse qui, de loin, ressemblait à la queue d'une comète, et dans laquelle venaient successivement se dessiner les signaux faits en avant du miroir.

On a pensé aussi à envoyer des signaux au moyen de ballons captifs. Dans ce cas, le régulateur à signaux de M. de Mersanne pourrait être avantageusement employé.

Éclairage des trains de chemins de fer. — L'éclat intense de la lumière électrique et les moyens faciles qu'on a de la projeter dans toutes les directions ont donné l'idée de l'employer pour éclairer les trains de chemins de fer circulant pendant la nuit, et d'annoncer de plus loin leur présence, ne serait-ce que par l'illumi-

nation du ciel à l'endroit où ils passent. On a fait dernièrement au chemin de fer du Nord des expériences qui
ont parfaitement réussi, et qui permettent de croire
qu'un jour viendra où ce système d'éclairage sera d'un
emploi général. En attendant, voici un système imaginé
par M. Girouard.

Le générateur électrique employé, qui est une machine de Gramme, est installé sur le tender de la locomotive et reçoit son mouvement d'une roue dentée mue
par un petit piston indépendant, fixé sur le socle du bâti.
Un régulateur de Watt règle l'admission de la vapeur.
Un tube de cuivre vient d'une part s'ajuster sur un robinet fixé à la machine à vapeur et de l'autre se termine
par un manchon serre-joint [qui le relie à la suite du
tube, lequel passe sous le fourgon pour s'ajuster d'autre
part sur la boîte renfermant la valve d'introduction de la
vapeur dans le tiroir du piston moteur. Afin de garantir
l'appareil magnéto-électrique de la pluie et de la pous-
sière, on le renferme dans une petite caisse, et seul, le
cylindre reste en dehors. Il est facile de voir que cette
disposition est très solide, quoique indépendante de la
machine ; de plus l'entretien des organes peut se faire
par celui qui nettoie d'habitude la machine à vapeur.

Sur le devant de la locomotive est fixée solidement
une lanterne en tôle renfermant une lampe électrique
munie d'un fort réflecteur, et en avant de la lanterne
est placée, sous une inclinaison de 45°, une glace demi-
transparente en verre platiné. Cette glace est montée dans
un cadre ajusté de façon à pouvoir s'incliner un peu à
droite ou à gauche. tout en restant toujours sous le même
angle. De plus, un châssis contenant trois verres de couleur, un rouge, un blanc et un vert, est maintenu en
avant du réflecteur et préserve en même temps la lanterne de la pluie et du vent.

Deux tiges à articulation partent l'un du cadre de la
glace inclinée, l'autre du châssis portant les verres de

couleur, et vont aboutir à deux petits leviers à portée de la main du mécanicien. Deux câbles relient la lampe à la machine magnéto-électrique; aussitôt que le courant passe dans la lampe, les rayons lumineux sont projetés en avant par le réflecteur; mais, comme la glace est légèrement platinée, une partie seulement est renvoyée dans la direction normale, tandis que l'autre est rejetée vers le ciel sous forme d'un faisceau conique. A l'aide du premier levier, on peut renverser obliquement ce faisceau, soit à droite, soit à gauche, tout en éclairant toujours devant soi, et avec le second, on colore les rayons, soit en vert, soit en rouge. Or, en donnant une signification à chaque combinaison, on peut ainsi obtenir un assez grand nombre de signaux. De plus, le faisceau lancé verticalement permet d'apercevoir le train de fort loin, quoique sa présence soit masquée par des ponts et autres obstacles ou qu'il soit engagé dans une tranchée profonde, et cela malgré les courbes et les pentes.

Application de la lumière électrique à l'éclairage des galeries de mines et des travaux de nuit. — Plusieurs savants, et entre autres MM. de la Rive, Boussingault et Louyet, ont revendiqué l'idée première de l'application de la lumière électrique aux travaux des mines. Ce qui parait certain, c'est que, si cette idée appartient à M. Louyet, comme cela me semble prouvé, l'application n'en a été faite qu'en 1845, par M. Boussingault.

Tout le monde sait le danger que courent les mineurs, lorsqu'un jet de gaz hydrogène, venant à se faire jour à travers les couches de terre, rencontre la flamme des différentes lampes qui éclairent les galeries de mines. Une détonation effrayante se fait entendre, et toute la galerie est mise en feu. Ces funestes accidents sont connus sous le nom de *feu grisou*. Or, la lumière électrique pouvant se produire sans renouvellement d'air, puisqu'elle peut se manifester même dans le vide, on comprend qu'il suffira, pour éviter le grisou, de renfermer chaque foyer lumineux avec son régulateur dans des globes hermétiquement fermés, que l'on placera dans les différentes galeries où sont les travailleurs. Toutefois, il faudra que le vide soit fait dans ces globes, car la chaleur, en dilatant l'air qui s'y trouverait renfermé, pourrait les faire éclater. Dès lors, il n'y a plus à craindre le moindre danger, puisque ces foyers lumineux sont alors complétement séparés de l'air extérieur.

Pour éviter les frais considérables qu'entraîne l'installation de la lumière électrique, MM. Dumas et Benoît ont eu l'idée d'y substituer la lumière de l'étincelle d'induction dans le vide; ils disposent, en conséquence, le tube dans lequel elle se produit de manière à constituer un multiplicateur, et introduisent ce multiplicateur dans un tube muni à ses deux extrémités des garnitures de cuivre nécessaires à sa suspension. Le vide est fait dans ce tube sur les gaz de M. Morren, afin d'obtenir une belle lumière blanche. J'ai longuement parlé de ces sortes de tubes éclairants dans ma notice sur l'appareil d'induction de Ruhmkorff (5e édition), à laqelle je renvoie le lecteur. La figure 61 représente cet appareil.

La lumière électrique produite par les machines de l'*Alliance* a été appliquée avec succès, en 1863, à l'éclairage des ardoisières d'Angers, par M. Bazin. Une machine à 4 disques a pu éclairer une galerie ayant 60 mètres de longueur sur 50 mètres de largeur et 40 mètres de hauteur. La machine était près de l'ouverture du puits, et le courant électrique était transmis par des fils de 150 mètres de longueur. Malgré l'affaiblissement d'intensité résultant de cette grande longueur de fils, l'éclairage s'est montré si satisfaisant, que les ouvriers de la mine ont exprimé leur joie par de chaleureux applaudissements. Ces résultats avantageux ont été constatés à plusieurs reprises différentes, et on a reconnu, en outre, qu'on augmentait d'un cinquième ou d'un sixième le travail utile des ouvriers, ce qui constituait un bénéfice net de 15 à 20 °/₀ à ajouter à un bien-être pour les ouvriers qu'on devrait acheter fort cher. Il n'y avait pourtant que deux foyers de lumière (Voir les *Mondes*, tome I, p. 691, et tome II, p. 221 et 278).

L'emploi de la lumière électrique pour l'éclairage des

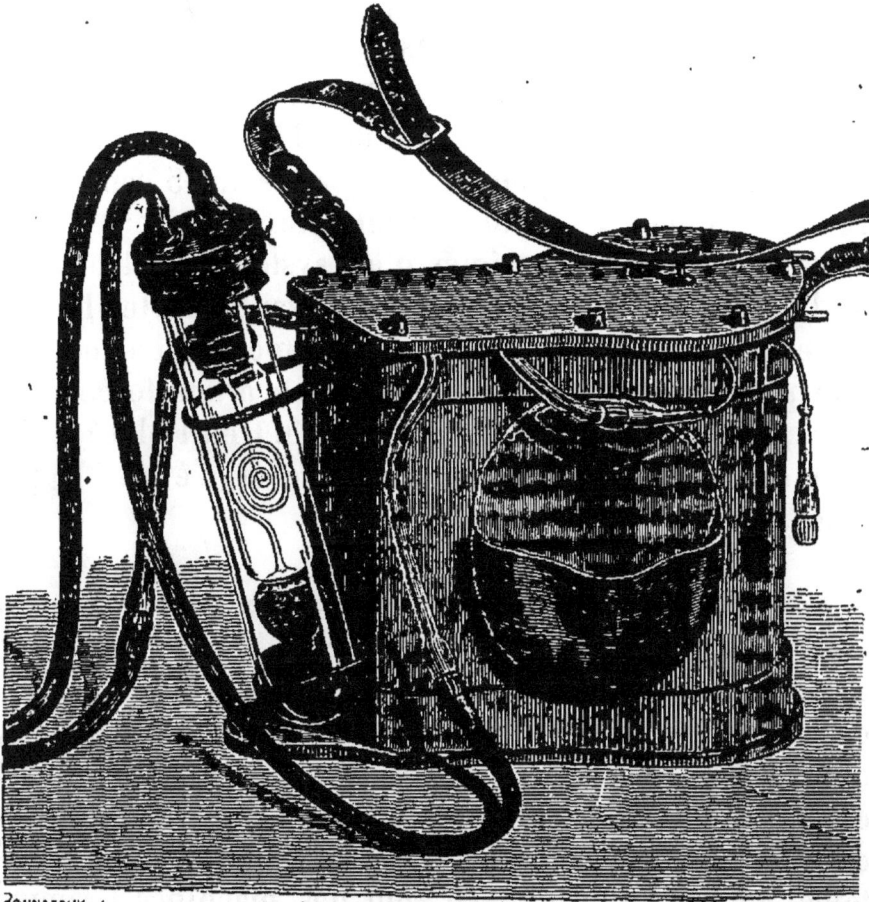

Fig. 61.

travaux de nuit a été une des premières applications utiles qui ont été faites de ce mode d'éclairage, et depuis les travaux du pont Notre-Dame, où elle a été mise en usage pour la première fois, on a toujours employé ce moyen toutes les fois qu'il s'est agi de travaux pressés et importants. C'est ainsi que nous l'avons vue utilisée dans les travaux

des docks Napoléon, dans ceux de la reconstruction du
Louvre, dans ceux du pont de Kehl, etc., etc. Dans cette
application, le fanal est ordinairement planté au haut
d'un poteau de bois et se trouve pourvu d'un abat-jour qui
donne à l'atelier l'aspect de la fig. 62. On a aussi songé à
appliquer l'éclairage électrique aux travaux des champs
pour hâter les travaux des moissons. M. Albaret, chef
d'une importante maison de construction d'appareils
agricoles à Liancourt, a fait dernièrement des expériences
à Mornant et à Petit-Bourg qui ont bien réussi. Le système décrit dans le journal l'*Electricité* du 5 septembre
1878 se compose : 1° d'une locomobile ordinaire; 2° d'une
machine dynamo-électrique d'un système quelconque;
3° d'une potence à tringles de fer servant à porter la lanterne et la lampe et adaptée à la locomobile. La locomobile peut d'ailleurs être utilisée, si elle a une force suffisante, à faire marcher une batteuse. Un treuil placé à l'a-
vant de la cheminée permet d'abattre et d'élever la potence.

**Application à l'éclairage des gares, des ateliers,
etc.** — Aujourd'hui l'application de l'éclairage électrique
aux grands ateliers industriels et aux gares des chemins
de fer est un fait accompli. Depuis M. Hermann-Lachapelle,
qui est un des premiers à être entré dans cette voie, il
est une foule d'autres industriels qui l'emploient aujour-
d'hui et qui s'en trouvent fort bien. Le livre de M. Fontaine nous indique que ce sont des machines Gramme
qui éclairent maintenant les établissements de M. Ducommun, à Mulhouse; de MM. Sautter et Lemonnier, à
Paris; de M. Menier, à Grenelle, Noisiel et Roye; les fila-
tures de Mme veuve Dieu-Obry, à Daours; de M. Ricard.
fils, à Mauresa (Espagne); de MM. Buxeda frères, à Saba-
dell (Espagne); les chantiers de M. Jeanne Deslandes, au
Havre; les usines de MM. Mignon, Rouart et Delinières,
à Montluçon; le port du canal de la Marne au Rhin, à

Fig. 62.

Sermaize; la gare des marchandises, à la Chapelle-Paris[1]. Partout on en est très satisfait. On pourra trouver dans l'ouvrage de M. Fontaine des détails sur l'installation de ces systèmes d'éclairage; nous nous contenterons ici d'indiquer celui de la gare du chemin de fer du Nord, à cause du système ingénieux qui a été employé pour obtenir une lumière ne gênant pas la vue et capable d'éclairer par réflexion les différentes parties des salles avec des rayons presque verticaux, ce qui fait disparaître considérablement les ombres portées des colis en les noyant comme dans une atmosphère lumineuse de la zone torride.

Ce système consiste à disposer autour des régulateurs, qui sont suspendus en différents points des salles, une sorte de réflecteur constitué d'une part par le support de la lampe, d'autre part par une sorte d'entonnoir renversé en verre dépoli, disposé de manière que le foyer lumineux ne puisse être vu directement des différents points de la salle. La lumière ainsi en partie arrêtée est réfléchie vers le plafond, ainsi que celle qui émane de la partie supérieure du bec, et comme le plafond est peint en blanc, il peut à son tour former un immense abat-jour qui renvoie les rayons lumineux presque verticalement, ce qui empêche les colis de porter une ombre trop forte. Grâce à ce système, on a pu réduire le nombre des hommes d'équipe pour les services de nuit, et on

---

[1] En outre de ces établissements, M. Fontaine cite, au commencement de 1877, une foule d'autres ateliers éclairés de cette manière, et entre autres la fonderie de canons de Bourges, les ateliers de la maison Cail, ceux de la compagnie des forges de la Méditerranée au Havre, ceux de MM. Crespin et Marteau à Paris, Beaudet à Argenteuil, Thomas et Powel à Rouen, Ackermann à Stockhólm, Avondo à Milan, Quillacq à Anzin, ceux de Fives-Lille, de Tarbes, de Barcelone, les gares du Midi de Bruxelles, les forges de Fourchambault, les fonderies de Bessèges et de Fumel, les teintureries de MM. Guaydet à Roubaix, de MM. Hannart à Wasquehal, la fabrique de tissage de M. Baudot à Bar-le-Duc, la blanchisserie des hospices de Lyon, etc.

a diminué de beaucoup les pertes des menus bagages.
M. E. Reynier a perfectionné ce systéme, en rendant la
lanterne portant le régulateur et le système réflecteur
beaucoup plus faciles à manœuvrer. Avec sa disposition,
le système se déplace comme les suspensions de salle à
manger. La place nous manque ici pour donner des détails de cet intéressant arrangement, mais nous en pu-
blierons plus tard une description plus complète.

La compagnie Gramme a aussi combiné pour les magasins du Louvre un plafond lumineux qui a également
bien réussi. Ce plafond est constitué d'abord par une
grande glace sans tain dépolie, qui forme la base d'une
grande pyramide creuse en fer-blanc destinée à agir
comme réflecteur; un régulateur de lumière électrique
suspendu et équilibré au moyen d'un contre-poids, est
introduit à l'intérieur de cette pyramide et placé de manière que les différents rayons lumineux réfléchis viennent se projeter le plus également possible sur la glace
dépolie. Celle-ci se trouve alors illuminée aussitôt que le
courant passe à travers le régulateur. Un second régulateur de rechange peut d'ailleurs être facilement substitué
au premier quand les charbons doivent être remplacés.

Le système de réflexion de lumière employé pour la
gare des marchandises au chemin de fer du Nord a été
utilisé à Vienne, en Autriche, pour éclairer une piste de
patineurs ayant une longueur de 133 mètres. Deux machines Gramme et deux lampes Serrin au-dessus desquelles étaient hissés deux grands abat-jour, dont les
segments étaient recourbés suivant une surface ellipsoï-
dale, suffisaient pour éclairer admirablement la piste.
C'est l'installation en plein air la mieux réussie.

Application de la lumière électrique à la pêche. —
On n'est pas encore fixé si la lumière électrique des-
cendue au sein de l'eau attire ou éloigne les poissons.
Suivant certaines personnes, ce serait un moyen de faire

des pêches miraculeuses, et M. Jobard, de Bruxelles, a fait en 1856 un article fort spirituel sur cette application ; mais, hélas ! il a fallu un peu rabattre des illusions qu'on se faisait alors. En effet, à la demande d'un Nabab anglo-français, M. Hoppe, M. J. Duboscq a construit un grand globe foyer de lumière électrique qui a été expérimenté sur le lac d'Enghien un beau soir d'été ; les eaux étaient parfaitement éclairées, mais, au lieu de venir vers la lumière, les poissons effrayés s'enfuyaient ; pas un n'a montré sa queue, de sorte que l'appareil est resté sans destination. C'est M. l'abbé Moigno qui raconte ainsi cette déconvenue ; mais nous voyons que sa conviction n'était pas bien arrêtée, car on lit dans le journal *les Mondes*, t. VII, p. 46 ; t. VI, p. 584, et t. V, p. 374, des articles sur la pêche à la lumière électrique où il en fait plus de cas. Il rapporte en effet un article d'après lequel M. Fanshawe aurait très bien réussi à prendre de cette manière, à l'appât, beaucoup de merlans et de maquereaux. Suivant cet amateur de pêche, « l'aspect de la mer durant cet essai était splendide ; la lumière réfléchie portait la teinte vert bleuâtre de l'eau depuis le fond jusqu'au sommet de chaque vague. Les voiles et les cordages du vaisseau étaient aussi éclairés, et l'on aurait dit qu'il flottait sur une mer d'or. Les poissons argentés s'élançaient à l'entour et montaient à chaque instant vers la surface de l'eau illuminée, offrant l'aspect de bijoux polis dans une mer d'or et d'azur. » Il est vrai que dans un autre article l'auteur des *Mondes* rapporte des expériences faites à Dunkerque avec une lampe sous-marine animée par les courants d'une machine de l'*Alliance*, expériences qui auraient laissé beaucoup d'incertitude sur l'action de la lumière sur les poissons.

On a du reste construit des lampes électriques pour la pêche, et M. P. Gervais, s'il faut en croire le journal les *Mondes* du 30 mars 1865, en aurait construit une assez ingénieuse. Fixée à une bouée, elle aurait pu descendre à des profondeurs plus ou moins grandes.

Application aux travaux sous-marins. — Depuis que les cloches à plongeur et différents autres appareils propres à entretenir la respiration sous l'eau ont permis de travailler au fond de la mer, plusieurs genres de travaux hydrauliques et de nombreux sauvetages de navires naufragés ont pu être exécutés avec facilité. Quand la profondeur d'eau à laquelle on doit s'enfoncer n'est pas considérable, la lumière du jour peut aisément traverser la couche liquide et éclairer suffisamment les travailleurs; mais, à une certaine profondeur, le jour manque, et les explorations sous-marines, qui doivent toujours précéder les travaux, deviennent impossibles. Sans doute, en adaptant à une lanterne des appareils pour renouveler l'air, on pourrait entretenir une lumière comme on entretient la respiration des hommes; mais cela nécessite une pompe supplémentaire et tout un système particulier pour empêcher le courant d'air d'éteindre la lumière. Avec la lumière électrique, le problème peut être résolu de la manière la plus simple, et l'étendue de l'espace éclairé est beaucoup plus considérable. On peut, pour cela, employer le système de globe à régulateur, dont nous avons parlé précédemment, ou un régulateur particulier pour fournir directement la lumière à travers l'eau. Cependant, comme la lumière produite dans ce dernier cas est beaucoup plus difficile à gouverner que dans le vide, le premier moyen est bien préférable.

Les expériences faites à Dunkerque pour la pêche à la lumière électrique ont permis de voir comment cette lumière se comporte sous l'eau, et on a reconnu que les machines magnéto-électriques, ainsi que la lumière qu'elles engendrent, sont définitivement applicables aux travaux sous-marins. En effet, à 60 mètres de profondeur, cette lumière est restée parfaitement constante, et elle éclairait une très grande surface. La machine était pourtant installée à plus de 100 mètres de distance du régulateur de lumière électrique. Les parois en verre de la lanterne sont restées complètement transparentes, et l'usure des charbons était bien moins grande qu'à l'air libre.

Applications aux projections des principales expériences de l'optique, des épreuves photographiques sur verre, des photographies microscopiques expédiées pendant la guerre par les pigeons voyageurs, et aux reproductions photographiques. — Il est, comme je l'ai déjà dit, beaucoup de phénomènes physiques qui, pour être rendus palpables aux yeux de tout un auditoire, ont besoin d'être projetés sur un large écran, à la manière des sujets de la lanterne magique. Il est même quelques-uns de ces phénomènes tenant à la nature propre de la lumière, qui exigent pour être perçus une lumière excessivement intense. Sans doute, avec la lumière solaire et au moyen d'un porte-lumière, le problème peut être résolu immédiatement et à peu de frais, mais, la plupart du temps, le soleil manque quand il en est besoin, et l'on se trouve forcément privé de ces expériences qui *non-seulement donnent à un cours une plus grande animation et un charme tout particulier, mais encore sont beaucoup mieux comprises et surtout beaucoup mieux retenues quand les yeux ont été frappés. La lumière électrique peut être substituée victorieusement au soleil pour ce genre d'application, et le régulateur de M. J. Duboscq* a été disposé, comme nous l'avons vu, tout exprès dans ce but.

Les appareils destinés à projeter la lumière électrique se composent : 1° d'un fixateur de lumière électrique dont les deux charbons en s'usant ne déplacent pas le point lumineux; 2° d'une lanterne hermétiquement fermée dans laquelle on place le régulateur ; 3° d'une lentille plan-convexe destinée à rendre parallèles les rayons convergents issus du point lumineux; 4° d'une série d'appareils d'optique dont nous ne parlerons pas ici, car nous nous écarterions complètement du sujet qui fait l'objet de cet ouvrage [1]. Nous décrirons seulement la lanterne, parce qu'elle est une conséquence du régulateur électrique.

La lanterne de M. Duboscq se compose d'une espèce de boîte de cuivre bronzé, qui enveloppe la partie supérieure du régulateur. Pour prendre moins d'espace, la colonne de ce dernier appareil est enfermée dans une espèce de cheminée qui termine la boîte, et le pied se trouve au-dessous, entre les quatre colonnes qui supportent la lanterne. Pour que cette boîte ferme hermétiquement, de petits volets mus par des crémaillères viennent fermer le dessus et le dessous de la boîte en même temps qu'on en ferme la porte, de sorte que les coupures faites à l'instrument, pour qu'on puisse y introduire le régulateur, se trouvent bouchées. L'intérieur de cette lanterne est muni d'un miroir réflecteur et de deux tiges plongeantes sur lesquelles peuvent s'adapter deux autres miroirs pour renvoyer la lumière dans les lentilles d'un appareil particulier que l'on adapte à la lanterne pour certaines expériences, et que l'on appelle *polyorama*. Enfin sur le côté de la lanterne se trouve un petit œil-de-bœuf muni d'un verre violet par lequel on examine la marche de la lumière électrique. Afin de régler facilement la position du point lumineux qui, dans certaines expériences délicates, a besoin d'être déterminée d'une manière tout à fait rigoureuse, le régulateur se trouve posé sur un socle qui, au moyen de deux vis de rappel, peut être déplacé dans deux directions rectangulaires (de bas en haut et de côté), comme le miroir des porte-lumières.

Les expériences de projection peuvent être faites à toute

---

[1] Voir ma notice sur le mode de projection des principaux phénomènes de l'optique à l'aide des appareils Duboscq.

distance ; seulement, elles perdent de leur éclat et de leur
netteté quand les distances ne sont pas en rapport avec
l'intensité lumineuse.: cinq mètres représentent ordinairement la distance la plus convenable pour la lumière

FIG. 63.

d'une pile de cinquante éléments. Nous représentons
(fig. 63) une expérience de projection de ce genre.

La lanterne magique, au moyen de la lumière électrique et d'épreuves photographiques sur verre de M. Lévy

ou de MM. Favre et Lachenal, donne des effets tellement saisissants, que souvent on se croirait transporté sur les lieux ; on est même aujourd'hui arrivé à une telle perfection d'épreuves, qu'il semble quelquefois que les reliefs s'aperçoivent comme si on employait le stéréoscope. La reproduction des sculptures est sous ce rapport étonnante. Aujourd'hui ce système de projections est très-exploité commercialement: et en dehors des appareils de M. Jules Duboscq, qui s'appliquent à toutes les expériences de l'optique, il y a ceux de M. Molténi, qui sont exclusivement réservés à ce genre d'application.

Parmi les expériences de projections que l'on a entreprises au moyen de ces appareils, nous citerons d'une manière toute spéciale celle qui en a été faite à la lecture des dépêches microscopiques envoyées, pendant le siège de Paris, sous les ailes de pigeons voyageurs ; ces dépêches, dont chacune occupait moins d'un millimètre carré, se lisaient parfaitement devant la foule de ceux qui avaient intérêt à recevoir des nouvelles de la province. La fig. 64 représente une expérience de ce genre.

On a encore employé la lumière électrique pour les reproductions photographiques d'objets ou de lieux non éclairés. C'est ainsi que M. Lévy a reproduit d'une manière remarquable cette jolie fontaine du dessous de l'escalier du grand Opéra, et que certains artistes anglais et américains sont parvenus à reproduire l'aspect et les détails de grottes ou de caveaux obscurs dont les images étaient tellement vraies, que rien que par les ombres portées on pouvait les distinguer des enceintes éclairées par la lumière du jour. Plusieurs photographes ont même voulu employer ce moyen pour des reproductions de clichés, et Pierre Petit et M. Liebert ont même installé dernièrement toute une organisation électrique pour exécuter des portraits de cette manière. Nous lisons en effet dans la correspondance scientifique du 14 janvier 1879 la nouvelle suivante :

FIG. 61.

« M. A. Liebert, l'artiste si distingué et si connu, avait convié toute la presse, samedi dernier, dans son artistique et élégant hôtel de la rue de Londres, pour assister à des expériences de photographie au moyen de la lumière électrique. En disant expériences, le mot est mal choisi, ce ne sont plus des expériences, mais une application véritable et pratique de la lumière électrique à la photographie. Le soleil n'est plus indispensable ; je crois même que M. Liebert l'a remercié complètement. Avec le nouveau système, à minuit comme à midi, la nuit comme le jour, l'atelier de pose peut être toujours ouvert et fonctionner régulièrement et sans interruption.

« M. A. Liebert obtient ces intéressants résultats au moyen d'une installation bien simple. Une demi-sphère de deux mètres de diamètre est suspendue au plafond, de manière à présenter sa cavité en face du sujet qu'il s'agit de photographier. Cette sphère porte deux charbons de lumière électrique dont un est fixe et l'autre est rendu mobile par un pas de vis adapté au porte-charbon qui le soutient. Les charbons sont rapprochés en faisant entre eux un angle droit. C'est en somme un régulateur ordinaire, avec cette seule différence qu'il n'y a pas de mécanisme, que les charbons se trouvent rapprochés à la main au fur et à mesure de leur usure. A chaque pose, il faut mettre les deux charbons au point. La durée de pose est si courte que la lumière ne peut venir à manquer pendant cet intervalle de temps.

« La nouveauté et la perfection du système consistent en ce que la lumière ne vient pas tomber directement sur le modèle. Cette lumière se trouve tout d'abord projetée sur un obturateur qui, à son tour, la renvoie sur les parois de la demi-sphère, qui sont d'une éblouissante blancheur, de telle manière que les rayons lumineux ainsi dispersés, ainsi divisés, viennent positivement inonder la personne dont l'image doit être reproduite. La clarté est superbe ; le visage est doucement éclairé, sans duretés et sans ombres exagérées. Les yeux supportent le brillant de cette lumière sans aucune fatigue, sans avoir à souffrir de scintillements désagréables.

« Une douzaine de portraits ont été faits ainsi entre 11 heures et minuit, avec la plus grande facilité, et tous ont été admirablement réussis, au grand contentement des invités si gracieusement conviés par M. et Mᵐᵉ Liebert.

« La lumière électrique, ainsi employée, est produite par une machine de Gramme, qu'un moteur à gaz de quatre chevaux ait marcher à raison de 900 tours par minute. »

Expériences publiques de lumière électrique. — S'il faut en croire une réclamation de M. Deleuil faite au journal *les Mondes* le 26 novembre 1863, ce serait son père qui, aurait fait le premier l'expérience en grand de la lumière électrique, et cela en 1841, quai Conti, n° 7. Il employait pour cela une pile de Bunsen de 100 éléments, et produisait la lumière entre deux charbons au sein d'un ballon dans lequel le vide était fait. Parmi les savants qui assistèrent à cette expérience, se trouvait M. Cagnard de la Tour, qui put lire, du terre-plein de la statue de Henri IV, une étiquette dans le fond de son chapeau. Une autre expérience fut faite en 1842, par M. Deleuil père, sur la place de la Concorde. Néanmoins, c'est M. Archereau qui, dans l'origine, a le plus contribué à vulgariser la lumière électrique, et je me rappellerai toujours que les expériences qu'il faisait tous les soirs, soit rue Rougemont, soit boulevard Bonne-Nouvelle, soit rue Basse-du-Rempart, ont fixé mon goût pour la science électrique. C'est donc à ce brave pionnier de la science que je dois de m'être lancé dans la carrière que j'ai suivie sans discontinuité depuis lors.

Depuis ces premières expériences publiques, les essais se sont multipliés; on en a fait de très-intéressantes au moment de l'anniversaire de l'indépendance du Brésil, à Rio-Janeiro; on en a fait souvent à Londres, et on a éclairé pendant deux mois l'avenue de l'Impératrice au moyen de 2 lampes Lacassagne et Thiers montées sur l'arc de triomphe de l'Étoile. On a fait encore de merveilleuses expériences à Boston, en 1863, pour célébrer les victoires des armées fédérales (voir le détail de ces fêtes dans les *Mondes*, t. II, p. 165); on en a fait également de splendides, et c'était M. Serrin qui les dirigeait, lors du bal donné à Paris à l'Empereur de Russie; enfin on en a fait pendant longtemps au Carrousel, au bois de Boulogne, au lac des Patineurs et dans une foule de cas où l'on venait admirer cette lumière comme un feu d'artifice.

Fig. 65,

Nous sommes aujourd'hui blasés, et nous sommes tellement familiarisés avec tous ces effets, que nous n'y prê-
tons plus qu'une médiocre attention. C'est encore au
théâtre où cette lumière produit tout son effet, et depuis
la pièce des *Pommes de terre malades*, où elle apparut
pour la première fois sur le théâtre en France, jusqu'aux
opéras du *Prophète*, de *Faust*, d'*Hamlet*, et aux ballets
de la *Filleule des fées*, de la *Source*, etc., on a pu comprendre quelles admirables ressources cette lumière
mettait entre les mains du décorateur.

**Application de la lumière électrique aux repré-
sentations théâtrales.** — Les effets les plus remarquables
de lumière électrique qu'on ait produits au théâtre ont
été combinés par M. J. Duboscq. Il a organisé pour cela,
au nouvel Opéra, toute une salle où sont disposés les piles
et engins nécessaires. Sans nous arrêter à l'effet de soleil
levant du *Prophète* que tout le monde a admiré dans l'o-
rigine, et qui n'était que le résultat d'un mouvement
ascensionnel donné au régulateur où se produisait la
lumière, mouvement habilement dissimulé par de nombreuses toiles décoratives plus ou moins transparentes.
et découpées ; sans parler encore de l'application de l'arc
voltaïque à la projection d'une vive lumière sur certains
points de la scène pour faire ressortir splendidement des
sujets de décoration, des groupes, comme on le voit
fig. 65, qui représente un décor de l'opéra de *Moïse*,
etc., nous pouvons dire que ses rayons intenses ont servi
à reproduire sur la scène certains phénomènes physiques
sous leur aspect tout à fait naturel, tels que les arcs-en-
ciel, les éclairs, les clairs de lune, etc. Cette source
lumineuse est également la seule qui ait été assez intense
pour produire sur la vaste scène de l'Opéra ces effets de
lumière, ces apparitions fantasmagoriques qui impres-
sionnent le public, etc.

Suivant M. Saint-Edme, auquel nous empruntons ces

détails, l'arc-en-ciel a été obtenu à l'Opéra pour la première fois par M. J. Duboscq, en 1860, dans la reprise de *Moïse*. On sait quel est le motif de l'apparition de cet arc dans le premier acte de cet opéra. Dans le principe, on éclairait simplement au moyen de lampions à huile de gros calibre des bandes de papier coloré qui étaient fixées sur la toile figurant le ciel de Memphis. Plus tard vint la lumière électrique, mais il n'y eut que le mode d'éclairage de changé, et ce n'est qu'après bien des essais tentés par M. Duboscq que l'on put obtenir un véritable arc-en-ciel, et voici comment il y est parvenu :

« L'appareil électrique dont l'arc est alimenté par une pile de 100 éléments de Bunsen, dit M. Saint-Edme, est placé sur un échafaudage de hauteur convenable à 5 mètres du rideau, et perpendiculairement à la toile qui figure le ciel sur lequel l'arc-en-ciel doit apparaître. Tout le système optique est adapté et fixé à l'intérieur d'une caisse noircie qui ne diffuse aucune lumière à l'extérieur. Les premières lentilles donnent un faisceau parallèle qui passe ensuite par un écran découpé en forme d'arc. Ce faisceau est reçu par une lentille bi-convexe à très-court foyer, dont le double rôle est d'augmenter la courbure de l'image et de lui donner une extension plus considérable. C'est au sortir de cette dernière lentille que les rayons lumineux traversent le prisme qui doit les décomposer et par suite engendrer l'arc-en-ciel. La position du prisme n'est pas indifférente : il faut que son sommet soit en haut par rapport au faisceau incident, sans quoi les couleurs de l'arc ne s'étaleraient pas sur l'écran récepteur dans l'ordre où elles apparaissent dans les arcs-en-ciel. Grâce à ce système, l'arc-en-ciel paraît lumineux même quand la scène reste en pleine lumière, et c'est l'aspect qu'il présente que nous avons essayé de reproduire dans la fig. 66.

« Imiter les bruits du tonnerre au théâtre n'est pas chose difficile ; les magasins d'accessoires possèdent tous un *tam-tam* et une plaque de tôle élastique destinée à cet effet ; mais ce qui n'est pas aussi aisé, c'est de lancer sur la scène des *éclairs* à peu près vraisemblables. Dans le principe, pour simuler le phénomène, on éclairait par derrière, à l'aide d'une flamme colorée en rouge, la toile du fond dans laquelle était pratiquée une

Fig. 66.

fente étroite et sineuse ; l'art de la mise en scène progressant, grâce à la science, il a fallu mieux faire, et on a choisi bien entendu comme source lumineuse l'arc voltaïque dont l'origine est identique à celle de la foudre. Mais ce qu'il fallait trouver de plus, c'était une disposition optique qui permît d'émettre et d'éteindre, à des intervalles rapides, le faisceau lumineux tout en lui imprimant le mouvement en zigzags caractéristiques de l'éclair, et pour cela, M. J. Duboscq a eu recours à une sorte de miroir magique au devant duquel était placé un excitateur de lumière électrique. Ce miroir était concave et le point lumineux correspondait à son foyer. Le charbon supérieur de l'excitateur était fixe, mais le charbon inférieur pouvait recevoir, à un moment donné, un effet de recul qui allumait l'appareil. Cet effet pouvait même être effectué au moyen d'une attraction électromagnétique ; et comme le miroir était tenu à la main, on pouvait en l'agitant et en faisant réagir un commutateur, obtenir des émissions de courants dans différents sens qui pouvaient simuler les zigzags des éclairs et leur apparition instantanée. »

L'application de la fontaine de Colladon, éclairée par la lumière électrique, pouvait aussi donner lieu, par suite de l'éclairement complet de la veine liquide et des différentes couleurs qu'elle peut prendre, à des effets bien curieux, et la fig. 67 montre une fontaine à plusieurs jets illuminée de cette manière. Mais des différentes apparitions fantastiques obtenues par l'application des moyens physiques à la scène, celle des spectres apparaissant instantanément au milieu du théâtre et se mêlant aux acteurs déjà en scène, ont produit le plus de sensation. On doit se rappeler encore des fameuses apparitions dans la pièce du *Secret de Miss Aurore* qui ont fait courir, en 1865, tant de monde au théâtre du Châtelet ; et les représentations de MM. Robin et Cleverman ne sont pas si éloignées de nous, que l'on ne se souvienne des profondes impressions que produisaient les spectres qu'ils évoquaient et avec lesquels ils se débattaient.

Tout le secret de cette mise en scène consistait dans une glace sans tain placée sur la scène en arrière des

acteurs, et qui étant inclinée à 45° par rapport au plan
de la scène, recevait l'image de spectres vivants fortement éclairés par la lumière électrique, lesquels étaient
placés dans un trou pratiqué sur le devant de la scène.
Cette image étant réfléchie par l'une des faces de la glace,
était perçue de tous côtés sans empêcher de distinguer

FIG. 67.

les objets, acteurs ou décors placés de l'autre côté de la
glace, et le secret pour bien réussir était de bien combiner la position des spectres de manière que leur image
put paraître exactement verticale et en contact avec le
plancher du théâtre ; il fallait aussi que les mouvements
des spectres fussent calculés de manière à se combiner

avec ceux des acteurs sur la scène. En ouvrant, puis refermant l'appareil éclairant au moyen d'un obturateur mobile, on pouvait déterminer pour les spectateurs, l'apparition ou l'évanouissement de l'image spectrale.

Conclusion. — Nous voici arrivé à la fin de notre travail dont nous avons dû supprimer les détails techniques, en raison du but que nous nous sommes proposé en le publiant; mais ce sont précisément ces détails techniques qui sont les plus intéressants à connaître pour ceux qui veulent s'occuper sérieusement de la question de l'éclairage électrique, et nous engagerons ceux de nos lecteurs que cette question intéresse, à consulter les ouvrages suivants :

1° Le rapport de *Trinity-House* et les correspondances qui s'y rapportent, brochure traduite en français par M. J. Boistel, 11, rue de Châteaudun.

2° Une notice intitulée : *Des récents perfectionnements apportés aux appareils dynamo-électriques* par MM. Higgs et Brittle.

3° Une notice publiée par M. Shoolbred sur l'état présent de la lumière électrique.

4° Les rapports du Comité de l'Institut de Francklin sur les machines dynamo-électriques, dans le journal de cet institut.

5° Le volume de M. H. Fontaine sur l'éclairage à l'électricité.

Comme on peut le comprendre d'après les progrès rapides qu'il a accompli dans ces derniers temps, l'éclairage électrique pourra bien être appliqué d'ici à peu d'années; mais nous ne croyons pas pour cela que la production du gaz en soit atteinte, et nous croyons qu'autant il serait imprudent de spéculer sur la prospérité future de cette industrie, autant il serait déraisonnable de se dessaisir à bas prix des valeurs qui s'y rattachent. La sagesse pour les détenteurs des actions du

gaz est d'attendre et d'assister sans crainte à cette transformation de l'éclairage qui ne sera jamais assez complète pour qu'il ne reste pas une très large part à l'ancien
mode d'éclairage. Il faut toujours se rappeler que les
progrès en industrie ne font généralement que changer
le mode d'utilisation des produits, mais ils ne les dé-
truisent pas, et les exigences du public en font augmenter la consommation dans les cas où ils doivent être
employés. D'ailleurs nous n'en sommes pas là, et nous
voyons déjà une tendance à la réaction contre le premier
enthousiasme qu'avait fait naître l'illumination de l'a-
venue de l'Opéra. Nous lisons en effet dans le *Telegraphic Journal* du 15 février 1879, que la question est beaucoup plus complexe qu'on ne l'avait pensé tout d'abord,
et que les avantages de la lumière électrique sont moins
sérieux qu'on l'avait cru. Ainsi on prétend que cette lumière donne aux figures un aspect cadavérique, qu'elle
vicie l'air non seulement par l'ozone, mais encore par la
formation d'acide carbonique et nitrique qu'elle produit,
et que ses rayons peuvent être dangereux pour la vue.
On soutient que ne pouvant être divisée dans des conditions avantageuses, son prix de revient est infiniment
trop cher. Il paraît aussi que les bougies Jablochkoff installées à Billingsgate Market et Westgate On-Sea n'ayant
pas fourni les bons résultats qu'on en attendait[1], ont

----

[1] A la dernière de ces stations, six lampes Jablochkoff étaient disposées en face de la mer et à 80 pieds l'une de l'autre; chacune conte-
nait 4 bougies. Le courant était alimenté par une machine Gramme
à 6 lumières actionnée par 10 chevaux de force, et il était divisé en
deux circuits dans chacun desquels étaient interposées 3 bougies; deux
surveillants étaient nécessaires pour la marche de ces appareils. Les
expériences commencèrent le 2 décembre et continuèrent pendant
24 nuits, et cela pendant 4 heures chaque nuit, donnant, ainsi, un
total de 96 heures. On constata que les bougies s'étaient éteintes
8 fois, et quand cet effet se produisait, toutes les bougies du même
circuit s'éteignaient à la fois. La dépense pendant les 24 jours se
monta à 40 livres 9 schelings et 4 d. tout compris, et chaque lampe
ne donnait qu'une lumière de 197 candles; par conséquent le pouvoir

donné beau jeu, en Angleterre, aux détracteurs de la lumière électrique, qui se sont encore trouvés encouragés par les annonces pompeuses mais non réalisées de M. Edison. En définitive, on croit en ce moment en Angleterre que la lumière électrique ne peut être employée industriellement que dans les cas ou le gaz ferait défaut.

Sans partager les idées qui précèdent et qui nous paraissent exagérées, idées qui ont probablement été suggérées par les détenteurs des actions des compagnies de gaz, nous croyons que la question n'est encore qu'à son début, et il nous paraît bien difficile qu'elle en reste là. M. Schwendler a montré d'ailleurs que pour un seul bec de lumière électrique fournie par une lampe Serrin, l'éclairage sur une place de grandeur illimitée était 50 fois meilleur marché que la lumière du gaz, et avec un pareil, chiffre, on peut croire qu'il sera possible, avec quelques sacrifices, d'obtenir dans des conditions encore assez bonnes la division de cette lumière.

En résumé l'éclairage électrique n'est en ce moment économique, par rapport à l'éclairage au gaz, que dans les cas où la lumière peut être appliquée en foyers uniques et puissants; quand on est obligé de la diviser, l'éclairage au gaz est moins dispendieux, et la différence est d'autant plus accentuée que le nombre de lampes est plus considérable et que le circuit est plus divisé. Suivant M. Preece, l'affaiblissement de l'intensité lumineuse, par suite de cette division, serait proportionnelle au carré du nombre des lampes quand elles sont introduites dans

---

lumineux des six bougies représentait 1182 candles. Pour produire cette même intensité lumineuse avec le gaz (brûlant 5 pieds cubes par heure et par bec), il n'aurait fallu que 16 livres 15 schelings, 4 p. au prix du gaz de Westgate, et seulement 7 livres 18 schelings 0 p. au prix du gaz de Londres. D'après ces chiffres, la dépense des 6 lumières électriques pour une année serait de 1576 livres ou à peu près un scheling 2 d. 1/2 par bec et par heure, tout compris, ce qui fait que la lumière Jablochkoff serait 3 ou 4 fois plus chère que la lumière du gaz au prix de Londres.

le même circuit, et au cube de ce nombre quand elles sont introduites dans des dérivations particulières de résistance égale. Cet effet tient sans doute à ce que l'intensité lumineuse croît, à partir d'un certain degré de température, dans un rapport beaucoup plus rapide que la chaleur développée, et s'il faut en croire M. Preece, la lumière électrique, émise par un fil de platine chauffé à 2600°, serait quarante fois plus considérable que celle produite par ce même fil à 1900° (voir la note C). Il résulte de tout ceci que les recherches ultérieures pour la lumière divisée devront tendre à concentrer sur un point de chaque foyer la plus grande chaleur possible. Le problème n'est pas insoluble, mais il demande encore bien des recherches. Quant à la division de la lumière elle-même, on peut considérer le problème comme à peu près résolu, soit par les systèmes à arcs voltaïques au moyen des machines à division, soit par les systèmes à incandescence. La question est donc réduite aujourd'hui à une question de prix de revient qu'il faut chercher à abaisser le plus possible.

NOTES ET APPENDICES

NOTE A.

SUR LES RÉACTIONS D'INDUCTION PRODUITES DANS LES NOUVELLES
MACHINES DYNAMO-ÉLECTRIQUES.

Généralement on ne se rend pas un compte exact des effets
d'induction qui résultent des mouvements de l'inducteur et de
l'induit, l'un par rapport à l'autre, et à cause de cela on a émis
des théories très inexactes sur plusieurs machines dynamo-
électriques qui ont été récemment imaginées. Voici une série
d'expériences qui pourront fixer les idées à cet égard.

Supposons que sur un fort aimant droit on enroule quelques
tours d'un fil isolé, dont les extrémités sont mises en communication avec un galvanomètre éloigné, et que l'hélice ainsi
constituée soit assez mobile pour qu'on puisse lui faire prendre
facilement différentes positions sur l'aimant. Si cette hélice est
placée au pôle sud de l'aimant, et qu'on approche de ce pôle
une armature de fer doux, on obtiendra immédiatement un
courant dont le sens correspondra à celui d'un courant d'aimantation et qui proviendra de l'accroissement d'énergie magnétique communiqué au barreau par la présence de l'armature. Ce courant fournira une déviation de 12° à droite et, en
éloignant l'armature, on aura une seconde déviation de 12° à
gauche. Conséquemment, dans les expériences qui vont suivre,
une déviation à droite représentera des courants *inverses* et,
une déviation à gauche, des courants *directs*[1]. Or examinons

---

[1] On devra remarquer que le sens des courants dus à la surexcitation magnétique ou à son affaiblissement, sont toujours dans le même
sens, qu'ils soient provoqués à l'un ou l'autre des pôles de l'aimant,
ou sur les deux à la fois, et quelle que soit la position de l'hélice sur
l'aimant. Seulement les courants produits seront d'autant plus éner-

maintenant ce qui va résulter de divers mouvements que l'on fera accomplir à l'hélice si on la dirige des pôles vers la ligne neutre de l'aimant et de la ligne neutre vers les pôles. Voici ce que l'on observera :

1° Quand on ramènera l'hélice du pôle sud vers la ligne neutre, on obtiendra une déviation à droite de 22° et, par conséquent, un courant *inverse* ou d'aimantation.

2° En effectuant le mouvement inverse, un nouveau courant sera produit, et déterminera une déviation de 25° vers la gauche, et, par conséquent, le courant sera *direct*.

3° Si, au lieu de ramener l'hélice de la ligne neutre vers le pôle sud, on continue le premier mouvement en conduisant l'hélice de la ligne neutre vers le pôle nord, on obtiendra un courant de sens contraire à celui qu'on avait obtenu dans la première moitié du parcours et, si l'on arrête l'hélice à moitié chemin, on obtiendra une déviation de 12° à gauche.

4° En ramenant l'hélice de cette dernière position vers la ligne neutre, on obtiendra une nouvelle déviation à droite de 10°.

Il résulte de ces expériences que les courants induits, produits par les mouvements de l'hélice le long d'un aimant, se comportent comme si la ligne neutre représentait une *résul-*

giques que l'excitation se fera plus près de l'hélice. Ainsi en plaçant l'hélice, au milieu de l'aimant, sur la ligne neutre, le courant de surexcitation résultant du rapprochement d'une armature de fer de l'un ou l'autre des deux pôles sera inverse et de 2 degrés, et celui qui résultera de l'enlèvement de l'armature sera direct et de même intensité. En réagissant à la fois sur les deux pôles, et cela en développant l'armature, ces courants se manifesteront dans le même sens et atteindront une intensité représentée par 7 degrés. Si l'hélice est placée à l'un des pôles, au pôle sud, par exemple, les courants de surexcitation et d'affaiblissement seront de 10 à 12 degrés quand on approchera ou on éloignera l'armature du pôle sud; mais ils ne seront que de 1/2 degré quand on réagira sur le pôle nord, et seulement de 9 degrés quand on fera réagir l'armature sur les deux pôles à la fois.

En plaçant l'hélice dans le voisinage du pôle nord à mi-distance de ce pôle et de la ligne neutre, on aura encore un courant inverse quand on approchera des pôles l'armature, mais il ne sera plus que de 5 degrés quand on réagira sur le pôle nord, et seulement de 2 degrés quand on actionnera le pôle sud. Il deviendra de 9 degrés quand l'armature réagira sur les deux pôles à la fois, et les effets seront naturellement inverses quand on éloignera l'armature au lieu de la rapprocher.

lante de toutes les actions magnétiques du barreau. Si cette
résultante était représentée par une ligne selon laquelle passe-
rait le courant magnétique tout entier, il résulterait du rapprochement de l'hélice mobile de cette ligne, un courant qui,
d'après la loi de Lenz, devrait être *inverse*, et c'est, en effet, ce
qui a lieu, puisqu'en ramenant l'hélice du pôle sud ou du pôle
nord vers la ligne neutre, on obtient des déviations à droite.
D'un autre côté, il devrait résulter toujours de la même loi,
qu'en éloignant l'hélice mobile de cette même ligne, on devrait
obtenir des courants *directs*, et c'est ce que l'on observe, puisque les déviations sont à gauche.

On comprend donc, d'après ces considérations, qu'une petite
hélice mobile autour d'un anneau aimanté, partant de la ligne
neutre de l'un des deux aimants semi-circulaires qui le composent, pour se diriger vers l'inducteur qui polarise l'anneau,
doit fournir un courant *direct*, et c'est, en effet, ce que l'on
observe dans la machine Gramme.

Examinons maintenant ce qui résulte du passage de l'hélice,
dont nous venons de parler, devant le pôle inducteur lui-
même, qui sera, je suppose, le pôle sud de l'aimant précédent;
mais, cette fois, au lieu de prendre la petite hélice, dont nous
avons parlé en commençant, nous prendrons une véritable
bobine, peu épaisse et capable de glisser sur une longue tige
de fer, lui servant de noyau magnétique. Pour savoir à quoi
nous en tenir sur le sens des courants que nous observerons,
nous commencerons par examiner le sens du courant qui
naîtra quand nous approcherons de ce pôle sud de l'aimant
inducteur la petite bobine que nous présenterons par son bout
antérieur, c'est-à-dire par le bout qui, dans les expériences qui
vont suivre, marche en avant. Dans ces conditions, nous
obtiendrons une déviation à droite de 25°, et quand nous
éloignerons l'hélice, on obtiendra une déviation de 22° à gauche.
Comme cette expérience est la reproduction de celle de Faraday,
que tout le monde connaît, nous saurons que les déviations à
droite représenteront des courants *inverses* et que les déviations
à gauche représenteront des courants *directs*.

Or, si nous prenons la bobine en question et que nous la
fassions passer de droite à gauche et *tangentiellement* devant le
pôle sud de l'inducteur, en ayant soin de produire ce mouvement en deux fois, nous observerons :

1° Que dans la première moitié du parcours, il se développera un courant qui déterminera une déviation galvanomé-

trique de 8° à gauche et, dans la seconde moitié, un autre courant dans le même sens de 5°.

2° Qu'en effectuant le mouvement en sens contraire, les courants seront produits dans un sens inverse.

On peut donc en conclure que les *courants résultant du mouvement tangentiel d'une hélice devant un pôle magnétique*, s'effectuent dans des conditions tout à fait différentes de celles qui résultent d'un mouvement effectué dans le sens de l'axe de l'aimant. Ces deux mouvements se produisent, en effet, non seulement selon deux directions perpendiculaires, mais encore dans des conditions différentes par rapport à la manière dont s'effectue l'induction dans les diverses parties de l'hélice. Dans le cas du mouvement tangentiel, l'induction ne se fait que sur une moitié de la circonférence des spires, et elle agit des deux côtés sur un bout différent de l'hélice. Dans l'autre cas, il n'en est pas ainsi : les positions relatives des différentes parties de l'hélice restent dans les mêmes conditions par rapport au pôle inducteur, et il n'y a que la position de la résultante par rapport au sens du mouvement qui varie.

Il restait à savoir ce qui se produit quand la bobine, effectuant les mouvements dont il vient d'être question, est soumise à l'action d'un noyau magnétique, influencé par l'inducteur, et, dans ce cas, il suffit de faire promener la bobine sur la longue tige de fer dont nous avons parlé, en exposant celle-ci à l'action du pôle inducteur. En procédant ainsi on observe les effets suivants :

1° Au premier moment, quand on approche la tige de fer du pôle inducteur, mais à une distance suffisante pour permettre à la bobine de circuler entre elle et ce pôle, il se produit dans la bobine, placée de côté, un courant induit qui résulte de l'aimantation de la tige et qui donne une déviation de 39° à droite. Les déviations de ce côté correspondent donc aux courants *inverses*.

2° Quand la bobine, placée comme dans la première série d'expériences, est mise en mouvement de droite à gauche, elle engendre, au moment où elle arrive vers le pôle inducteur, un courant de 22° à gauche, qui est, par conséquent, un courant *direct* et, en continuant le mouvement au delà du pôle inducteur, on obtient un nouveau courant de même sens de 30° à gauche.

Les effets produits par le passage de la bobine devant l'inducteur sont donc de même sens avec ou sans tige de fer. mais beaucoup plus-énergiques avec la tige de fer.[1] On peut-donc dire que les courants engendrés par suite du déplacement des hélices d'un anneau Gramme, par rapport aux deux résultantes correspondant aux deux lignes neutres, sont de même sens que ceux provoqués par le passage des spires des hélices devant les pôles inducteurs dans chaque moitié de l'anneau.

Pour étudier, les effets résultant des *interversions polaires*; on peut disposer l'expérience de la manière suivante : on prend la tige de fer, munie de la bobine d'induction dont il a été parlé précédemment, et l'on fait glisser sur l'une de ses extrémités, perpendiculairement à son axe, un aimant permanent. De cette manière, la tige subit des interversions successives de

---

[1] Les effets produits dans cette expérience méritent de fixer l'attention, car ils démontrent que les réactions magnétiques sont moins simples qu'on le croit généralement. En effet les résultats que nous venons de signaler ne peuvent être constatés qu'autant que la bobine mobile est placée sur la partie médiane de la tige de fer influencée, depuis le pôle inducteur jusqu'à ses extrémités libres. Au delà de cette partie médiane, les courants produits sont de sens contraire, ce qui démontre que, dans ce cas, la tige de fer est devenue un véritable aimant régulièrement constitué. Naturellement si la tige est exposée au pôle inducteur par un de ses bouts, l'aimant n'a que deux pôles et une ligne neutre, mais si elle est exposée à cet inducteur par son milieu, elle forme un aimant à *point conséquent*, et elle a par conséquent deux lignes neutres. Toutefois, si la tige de fer au lieu d'être à distance du pôle inducteur est en contact avec lui, les effets sont tout à fait différents. Les courants produits par le mouvement de la bobine vers l'aimant sont toujours inverses, et ceux qui résultent de son éloignement sont directs, ce qui montre que la résultante des forces magnétiques est alors concentrée au pôle inducteur, qui joue alors le rôle de ligne neutre, comme si les deux pièces magnétiques n'en faisaient qu'une. Cet effet se produit toujours quelque soit le côté du pôle magnétique où est appliquée la tige de fer. Toutefois si, dans ces conditions, la tige est séparée de l'aimant par un corps isolant magnétique, les effets sans être exactement ceux que nous avons analysés lors du mouvement tangentiel de la bobine, s'en rapprochent un peu, et la différence tient à ce que les courants résultant du mouvement de l'hélice à l'égard de l'aimant, étant de sens contraire à ceux qui résultent de la magnétisation de la tige, donnent lieu à un courant différentiel assez faible qui montre que la dernière action est prépondérante. En revanche les courants produits à partir du milieu de la tige jusqu'au bout libre n'étant plus combattus par l'action directe de l'aimant, possèdent toute leur énergie. (Voir mon mémoire sur ces sortes de réaction dans les comptes rendus du 24 février 1879.)

polarité, et l'on reconnaît non seulement qu'il se produit par ce seul fait un courant plus énergique que les courants d'aimantation et de désaimantation qui résultent de l'action d'un pôle de l'aimant, mais encore que ce courant n'est pas instantané et semble croître d'énergie jusqu'à ce que l'interversion des pôles soit complète. Le sens de ce courant varie suivant le sens du mouvement du barreau aimanté et, si on le compare à celui qui résulte de l'aimantation ou de la désaimantation du noyau magnétique sous l'influence de l'un ou de l'autre des pôles du barreau aimanté, on reconnaît qu'il est *exactement de même sens que le courant de désaimantation déterminé par le pôle qui a agi le premier*, il est, par conséquent, de même sens que le courant d'aimantation du second pôle, et comme, dans le mouvement accompli par l'aimant, le noyau magnétique se démagnétise, pour se réaimanter en sens contraire, les deux courants qui résultent de ces deux réactions consécutives se trouvent être de même sens et fournissent, par conséquent, un même courant pendant tout le mouvement de l'aimant. D'un autre côté, le mouvement en sens inverse de l'aimant ayant pour effet de provoquer, en commençant, une démagnétisation en sens contraire de celle opérée dans le premier cas, le courant qui résulte de ce mouvement rétrograde doit être de sens inverse au premier.

Si nous revenons maintenant aux effets produits par notre aimant, agissant sur nos hélices mobiles perpendiculairement à leur axe, on pourra comprendre, d'après ce qui précède, que le déplacement de la polarité magnétique du noyau, la plus directement surexcitée par l'aimant inducteur, ayant pour effet d'intervertir la polarité contraire de ce noyau en avant et en arrière des points successivement influencés, il devra en résulter que les différentes parties du noyau des hélices constitueront successivement une série d'aimants à pôles intervertis, analogues à ceux dont nous avons analysé précédemment les effets et qui pourront provoquer ces courants de même sens dont nous avons constaté la présence, lesquels courants changent de direction suivant que les hélices marchent de droite à gauche ou de gauche à droite.

Si l'on répète les expériences que nous avons rapportées au commencement de cette note, avec une tige de fer devenue aimant sous l'influence de deux pôles magnétiques contraires, adaptés à ses deux extrémités, on constate des effets particuliers qui ont un réel intérêt. Pour obtenir cet effet, j'emploie une disposition électro-magnétique, semblable à celle que Faraday a employée pour l'étude du magnétisme sur la lumière. Mais, pour simplifier, je prends un électro-aimant dont les branches sont très longues, et dont l'une, étant dépourvue d'hélice magnétisante, peut recevoir la petite bobine voyageuse dont j'ai parlé plus haut. En faisant passer un courant énergique à travers cet électro-aimant et y adaptant une armature contre ses pôles, la branche nue devient un aimant dont les pôles sont excités d'un côté par la culasse de l'électro-aimant, de l'autre, par l'armature. Par conséquent, en promenant la bobine d'un bout à l'autre de cette branche nue, je devais obtenir les mêmes effets qu'avec mon aimant persistant. Toutefois, il n'en a pas été ainsi, et voici les résultats que j'ai obtenus :

1° Au moment où l'électro-aimant est devenu actif, un courant d'aimantation s'est produit dans le système, et la bobine étant placée contre la culasse, ce courant a fourni une déviation de 90° à droite.

2° En déplaçant la bobine vers le milieu du barreau, on a eu une déviation à gauche de 5°, et en continuant le mouvement de l'autre côté, c'est-à-dire vers l'armature, la déviation, au lieu d'indiquer un courant de sens contraire, a montré un courant de 5° à gauche dans le même sens.

3° En effectuant le mouvement inverse, on a obtenu pour le trajet, depuis l'armature jusqu'au milieu de la tige, une déviation de 5° à droite et, pour le reste du trajet, depuis le milieu de la tige jusqu'à la culasse, une déviation de 4° dans le même sens.

Or il semblerait résulter de ces expériences que la tige de fer, au lieu d'être polarisée en sens inverse aux deux bouts, devait n'avoir que la polarité de la culasse, et si l'on considère que la seule différence entre les deux modes de communication des polarités résidait entièrement en ce que, d'un côté, la tige était vissée à la culasse, alors qu'elle n'était, de l'autre côté, qu'en simple adhérence avec l'armature, on pourrait conclure que le contact de deux corps magnétiques n'établit pas entre eux une conductibilité magnétique suffisante, pour équivaloir à un contact par forte pression ; c'est, du reste, ce qui a lieu pour la conductibilité électrique entre deux métaux en contact, laquelle n'est parfaite, au point de contact, que sous l'influence d'une forte pression.

Pour m'assurer de la vérité de cette explication j'ai fixé au moyen de vis de fer l'armature sur les pôles de l'électro-aimant, et dans ces conditions les effets se sont produits comme si la tige constituait un véritable aimant.

En se pénétrant de ces divers principes, tous les effets produits dans les machines Gramme, Siemens et de Méritens s'expliquent très facilement, et je ne saurais trop insister pour que ceux qui s'occupent de machines d'induction répètent ces différentes expériences.

NOTE B.

NOUVEAU DYNAMOMÈTRE DE ROTATION POUR LA MESURE DE LA FORCE DÉPENSÉE PAR LES MACHINES A LUMIÈRE.

M. F. Morin vient de faire construire un dynamomètre de rotation qui permettra enfin de résoudre, d'une manière simple et rigoureuse, toutes les questions qui se rapportent au travail absorbé par les machines dynamo-électriques ou magnéto-électriques employées pour l'éclairage électrique ou dans les applications électro-chimiques.

Le principe du nouveau dynamomètre est fort simple : un plateau de fonte, monté sur un axe indépendant, supporte un système de ressorts destiné à recevoir l'effort transmis par la machine motrice. Cette transmission est produite par une courroie sans fin et une poulie, folle sur l'axe de l'instrument, mais qui entraîne le plateau par l'intermédiaire d'un ruban d'acier. Lorsque la machine est mise en mouvement, la tension de la courroie se transmet d'abord à ce ruban, qui agit directement sur le système des ressorts ; le plateau est alors entraîné, et une deuxième poulie, montée à l'autre extrémité de l'axe de rotation, entraîne à son tour, au moyen d'une courroie, le récepteur quelconque, dont il s'agit de mesurer le travail. Un compteur fixé sur le bâti de l'appareil indique le nombre de tours que fait le plateau dans un temps déterminé.

Indiquons maintenant de quelle manière on observe l'effort transmis par la machine motrice. Une plaque d'acier qui comprime les ressorts du plateau, et à laquelle est fixé le ruban, porte une tige très courte terminée par un galet. Derrière le plateau, une douille en fer entoure l'arbre et sert d'attache à une pièce en forme de T renversé, dont la branche horizontale supporte une aiguille longue et large, mobile autour d'une des extrémités de cette branche. Sur la face antérieure de l'aiguille est pratiquée une rainure formant plan incliné et dans laquelle le galet vient s'engager à frottement à chaque tour de plateau, faisant ainsi osciller l'aiguille de quantités proportionnelles aux efforts transmis. Enfin un limbe divisé permet de lire à l'extrémité de l'aiguille l'effort, exprimé en kilogrammes, qui s'exerce au point de tangence du ruban d'acier et du plateau.

Ce joint est à $0^m,478$ de l'axe de rotation ; la circonférence qu'il décrit est ainsi de $1^m,50$; il en résulte que chaque kilogramme d'effort observé correspond à $1^k,50$ de travail pour chaque tour de plateau.

Si, par exemple, on a trouvé 100 kilogrammes pour une vitesse de 200 tours par minute, on en conclut que le travail absorbé par le récepteur est, par seconde,

$$\frac{1^k,5 \times 100 \times 200}{60} = 500^k, \text{ soit } 6^{ch},66.$$

On peut d'ailleurs très facilement, si on le juge nécessaire, tenir compte de la petite quantité de travail absorbé par le dynamomètre lui-même. Mais l'erreur commise en négligeant cette correction, sera presque toujours négligeable dans la pratique.

Le grand avantage de cet appareil, c'est qu'il mesure le travail non seulement à un instant donné, mais pendant toute la durée de la marche, permettant ainsi d'apprécier les variations de travail que diverses causes peuvent produire, et c'est un point qui nous paraît avoir une importance considérable dans les recherches relatives aux applications de l'électricité. M. Trépied, membre adjoint du Bureau des longitudes, s'est occupé beaucoup de cet instrument et a pu en apprécier l'importance.

NOTE C.

CONSIDÉRATIONS SUR LA LUMIÈRE ÉLECTRIQUE PAR M. PREECE.

Nous croyons devoir reproduire ici les passages suivants d'une communication de M. Preece, que nous trouvons dans le *Telegraphic journal* du 15 février 1879.

« La chaleur et la lumière, dit M. Preece, ont des caractères identiques, quoique à un degré différent, quand la matière solide se trouve élevée à une haute température. Dans ce cas, en effet, cette matière solide devient lumineuse, et la quantité de lumière produite dépend de l'élévation de la température. C'est un fait curieux que tous les corps solides commencent à devenir lumineux à la même température, et cette température a été fixée à 980° par Daniell, à 947° par Wedgwood, et à 977° par Draper. On peut donc, d'après ces chiffres, dire approximativement qu'un corps commence à émettre une faible lumière à 1000 degrés ; toutefois l'intensité lumineuse augmente dans un rapport plus rapide que la température. Ainsi le platine à 2600° émet 40 fois plus de lumière qu'à 1900°. Il est à remarquer, d'ailleurs, que la lumière fournie par les corps élevés à l'incandescence passe par diverses phases spectrales, à mesure que la température augmente, ainsi que le font les rayons réfrangibles de la lumière. Ainsi, quand un corps est à la température :

de   250°, on peut l'appeler chaud.
de   500°, on peut l'appeler très chaud.
de 1000°, on peut dire qu'il donne les rayons rouges.
de 1200°, on peut dire qu'il donne les rayons orangés.
de 1300°, on peut dire qu'il donne les rayons jaunes.
de 1500°, on peut dire qu'il donne les rayons bleus.
de 1700°, on peut dire qu'il donne les rayons indigo.
de 2000°, on peut dire qu'il donne les rayons violets.

« Quand la température a dépassé 2000°, on peut dire qu'il fournit toutes les raies spectrales du soleil, et on a alors de la lumière blanche. D'après cela, on peut admettre que le spectroscope est capable de donner quelques indications sur la température des différentes lumières ; et c'est probablement parce que certaines lumières ne dépassent pas 1300° que nous ne percevons pas tous les rayons spectraux au delà du jaune.

« M. Tyndall a montré que les rayons visibles d'un fil incandescent sont, par rapport aux rayons invisibles, dans une proportion plus petite que dans l'arc voltaïque, et l'on admet généralement que, pour un même courant, l'arc donne au moins deux fois et demie plus de lumière qu'un fil incandescent. D'après M. Tyndall, les rayons visibles, par rapport aux rayons invisibles, seraient pour les différentes lumières comme les nombres suivants :

	Rayons visibles.	Rayons invisibles.
Lumière du gaz.	comme 1 est à	24
Lumière du fil incandescent. . . .	comme 1 est à	25
Lumière de l'arc.	comme 1 est à	9

« Ce qui est nécessaire pour une bonne lampe électrique, c'est d'abord une intensité brillante, en second lieu une grande fixité, en troisième lieu une certaine durée. La lampe Serrin est la plus importante au premier point de vue; mais les lampes basées sur l'incandescence satisfont mieux au second désideratum, et la lampe de Wallace Farmer est la seule qui réalise la troisième condition. La lampe Rapieff pourrait satisfaire aux trois conditions requises; mais, en réalité, aucune lampe jusqu'ici ne résout complètement la question.

« Les objections que l'on a faites contre la lumière électrique sont les suivantes :

1° Les ombres qu'elle donne sont trop prononcées ;

2° Les différents charbons jusqu'ici fabriqués pour cet usage donnent des sons désagréables, de grandes variations d'intensité et s'usent très vite ;

5° La distribution en est difficile à obtenir dans de bonnes conditions ; sa grande intensité est confinée dans un espace trop resserré, et elle ne se prête pas, comme la flamme du gaz, à une distribution sur un large espace;

4° Les irrégularités résultant des variations de vitesse du moteur employé pour actionner la machine génératrice, sont considérables, et il s'y ajoute encore celles qui résultent des variations de l'arc voltaïque lui-même. Les expériences faites en Angleterre et en Amérique, ont montré, en effet, que la résistance de l'arc varie avec l'intensité du courant, ainsi que le montre le tableau suivant :

Courant en webers.		Intensité lumineuse en candles.		Résistance de l'arc en ohms.
10.	. . . .	440	. . . .	2.77
16.5	. . . .	705	. . . .	1.25
21.5	. . . .	900	. . . .	1.07
30.12	. . . .	1230	. . . .	0.54

« Une remarque assez curieuse que l'on a faite, est que la lumière ne croît comme le carré de l'intensité du courant, que quand elle est produite par l'incandescence ; avec l'arc, elle ne croît qu'à peu près proportionnellement au courant. Or, il résulte de ces deux effets qu'il devra exister un point où la lumière électrique, par l'incandescence et par l'arc, devra être la même; mais pour qu'il en fut ainsi, il faudrait des conducteurs assez peu fusibles pour résister aux effets des courants les plus puissants, et l'irridium est le seul métal qui pourrait produire cet effet. Or, l'irridium est trop rare et trop cher pour qu'on puisse l'employer à cet usage.

« Le système Gramme, à inducteur mobile, qui a été employé pour l'éclairage des quais de la Tamise, afin d'obtenir la division de la lumière, a démontré que pour produire le plus grand effet possible, il ne fallait employer qu'une machine et n'avoir seulement qu'une lumière. Nous avons reconnu par des calculs exacts qu'une machine de ce genre peut fournir une lumière de 14 880 candles, et il est possible alors de pro- produire 1254 candles par force de cheval; mais du moment où on veut multiplier le nombre des becs de lumière dans un même circuit, cette puissance lumineuse diminue dans une telle proportion, que chaque lampe des quais de la Tamise ne représente que 100 candles par force de cheval. D'un autre côté, la lumière d'une lampe Rapieff, dans l'office du *Times*, peut équivaloir à 600 candles, et celle d'une lampe Wallace représente 800 candles, et ces lampes sont au nombre de six; mais alors on n'a pas de division de la lumière, mais bien multi- plication par la plus grande vitesse qu'on donne à la machine. On peut, du reste, démontrer facilement que dans un circuit où la force électro-motrice est constante, l'addition successive de lampes intercalées dans le même circuit fait varier la lu- mière qu'elles fournissent à peu près inversement au carré du nombre de ces lampes; mais quand on les introduit sur des dérivations de même résistance, la lumière qu'elles produisent varie à peu près comme le cube de leur nombre. La subdi- vision de la lumière par ce dernier moyen est donc condamnée par ses propres effets. Il faut d'ailleurs considérer que jus- qu'à présent on n'a pu construire une machine capable d'allu- mer simultanément 20 lampes, que les conducteurs employés pour activer les lampes doivent être en cuivre, ce qui est très dispendieux, et que jusqu'à ce jour aucune lumière électrique n'a réuni les conditions nécessaires pour fournir une bonne lumière. »

Nous croyons cette conclusion un peu prématurée, et nous devons avouer que nous ne sommes pas complètement d'accord, sur ce point, avec le savant électricien anglais.

NOTE D.

SUR LE SYSTÈME DE LAMPE DE M. EDISON.

Le *Standard* du 10 février 1879 publie de la manière suivante le brevet étranger de M. Edison.

« Dans ce brevet sont indiqués les moyens de produire les courants générateurs de la lumière électrique par des vibrations communiquées à de longues et fortes tiges magnétiques, placées devant un système électro-magnétique d'induction. On peut même adapter à l'appareil, pour fournir des courants continus, un commutateur si besoin en est. Les tiges magnétiques peuvent, d'ailleurs, être remplacées par des électro-aimants agissant de la même manière.

« Les électro-foyers ou brûleurs sont constitués par des bandes, des tiges ou fils métalliques en platine, Iridium, Ruthénium, Rhodium, Osmium, Titanium, etc., ou en divers oxydes, tels que oxydes de titanium, de silicium, de Bore, etc. L'intensité de la lumière est régularisée par la dilatation des électro-foyers sous l'influence de la chaleur, et cette dilatation a pour effet de réagir sur un levier qui actionne un système rhéostatique, constitué par un fil métallique ou par un rhéostat de charbon dont la résistance varie avec le degré de la dilatation des électro-foyers. La dilatation des gaz, échauffés par les électro-foyers, peut aussi être mise à contribution pour cette régularisation. Des batteries secondaires donnant des courants continus sous l'influence d'un courant interrompu, peuvent être aussi employées. »

Le *Standard* ajoute : « Ce brevet, pratique ou non, montre l'ingéniosité ordinaire de M. Edison. » Quant à nous, nous ne pouvons partager cet avis, et nous ne pouvons voir dans ce brevet rien de nouveau. C'est une idée à l'état d'ébauche qui ne nous paraît pas devoir conduire à des résultats bien sérieux.

NOTE E.

SUR LA LAMPE DE M. DUCRETET ET AUTRES LAMPES.

Nous avons décrit p. 209 une lampe que M. Ducretet avait présentée à l'Académie des sciences et qui n'avait avec celles de MM. Reynier, Trouvé, Werdermann, etc. d'autre différence que le système de rapprochement du charbon incandescent, qui s'effectuait sous l'influence d'une pression hydrostatique. Toutefois, le mercure employé pour cela produisait, en s'échauffant, des vapeurs qui pouvaient être dangereuses, et, pour les éviter, il a donné à sa lampe la disposition que nous représentons fig. 68. Dans ce nouveau modèle, le chapeau B à travers lequel passe le charbon incandescent C forme un couvercle.

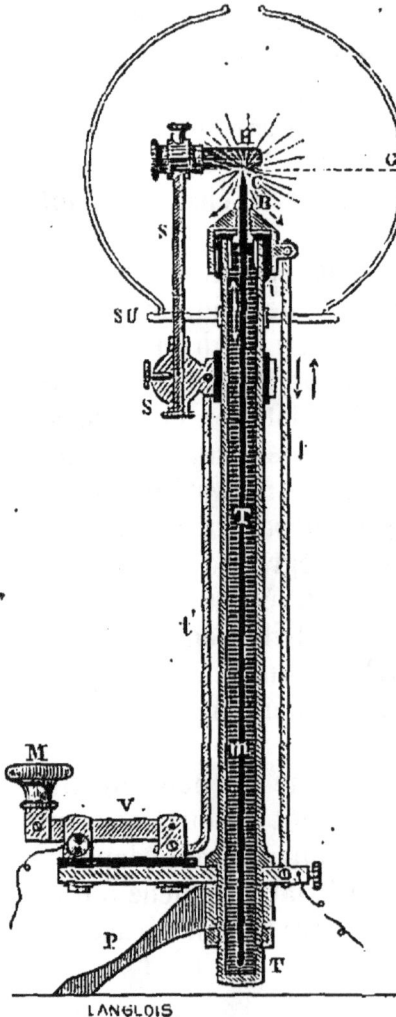

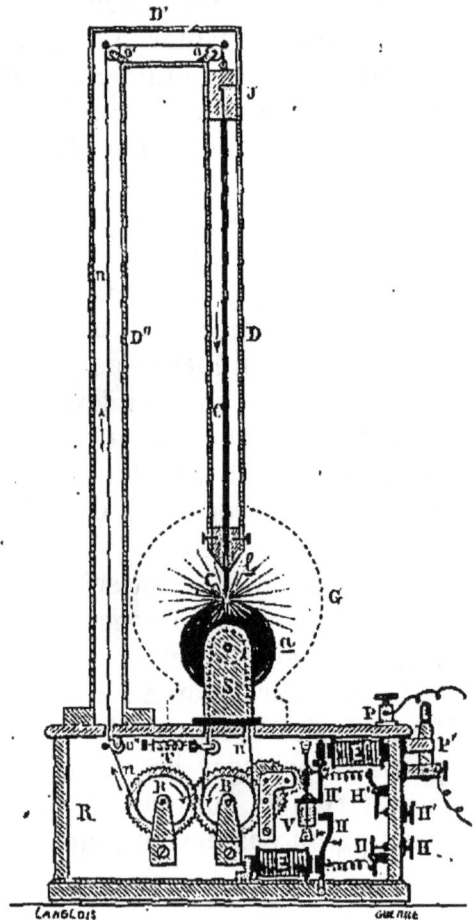

FIG. 68.

FIG. 69.

isolé du tube T au moyen d'un corps non conducteur de la chaleur, et il communique, au contraire, avec le bas de la lampe par une tige en cuivre *t*, très bonne conductrice de la chaleur. Il en résulte que l'échauffement du charbon est écartée du mercure et se perd par rayonnement sur toute la longueur de la tige *t*. Cette tige sert en même temps de conducteur au courant.

M. Ducretet a encore établi un autre système de lampe, fondé sur le principe de celle de M. Harisson, dont nous avons parlé p. 189 et que nous représentons fig. 69. Elle produit, à ce qu'il paraît, de bons effets.

Nous avons cru devoir aussi reproduire dans la figure 70 le dessin de la lampe mentionnée dans le brevet de M. S. A. Varley, pris en décembre 1876, et qui est décrit ainsi : « Une baguette de charbon T repose *mollement*, par suite de son poids et de sa monture, sur la périphérie d'un galet de charbon de cornue N, d'où *contact imparfait* et, par conséquent, incandescence et combustion de la baguette de charbon par son extrémité. » On remarquera qu'avec cette disposition où la la transmission du courant au charbon mobile n'est pas effectuée, par un contact glissant, à une très petite distance de la pointe, la lumière n'est produite qu'au point de contact avec le galet et ne peut être que très faible, tandis qu'avec le système Reynier où ce contact glissant existe, la partie du charbon comprise entre lui et le galet se trouve portée à l'incandescence.

M. Dubos a combiné dernièrement une nouvelle lampe électrique, très simple de construction, dans laquelle le point lumineux reste fixe sans mécanisme d'horlogerie. Il emploie pour cela deux charbons recourbés, de manière à constituer chacun une demi-circonférence. Ces charbons sont soutenus par deux bras articulés à un pivot qui occupe le centre de la circonférence formée par les deux charbons ; et une sorte de grenouillette, adaptée à ces porte-charbons et à une tige de fer enfoncée dans une hélice électro-magnétique, permet de les éloi-

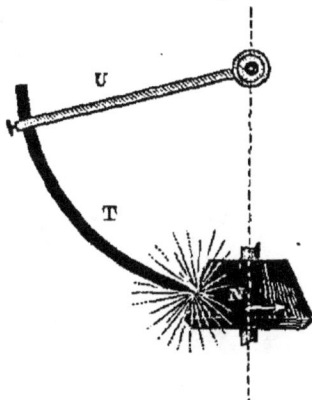

FIG. 70.

gner ou de les rapprocher, par leurs bouts opposés, suivant l'intensité plus ou moins grande du courant. Naturellement, l'arc se produit entre ces bouts opposés, et il s'y maintient comme dans les systèmes de Gaiffe, d'Archereau, etc.

NOTE F.

SUR LA BOUGIE ÉLECTRIQUE DE M. JAMIN.

Tout dernièrement M. Jamin a combiné une bougie électrique dans le genre de celle de M. Wilde, dans laquelle le point
lumineux est constamment maintenu à l'extrémité des charbons par la réaction sur l'arc voltaïque du courant lui-même,
dont le conducteur passe au-dessus de cet arc et se replie
quatre fois sur lui-même autour des charbons et suivant une
figure rectangulaire. De plus, il place devant l'arc ainsi pro-
jeté un morceau de chaux qui en limite l'étendue et forme en
même temps réflecteur, comme dans l'un des systèmes Rapieff.
Les charbons, dont l'un des supports est articulé comme dans
le système de M. Wilde, sont maintenus légèrement inclinés
l'un sur l'autre, et ils s'allument et restent, dans les mêmes conditions d'écartement, sous l'influence des attractions latérales
exercées par les parties du circuit métallique voisines des
charbons. Le courant peut être en effet combiné dans ces parties du circuit de manière à marcher dans un même sens.

TABLE DES GRAVURES

FIN DE LA TABLE DES GRAVURES.

TABLE DES MATIÈRES

ÉCLAIRAGE ÉLECTRIQUE.

GÉNÉRATEURS DE LUMIÈRE ÉLECTRIQUE.

LAMPES ÉLECTRIQUES.

LAMPES A ARCS VOLTAÏQUES.

LAMPES A INCANDESCENCE.

BOUGIES ÉLECTRIQUES.

PRIX DE REVIENT DE L'ÉCLAIRAGE ÉLECTRIQUE.

APPLICATIONS DE LA LUMIÈRE ÉLECTRIQUE.

[22657] Paris, Typographie A. Lahure, rue de Fleurus, 9.

www.ingramcontent.com/pod-product-compliance
Lightning Source LLC
Chambersburg PA
CBHW060417200326
41518CB00009B/1381